肉牛
快速育肥新技术

·ROUNIU·
KUAISU YUFEI XINJISHU

王建平　刘宁　主编

化学工业出版社
·北京·

本书系统介绍了当前国内外肉牛快速育肥的实用新技术、研究成果和先进理念。内容包括：肉牛快速育肥的模式和发展趋势，适宜快速育肥的肉牛品种，选择快速育肥肉牛的新技术，肉牛快速育肥场建设新技术，牛的生物学特点及其在快速育肥中利用的新技术，肉牛快速育肥饲料加工利用新技术，肉牛快速育肥饲料添加剂利用新技术，育肥肉牛营养需要与饲料配制新技术，肉牛快速育肥饲养管理新技术，肉牛快速育肥中疾病防治新技术以及牛场经营管理新技术，其中重点介绍了肉牛快速育肥中的育肥方式及相关技术。本书是肉牛养殖场和畜牧业生产管理人员的必备用书，也是相关院校畜牧和兽医专业学生的重点参考用书。

图书在版编目（CIP）数据

肉牛快速育肥新技术/王建平，刘宁主编．—北京：化学工业出版社，2016.2（2022.10重印）
ISBN 978-7-122-25712-3

Ⅰ.①肉 … Ⅱ.①王…②刘… Ⅲ.①肉牛-饲养管理
Ⅳ.①S823.9

中国版本图书馆 CIP 数据核字（2015）第 282250 号

责任编辑：漆艳萍		文字编辑：周　偶	
责任校对：边　涛		装帧设计：韩　飞	

出版发行：化学工业出版社（北京市东城区青年湖南街 13 号　邮政编码 100011）
印　　装：大厂聚鑫印刷有限责任公司
850mm×1168mm　1/32　印张10½　字数 288 千字
2022 年 10 月北京第 1 版第 11 次印刷

购书咨询：010-64518888
售后服务：010-64518899
网　　址：http://www.cip.com.cn
凡购买本书，如有缺损质量问题，本社销售中心负责调换。

定　　价：35.00 元　　　　　　　　　　　版权所有　违者必究

编写人员名单

主 编	王建平	刘 宁	
副 主 编	宋志伟	王帅宝	
编写人员	王建平	刘 宁	宋志伟
	王帅宝	邵 燚	

前　言

肉牛快速育肥新技术
ROUNIU KUAISU YUFEI
XINJISHU

■ FOREWORD

　　近年来，人们认识到发展养牛业能提高经济收入，降低城镇化过程粮食紧缺的压力，减轻畜牧业依赖于粮食的负担，满足特殊人群对牛肉的需求，减少秸秆焚烧和废弃对空气的污染，有利于保护生态环境。各级政府都非常重视肉牛养殖业的发展，诸多有志之士开始关注和投资肉牛养殖，肉牛业出现了空前发展的繁荣景象。但是，众所周知，肉牛业空前发展之后，必然是激烈的市场竞争，如何在激烈的竞争中立于不败之地，毫无疑问，只有利用新技术和新理念，才能提升产业水平。

　　为此，我们根据多年的教学、科研和实践经验，结合相关文献，编写了本书。书中介绍肉牛快速育肥的模式，发展趋势，适宜肉牛快速育肥的品种及特点，肉牛的生物学习性及其在快速育肥中的利用，肉牛快速育肥的饲料和添加剂，营养需要与日粮配合，饲养管理，牛场设计与建设，疫病防控以及经营管理方面的新技术。

　　本书编写力求在新的基础上，充分考虑实用性、科学性、系统性和可读性。王建平负责本书整体内容的设计、审核工作，并负责第一、第四章内容的编写。王帅宝负责第二章内容的编写。邵燚负责第三章内容的编写。刘宁负责第五章至第八章内容的编写。宋志伟负责第九章至第十一章内容的编写。

　　由于编者水平所限，书中难免有不当和疏漏之处，敬请读者批评指正。

编者

肉牛快速育肥新技术
ROUNIU KUAISU YUFEI
XINJISHU

■ CONTENTS

第三章 选择快速育肥肉牛的新技术   46

第四章 肉牛快速育肥场建设新技术   72

第五章　牛的生物学特点及其在快速育肥中利用的新技术　100

第六章　肉牛快速育肥饲料加工利用新技术　118

第七章　肉牛快速育肥饲料添加剂利用新技术　167

第八章　育肥肉牛营养需要与饲料配制新技术　202

第九章 肉牛快速育肥饲养管理新技术   237

第十章 肉牛快速育肥中疾病防治新技术   272

第十一章 牛场经营管理新技术 298

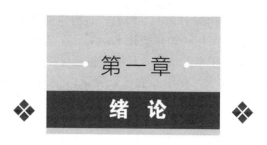

第一章

绪 论

第一节　肉牛快速育肥的意义与价值

一、肉牛快速育肥有利于开发利用粗饲料资源

肉类是人民生活必不可少的营养全价性动物蛋白质食品，食肉量的多少，是衡量人民生活水平高低的重要标志。我国正处于经济快速发展、人民生活水平日益提高的重要时期，对肉类需求量越来越大，加上我国地少人多，粮食资源有限，所以如何增加肉类产量，已经成为社会关注的问题。

牛是食草动物，具有将作物秸秆等粗饲料资源转化成牛肉产品的特殊功能。牛的产肉能力很强，优良品种肉牛经肥育15～18个月，体重可达500千克以上，产肉200千克以上。而且牛肉具有瘦肉多、脂肪少、肉质鲜美、柔嫩多汁、营养丰富、易于消化的优点，是肉类食品中的上品。肉牛快速育肥能够开发利用粗饲料资源、增加肉类食品供给，符合我国国情，也是解决我国肉食供给问题的有效途径。

二、肉牛快速育肥有利于增加经济收入

肉牛快速育肥投资少，效益高。肉牛以青、粗饲料为主，农村的作物秸秆、野草、糟渣都可以用来喂牛，饲料来源广泛，成本较低。肉牛快速育肥要求的圈舍条件不高，只要夏避雨、冬挡风就行。同时，肉牛适应性强，疾病少，容易管理。我国一般条件的草山、草坡、草地上放牧育肥牛群，日增重0.6千克以上，若采用快

速育肥技术，每天补饲 1.5 千克精料，日增重能达到 1 千克以上。枯草期放牧，若不采用快速育肥技术，牛增重很少，甚至还会出现掉膘，补饲精料和干草、秸秆，日增重也能保持在 0.45 千克左右。如采用快速育肥技术，在平原农区，舍饲肉牛同样也有很好的效益。同时，肉牛快速育肥可以带动母牛养殖、饲料加工、牲畜屠宰、肉品加工等相关行业的发展，促进农村经济建设。肉牛快速育肥有利于增加经济收入，促进广大农民脱贫致富奔小康。

三、肉牛快速育肥可以为轻工业提供原料

肉牛快速育肥所生产的肉、皮、毛、骨、内脏、血液等副产品，是食品、医药、制革、服装等轻工业的重要原料。肉牛饲养业的发展，能够促进与之相配套的轻工业的发展。肉牛是国际市场上的畅销商品。我国经过改良的黄牛，育肥后质量完全达到国际标准，加之我国育肥肉牛成本较低，能够促进肉牛对外贸易的发展。

四、肉牛快速育肥能够促进生态农业良性循环

牛采食大量的作物秸秆等饲草，排出大量的富含氮、磷、钾等植物养分的粪便。秸秆过腹还田有利于改良土壤，培肥地力和粮食增产。1 头肉牛每天排泄粪便 20 千克左右，年产粪肥 1.1 万千克，折合氮、磷、钾总量达 97.37 千克，是马的 1.51 倍、猪的 3.44 倍、羊的 11.6 倍。若按含氮量折算，相当于 400 千克碳铵，1 头牛就是 1 座有机化肥厂。有机肥的使用可提高土壤有机质含量，增加农作物产量，形成"牛多、肥多、粮多、草（秸秆）多"的良性循环。对于我国这样一个资源贫瘠、土地有限、人口众多的国家，解决好食品和生态问题的关键就是充分利用当地饲料资源，发展畜牧业生产，减少畜牧业对粮食的依赖。肉牛快速育肥能够促进肉牛饲养业的发展，有利于充分利用资源和生态农业良性循环。

五、肉牛快速育肥有利于优化畜牧业生产结构

畜牧业结构指的是畜种、品种、畜群和产品结构，任何国家的

畜牧业生产结构都应与其国情相适应。我国的畜牧业生产结构关系到我国畜牧业的前途和命运，也关系到市场供应和人民膳食结构的改善。节粮型畜牧业是以优化的畜种结构，充分利用先进科学饲养技术和饲料资源，以节约粮食消耗为特征的节粮高效畜牧业。我国人口众多、耕地每年都在减少、粮食生产不足、饲料短缺的基本国情，决定了发展畜牧业必须走节粮型的道路，在生产上要发挥牛等草食家畜的优越性和生产潜力。

从畜种结构看，我国畜牧业历来是以耗粮型生猪为主的；从肉类结构看，耗粮型猪肉占 65％以上，禽肉占 20％左右，而以草食为主的牛羊肉占有量不超过 15％，结构极不合理，既耗粮，又对人们的营养保健无益。如果按每头生猪需精料 300 千克计，我国则需 0.2 亿多公顷土地为生猪生产饲料粮，这对人多地少的我国无疑是一个很大的负担。如果养牛，每头每年仅需 100 千克左右的精料。为此，必须开发利用农作物秸秆和草山草地发展养牛业，增加牛肉的比例，使我国肉类结构继续得到优化，从而逐步建立起适合我国国情的畜牧业生产结构。

我国人多地少，粮食偏紧的状况将长期存在，不能也不可能拿出更多的饲料粮用于畜牧业。但是，我国草业资源有近 4 亿公顷，居世界第二位，每年各类作物秸秆有 7 亿～8 亿吨，同时还有 800 万吨棉饼、菜籽饼和 4000 万吨糟渣等农副产品。牛是反刍家畜，具有特殊的消化功能，能够充分利用这些青、粗饲料和农副产品。特别是农区大量的秸秆经过科学处理后，粗蛋白质提高 1～2 倍，消化率提高 20％以上，相当于中等青干草的质量，饲喂肉牛效果良好。发展牛、羊等草食家畜，建立我国"节粮型"畜牧业是一条必由之路。而肉牛快速育肥有利于提高养牛效益，促进养牛业发展，因此也会促进我国畜牧业生产结构的优化。

第二节　世界肉牛快速育肥的特点与发展趋势

一、肉用牛良种化程度不断提高

科技进步促进了世界肉牛业的迅猛发展，体小、早熟、易肥的海福特、安格斯及短角牛等中、小型品种随着人们消费习惯的变化而被逐渐淘汰，代之以欧洲大陆的大型品种，如法国的夏洛来、利木赞，意大利的契安尼娜、皮埃蒙特等，这些品种体型大、初生重大、增重快、瘦肉多、脂肪少、优质肉块的密度大、饲料报酬高，故深受国际市场欢迎。

西方国家大多实行开放型育种或引进良种纯繁，特别注意对环境条件适应性的选择，且多趋向于发展肉乳或乳肉兼用型肉牛品种，如西门塔尔、兼用型荷斯坦、丹麦红牛等。东方国家如中国、韩国、日本则多采用导血杂交，比较重视保持本国牛种的特色，中国的黄牛、韩国的韩牛、日本的和牛等均是如此。

二、肉牛生产性能提高

从近年来的发展情况看，全世界肉牛业总体发展是饲养数量稳中有升，产肉性能、肥育水平均在不断提高。出栏率、平均产肉量、平均胴体重均大幅度提高。日本的平均胴体重最高达 393 千克；意大利平均产量为 154 千克；美国的总产肉量为 1120 多万吨，平均胴体重超过 318 千克，单产达 111 千克。肉牛的平均日增重已达 1.5～2.0 千克，每千克增重所需饲料从 8 千克左右降至 3.5 千克。

三、肉牛肥育方式发生改变

充分利用草原和农副产品，扩大压缩饲料的生产，对秸秆等粗料，通过物理化学处理，搭配一定的矿物质和维生素喂牛，减少日粮中精料用量，降低饲养成本是国外肉牛业在经营管理上的主要特点。草原地区，一般利用草场饲养繁殖母牛和"架子牛"，这些"架子牛"大都在优良的人工草场放牧，很少补饲精料，然后使用青贮玉米肥育肉牛。如美国在牧区繁殖肉用犊牛，养到 7～8 个月龄，体重达 200 千克时转到粮食产区，利用玉米等精料育肥，日增重可达 0.9 千克以上，经 10 个月肥育，体重达 500 千克左右。德国巴伐利亚地区 88% 的公牛用青贮玉米育肥，平均日增重为 1.074 千克。利用草场放牧犊牛，进行专业化短期肥育，达到一定年龄

（1.5～2 岁）和市场要求的体重时进行屠宰，有利于提高牛肉质量，降低成本，增加周转次数，增加肉牛的经济效益。在美国的得克萨斯州，有同时可育肥 5 万头肉牛的大型育肥场，从西部草原地区或国外（主要是拉美国家）购入 1 岁左右、体重 200～350 千克架子牛，喂给配合饲料进行短期肥育 4～5 个月，平均日增重可达 1.186 千克，每千克增重约需 7.5 千克饲料，每年周转 2.5 次。

在加拿大等国采用前期粗放、后期室内催肥的肉牛育肥方法，一般在冬季进行室内育肥。这种方式既节省劳力，又可避免饲料的浪费，同时还可防止冬季气候寒冷，牛体消耗热量大，影响增重，催肥时间相应延长等弊端。利用室内催肥或暖棚养牛，一方面便于人工控制温度，缩短肥育期；另一方面，可使牛的活动范围缩小，有利催肥，而且对于工厂化肉牛饲养便于机械化和自动化。

在许多发达国家及一些发展中国家，特别重视有效地利用青粗饲料资源生产牛肉，发展"多草少料，重视发展农区秸秆养牛业"的快速育肥模式。依赖较少的粮食发展畜牧业，走非粮型和节粮型畜牧业道路。日本的研究结果表明，多用粗饲料、放牧肥育与精饲料为主的饲料方式相比，肥育期虽延长 1～6 个月，但瘦肉率提高 2%～10%，脂肪率下降。说明多给粗饲料饲养是提高可食肉生产率的有效肥育方法。另外，有些国家为了加速肉牛的肥育速度，通过改良草原和栽培牧草来提高产量和青草的营养成分，对于肉牛业的发展也起了积极的促进作用。

四、乳肉兼用牛发展迅速

近年来，由于荷斯坦牛体形较大，强度育肥在体内不易贮积脂肪，胴体瘦肉率高，饲料转化率高。为了满足国际市场对牛肉日益增长的需求，利用奶牛生产优质牛肉已成为国外肉牛业发展的一大特点。如英国把奶牛和肉牛的使用途径密切结合起来，市场上 10% 的牛肉来自奶用公犊育肥，并且因牛奶生产过剩，便对奶牛饲养头数加以限制，而对奶牛转向肉牛的农户采用补贴和逐步加价的办法，鼓励其生产奶牛肉。将荷斯坦公牛早期断奶后，用大麦催肥到 1 周岁、体重达 250～350 千克屠宰获得优质的牛肉称"大麦牛肉"。丹麦和荷兰特别重视发展乳肉兼用牛，全部犊牛的75％用于肉牛生产，提供国内35％的牛肉，每年约生产220万头犊牛，主要用于生产"小白牛肉"。美国奶、肉牛的专业化分工很细，但国内牛肉仍有30％来自奶牛。虽然日本的肉牛比奶牛稍多，但仍有一部分牛肉来自奶牛群，日本已将产肉性能列入奶牛育种指标，这主要是因为奶牛增重快、生产成本低的缘故。

通过杂交，充分利用杂交优势促进了兼用牛的发展。对肉用牛通过杂交，其后代产肉力比纯种牛提高10％～20％，在经济杂交中，三元杂交优于二元，"终端"杂交优于轮回杂交。对役用牛通过杂交育种等措施，可使其逐渐向肉用、乳用或兼用方向发展。

五、牛场规模化工厂化水平不断提高

为了降低生产成本，追求利润，近年来各国养牛业日益趋向专业化、工厂化发展，普遍提高了机械化水平，实行集约化的经营管理，使养牛场的牛群规模扩大，自动化水平日益提高。在美国户养2000～5000头肉牛为中等规模，大户则养几十万头，提供美国市场70％的牛肉。美国科罗拉多州的芒弗尔特肉牛公司，年育肉牛40万～50万头，产值达几亿美元，是美国规模最大、最完整的肉牛公司，也是世界上最大的肉牛公司之一。该公司利用计算机管理，进行饲料配比，大大提高了生产效率。在欧洲，养牛业的集约化和专业化过程也加快了发展速度。

第三节　我国肉牛快速育肥的现状与发展趋势

一、我国肉牛快速育肥的现状

肉牛快速育肥的发展状况与肉牛产业发展密切相关。我国有养牛的传统习惯，养牛历史悠久，但长期以役用为主，牛是农业生产的重要动力，牛肉主要来自淘汰的老弱残牛，以前基本不存在肉牛产业。1979年，国家颁布《国务院关于保护耕牛和调整屠宰政策的通知》，允许菜牛、杂种牛等肉用牛育肥后出售屠宰，标志着我国肉牛养殖业的开始，肉牛快速育肥也随之开始发展。随着人民生活水平的提高，城乡居民对牛肉的需求不断增长。在国内需求拉动和农业结构快速调整的大背景下，自 20 世纪 90 年代以来，我国肉牛出栏量和牛肉产量快速上升，到 1998 年已成为仅次于美国和巴西的第三大牛肉生产国，我国的肉牛产业真正形成了包括育种、扩繁和繁育、育肥、加工、销售等各环节相互联动、协调发展的成熟产业运作模式，肉牛快速育肥逐渐形成以架子牛育肥为主、淘汰牛短期育肥及青年牛持续育肥并存的育肥技术。然而，自 2006 年前后，受国内农业机械化的加速推进和肉牛养殖周期长、前期投入大、周转慢、比较效益下降等多重因素影响，肉牛养殖业开始下滑，存栏快速下降。但在育肥牛胴体重增加、淘汰奶牛和奶公牛犊用于育肥作为牛源重要补充的反作用下，牛肉产量没降反增，2012 年牛肉产量已达 662.3 万吨，比 2000 年增长了 29.1%。但这样的增长远赶不上消费的快速增加，导致近年来国内牛肉价格飙升，影响到居民的消费，特别是影响到以牛羊肉为主要肉食消费的广大少数民族地区居民的正常生活，引起各界的广泛关注。在政策扶持和市场需求双轮驱动下，肉牛养殖下降速度趋缓，同时由于架子牛牛源减少，价格不断攀升，催生肉牛育肥技术由架子牛快速育肥向持续育肥发展，高档肉牛快速育肥技术也得到发展。

一般观点认为，在未来一段时期，我国肉牛养殖数量下滑趋势难以扭转；养牛户继续减少，肉牛、能繁母牛存栏继续保持低位；牛源供应趋紧，犊牛价格保持高位，养殖成本持续上升；牛肉市场供求呈趋紧格局，肉牛出栏价格和牛肉价格保持高位；牛肉进口量将大幅增长，屠宰加工企业对外依赖度上升；高档牛肉需求增加，将拉动肉牛业转型升级。肉牛快速育肥也会随着市场的需求而发生变化，高档肉牛育肥、持续育肥、地方特色肉牛育肥将逐渐成为主导。

二、我国肉牛快速育肥的发展趋势

1. 肉牛养殖依然维持低位，价格及养殖效益将继续高位运行

综合多方面因素，近期来看，肉牛养殖短期内难以恢复，依然

会维持低位态势，甚至会出现部分月份的持续下滑，但下滑趋势预期会大幅趋缓。养牛户比重继续减少，肉牛养殖的部分散户仍在退出；肉牛存栏、能繁母牛存栏继续保持低位，但能繁母牛存栏可能会止跌恢复；由于肉牛群体规模已经大幅下降，后续牛源市场供应仍将趋紧，架子牛价格保持高位；出栏肉牛价格后期将继续保持增长，肉牛养殖的架子牛费用、饲草料费用仍将保持高位，养殖效益整体较好。

从近两年的生产监测情况看，尽管肉牛养殖效益比较乐观，但我国肉牛养殖的群体规模仍然难以在短期内恢复，原因一是我国肉牛养殖以散户为主，扩大规模受资金、土地、养殖成本等因素制约，小规模养殖者认为外出务工效益不比养牛差，且犊牛费和饲料费不断上涨；二是大规模养殖户积极性较高，但受牛源紧缺、犊牛价格高涨、肉牛生长周期长等因素影响，短期内难以快速发展。未来肉牛存栏将继续保持低位，能繁母牛存栏短期内难以得到恢复，架子牛供求仍呈趋紧态势。

2. 母牛繁育将会缓慢回升，繁育模式呈多样化

近来，一些公司开始重视母牛基地建设，洛阳伊众集团实施的"百乡千村万户"工程，选择 100 个乡镇，每个乡镇 10 个村，每村10 户，每户不低于 10 头的肉牛基地建设项目，项目建成后年生产肉牛 10 万头。新疆西部牧业股份有限公司计划引进 500 头纯种安格斯母牛，增加纯种安格斯种牛犊的市场供应，从源头上解决当地生产母牛数量大幅下滑的局面。天山生物拟投资 1.1 亿元建设肉牛繁育及育肥项目，包括：两个 500 头规模的肉牛养殖示范基地，合计年出栏架子牛 595 头；1 个 5000 头规模转化育肥场，预计年出栏 7500 头；1 个引种项目。肉牛的繁育模式将进一步呈现多元化趋势：一是牧区的代牧代养模式，据 2013 年对新疆昭苏县的了解，该县一些养殖企业探索了代牧代养模式发展母牛养殖，一般是企业通过与牧户签订协议，在每年的 5～11 月，把确定数量的母牛养殖委托给牧户，支付一定的放牧费用，放牧费用按照实际放牧数量和放牧天数计算，而放牧费用发放在每月 25～30 日，企业经检查对方放牧无异常后支付；二是繁育基地和育肥基地的跨区合作，如重

庆忠县与内蒙古多伦县，谋划实施"北牛南养"战略，双方约定，多伦县建成年产 10 万头架子牛的繁育基地，忠县建设育肥基地 30 个，年育肥 10 万头架子牛。

3. 奶牛业对肉牛业牛源的补充将保持稳定

随着肉牛价格的快速上涨，养殖户用奶公牛犊进行育肥的积极性更高。以前 1 头奶公牛犊刚出生后的价格为 200～300 元，现在则达到 2000～3000 元，基本是原来的 10 倍。近年来，受肉牛价格拉动，奶牛淘汰明显加快，但预计以后奶牛的淘汰将保持稳定比例，奶牛对肉牛的补充也将保持基本稳定。据农业部肉牛监测组 2013 年 7～8 月对黑龙江、内蒙古等地的调查，奶牛存栏数量同比降幅达 10%～20%。未来，随着肉牛价格继续保持高位，奶公犊牛育肥将成为我国肉牛业中的常态模式，也将成为肉牛业发展中的一部分稳定牛源。

4. 牛肉供求紧张格局将继续存在

尽管 2013 年母牛存栏呈下滑趋缓格局，但未来一段时期，犊牛数量的增长不会很大，肉牛存栏总体持续低位。消费需求方面，随着居民人均收入水平的提高，牛肉需求量将有较大幅度的增长，特别是对中高档牛肉的需求将快速增加。进出口方面，牛肉进口量将继续增长。统计数据显示，2013 年，我国进口的牛肉产品包括鲜冷带骨牛肉、鲜冷去骨牛肉、冻带骨牛肉、冻去骨牛肉，共 29.4 万吨，而 2012 年为 6.1 万吨，增加了 379.3%。2013 年牛肉进口价格均低于 2012 年水平，平均为 5931 美元/吨，2012 年同期为 3824.8 美元/吨。随着国内需求的增长及进口价格与国内价格差距的拉大，未来一段时期，我国牛肉进口量仍将继续增加。因此，未来一段时期牛肉供求紧平衡格局依然持续，价格将继续保持高位。

5. 高档肉牛业逐步发展将拉动产业转型升级

随着城市化进程加快，城镇人口增长，居民收入和消费水平的提升将推动牛肉消费持续增长，高档牛肉呈现供不应求的局面。为保障高档牛肉供给，国内部分地区开始推进高档肉牛业发展。如河南省以龙头企业为引领，积极培育开发外来杂交牛及地方优良品种，组织高档牛肉产品上市。宁夏畜牧工作站与日本国际协力财团、中国农业大学合作，正逐步开展以品种改良、犊牛分户繁育、集中育肥和屠宰加工等为主要内容的高档肉牛生产综合配套技术的引进和集成示范工作。吉林蛟河初步形成了以黑牛为主的高档肉牛产业链，并发展黑牛代养户 1 万多户。高档肉牛业的逐步发展，将推动我国肉牛产业的升级换代和转型发展。

6. 国家相关政策一定程度上将助推肉牛业发展

国家已经对当前牛肉供求关系趋紧、价格快速上涨的态势给予足够重视，出台了相应的扶持政策。2013 年 8 月，农业部已经出台了《全国牛羊肉生产发展规划（2013—2020 年）》，提出到 2015 年，全国牛肉产量达 717 万吨，肉牛出栏率达到 50％以上，肉牛年出栏 50 头以上规模养殖比例达到 33％以上；到 2020 年，全国牛肉产量达 786 万吨，肉牛出栏率达到 55％以上，肉牛年出栏 50 头以上规模养殖比例达到 40％以上。在 2013 年的全国畜禽标准化规模养殖暨秸秆养畜现场会上，相关负责人提出，努力增强牛羊肉综合生产能力将成为畜牧业保证供给的一项重点任务，将下大力气推进肉牛标准化规模养殖，推广秸秆养畜模式。长期来看，以上规划及扶持重点的提出，一定程度上将有助于推动肉牛业发展。

第二章

适宜快速育肥的肉牛品种

第一节　专门化的肉牛品种

一、专门化肉牛品种的特点及育肥中利用

1. 专门化肉牛品种的性能特点

① 所有引入的专门化肉牛品种都源于发达国家，且主要源于欧洲，北美肉牛品种近期有较大发展。

② 生长速度快，日增重超过 1000 克。

③ 体形硕大，成年公牛体重可达 1000～1300 千克，成年母牛体重 700～900 千克。

④ 屠宰率高，肉质好。一般屠宰率都能达到 65％以上，肉质细嫩，大理石纹状明显，眼肌面积大，适合生产高档牛肉。

⑤ 具有双肌基因或双肌形状比例高。

2. 专门化肉牛品种的外貌特点

① 从整体上看，肉牛的外貌特点为体躯低垂，皮薄骨细，全身肌肉丰满、浑圆、疏松而匀称。由于胸宽而深，鬐甲平广，肋骨十分弯曲，构成前视矩形。由于颈短而宽，胸、尻深厚，前胸突出，股后平直，构成侧视矩形。由于鬐甲宽厚，背腰、尻部广阔，构成背视矩形。由于尻部平直，两腿深厚，同样也构成后视矩形。

② 由于肉牛体形方正，在比例上看前躯较长而中躯较短，全身粗短紧凑。皮肤细薄而松软，皮下脂肪发达，尤其是早熟的肉牛，其背、腰、尻及大腿等部位的肌肉中间夹有丰富的脂肪。被毛

细密而富有光泽，是优良肉用牛的特征。

③ 从肉牛的局部看，与产肉性能关系最大的部位有鬐甲、背、腰、前胸和尻等部位，其中尤其以尻部最为重要，优质牛肉比例最大。鬐甲应宽厚多肉，与背腰在一条直线上。前胸饱满，突出于两前肢之间。肉垂细软而不甚发达，肋骨弯曲度大，肋间隙狭窄，两肩与胸部结合良好，无凹陷痕迹，显得十分丰满。背、腰宽广，与鬐甲在一条直线上，显得平坦而多肉。沿脊椎两侧的背腰肌肉非常发达，常形成"复腰"。腹线平直、宽广而丰圆，整个中躯呈现一粗短圆桶形状。

④ 尻部对肉牛来说特别重要，肉牛尻部宽、长、平、直而富于肌肉，忌尖尻或斜尻。两腿宽而深厚，显得十分丰满。腰角丰圆，不突出，坐骨端距离宽，厚实多肉；连接腰角、坐骨端与飞节三点，构成丰满多肉的三角形，不露棱角。

⑤ 四肢上部深厚、多肉，下部短而结实。我国劳动人民总结肉牛的标准外貌特征为"五宽五厚"，即额宽，颊厚；颈宽，垂厚；胸宽，肩厚；背宽，肋厚；尻宽，股厚。

⑥ 一般肉牛皮肤较薄而有弹性，全年放牧的黄牛及水牛以及在寒冷地区的牛，皮肤粗厚，被毛也较粗长。被毛的粗细与皮肤厚薄有关，皮厚则毛粗，皮薄则毛细。因此一般肉牛皮薄而毛细。被毛的颜色是牛的品种特征之一，但与生产性能无关。

3. 专门化肉牛品种在肉牛快速育肥中的利用

专门化肉牛品种在肉牛快速育肥中的利用主要是改良我国本地牛，我国的牛都属役用牛，在世界牛种中体格偏小。如黄淮海地区地方良种牛，体格中等偏小，长期以来农民喂养精细，育出不少肉质细嫩、肉味丰厚的品种。长城以北的蒙古牛，中小型体格；南方多高峰牛，为小体形。虽然各地牛对本地的适应性都很好，农区牛适应麦秸、稻草和玉米秸为主的日粮；西北、内蒙古和东北的牛适于大草原放牧和较干旱的草原；南方牛适宜于山地和热带的植被。但如果说中原和东北部分地区的地方良种，要育肥到 500 千克出栏重，在年龄稍大一些有可能的话，南方和蒙古牛体系的牛都比较困难，只能作为初步杂交的牛种，因此本地牛必须用专门化肉牛品种杂交改良后，提高其肉用性能，才能进行肉牛生产。

4. 专门化肉牛品种改良本地牛应注意的问题

① 要改良本地牛，先要从本地牛中选育好牛做母本，继而要在改良牛中留好牛。

② 中国牛种都可当母本，特别是第一轮杂交的母本，选用本地牛要尽可能降低成本和人工投入。初配牛不可用来与大型牛杂交，以免产生难产问题。

③ 广泛使用大型牛种杂交本地牛，一可加大母本体形，二能提高母本的泌乳能力和带犊能力。在第一轮杂交中应尽可能用泌乳性能好的肉用品种作父系。

④ 肉牛生产体系中，犊牛出生体重大不是优良性状。中国黄牛的出生重都很小，在改良中出生重提高是必然的，但改良牛出生重在 35 千克以下较为理想。出生重过大对母牛分娩和带犊都不利。在选育杂种母牛时要留其犊牛出生重不很大而生长快、成年后体格大、母牛本身乳房发育良好的个体。

⑤ 南方黄牛改良用西门塔尔牛、抗旱王牛、婆罗门牛、圣格鲁迪牛等较好，辛婆罗牛是结合了西门塔尔牛和婆罗门牛两品种优点的，实践证明，杂交效果比较理想，应予推广。

⑥ 中国肉牛在兴起的时候，已遇到东方和西方两种风味的需要。从第二轮杂交开始，必须选择不同的品种。要适合西方风味，可用皮埃蒙特牛、夏洛来牛；要适合东方风味，可用安格斯牛和利木赞牛。

二、中小型早熟品种

1. 海福特牛

海福特牛是英国最古老的中小型早熟肉牛品种，原产于英国威尔士地区的海福特县及邻近诸县，该地天然牧场广阔，牧草生长繁茂，牛群全靠放牧饲养。海福特牛是在威尔士地方土种牛的基础上选育形成的。在培育过程中，采用了选种配种和加强饲养管理的措施，培育出成熟早、腿短、骨骼较细致和肉用良好的肉用牛。1846

年建立纯种海福特牛登记簿，1876 年成立海福特品种协会，1883 年开始只对双亲在本品种良种登记簿上注册过的个体进行登记，这样对该品种牛性能的稳定与提高起到了良好的作用。该品种牛现分布于世界各地。

海福特牛分有角和无角两种，角呈蜡黄色或白色，公牛角向下方弯，母牛角尖向上挑起。毛色主要为浓淡不同的红色，头、颈下、四肢下部、腹下部毛色为白色，皮肤为橙黄色。头短，额宽，四肢端正而短，背腰宽平，肋骨张开，臀部宽厚，颈短粗，颈垂及前后区发达，躯干呈圆筒形，肌肉丰满、发达、皮薄毛细。耳肥大灵活，向两侧平伸；眼大有神。具有典型的肉用牛的长方体形（图 2-1）。

图 2-1　海福特牛

海福特牛属小型肉用牛，适应能力强，肥育年龄早，增重快，饲料转化率高，肉质细嫩，味道鲜美，肌纤维间沉积脂肪丰富，肉呈大理石状。在断奶后 12 个月，每增重 1 千克消耗混合精料 1.2 千克、干草 4.13 千克。产肉力高，肉质较好，脂肪主要沉积于内脏，皮下结缔组织和肌肉间脂肪较少。成年牛体重，公牛为1000～1100 千克，母牛为 600～750 千克。犊牛初生重，公牛为 34 千克，母牛为 32 千克；在饲养条件良好的条件下，12 个月龄体重达 400 千克，平均日增重 1 千克以上。出生后 400 天屠宰时，屠宰率为 60％～65％，净肉率达 57％。

海福特牛性成熟早，繁殖能力强。6月龄的小母牛就开始发情，育成母牛15～18月龄、体重445千克开始配种，怀孕期平均为277天。该品种牛适应性好，在气温发生较大变化时仍表现良好的生产性能。

由于该品种牛适应能力强，在干旱高原牧场夏季酷暑条件下，或冬季严寒的条件下，杂交牛后代的正常生活繁殖和放牧饲养都不受影响，具有良好的适应性和生产性能高的特点。因此，我国分别在1913年、1965年曾陆续从美国引进该品种牛，现在我国东北、西北广大地区均有分布。我国引入海福特牛杂交改良当地牛效果较好。杂种一代低身广躯，结构紧凑，表现出良好的肉用体形。杂交后代通常表现为体躯被毛为红色，头、腹下和四肢部位多有白毛。体格加大，体形改善，宽度显著提高；犊牛生长快，适应性强，抗病耐寒。

2. 安格斯牛

安格斯牛属于古老的小型肉用品种，原产于英国苏格兰北部的阿伯丁和安格斯地区，因毛色纯黑且无角，也叫无角黑牛。现在世界各地分布广泛，以美国、加拿大、澳大利亚、新西兰及美洲一些国家饲养较多。安格斯牛的育种工作始于18世纪末，近几十年来，在美国、加拿大等国家育成了红色安格斯牛。在美国的肉牛总数中，安格斯牛占1/3。在世界上的主要养牛国家都养殖安格斯牛。我国先后从英国、澳大利亚和加拿大等国引入，生产基地在东北和内蒙古。

安格斯牛无角，全身被毛黑色而有光泽，有时腹下脐部有白色，也有红色。体格低矮，体质结实。头小额宽，头部清秀，体躯深广而呈圆筒状，皮肤松软，弹性强，被毛均匀富光泽，四肢短，全身肌肉丰满（图2-2）。

安格斯牛早熟，易肥，生长快，耐粗饲，性情温顺，放牧性能好，出肉多，肉用性能良好，适应性强，耐寒，抗病，胴体品质高，连产性好，初生重小，极少难产，犊牛的成活率高、体形适中、易管理，易分娩。可以说是世界上专门化肉牛品种中的典型的品种之一。由于这些特点的存在，该品种牛是母系品种首选之一。

图 2-2　安格斯牛

安格斯牛屠宰率一般为 $60\%\sim65\%$，哺乳期日增重 $900\sim1000$ 克。育肥期日增重（1.5 岁以内）平均 $0.7\sim0.9$ 千克。该品种牛 12 月龄性成熟，一般在 $18\sim20$ 月龄初配，但在美国育成的安格斯牛可在 $13\sim14$ 月龄初配。一般产犊间隔时间为 12 个月左右。安格斯牛是生产高档牛肉的主要品种，美国和澳大利亚等肉牛产业发达地，均以养殖和出口安格斯牛为主。我国近年来也开始利用安格斯牛提高本地牛的肉品质量，效果均比较好。

3. 短角牛

短角牛是英国最早登记的品种，原产于英国的诺森伯兰、达勒姆、约克和林肯等郡，由于该品种牛是由当地土种长角牛经改良而成，开始为肉用，后因泌乳量亦高，一部分又改良为乳肉兼用，角较短小，故取其相对的名称而称为短角牛。短角牛的培育始于 16 世纪末 17 世纪初，1822 年开始品种登记，1874 年成立品种协会。20 世纪初，英国育种家进一步对肉的品质及乳用特征进行了严格的选育。育成了乳用与肉用品质优良的兼用品种。目前，短角牛有肉用、乳用和乳肉兼用三种类型。现已分布到美国、澳大利亚、新西兰、欧洲等国家。

短角牛是中型牛种，其被毛卷曲、较长而柔软，公牛颈部生有卷曲的长毛。肉用短角牛体躯宽大，肌肉发育良好，皮下结缔组织很发达，体躯呈长方形，具有典型的肉用体形。肉用短角牛毛色不一，红色被毛占主要部分，另有白色和红白交杂的少数沙毛个体。鼻镜粉红色，眼圈色淡。大部分有角，角形外伸、稍向内弯。胸宽而深，胸骨突出于前肢前方。颈短粗厚，且与胸部结合良好，肋骨开张良好，鬐甲宽平，垂肉大。四肢短，肢间距离宽。乳房大小中等，乳头分布较均匀（图2-3）。

图2-3　短角牛

短角牛早熟性好，肉用性能突出，利用粗饲料能力强，增重快，产肉多，肉质细嫩，大理石纹好，但脂肪沉积不够理想。成年肉用短角牛体重，公牛为1000～1200千克，母牛为600～800千克；犊牛初生重为30～40千克，屠宰率为65%以上。据英国测定，该品种牛在200日龄公犊平均体重209千克，400日龄高达412千克，肥育期日增重高于1千克。兼用短角牛，外貌体征与肉用短角牛具有相似性，但乳房发育良好，体格较大。平均产乳4020千克，乳脂率3.5%～3.7%；同时还具有较高的肥育能力，其肉用性能与肉用短角牛相似。

短角牛具有很好的繁殖性，小母牛16～20月龄进行配种，2.5岁产犊，公牛1岁作种用。该品种牛是英国著名的兼用品种，遗传性能稳定，增重快，早熟，产肉和产乳性能高。

短角牛的杂交效果非常好，我国在 1920 年前后曾多次引入，在东北、内蒙古等地改良当地黄牛，普遍反映杂种牛毛色紫红、体形改善、体格加大、肉用性能良好、产乳量提高、杂种优势明显。中国草原红牛就是用乳用短角牛同吉林、河北和内蒙古等地的七种黄牛杂交而选育成的。

三、大型品种

1. 夏洛来牛

夏洛来牛原产于法国中西部到东南部的夏洛来省和涅夫勒地区，属于法国的大型肉牛品种。夏洛来牛是法国古老的牛种之一，同时也是现代大型肉用育成品种之一。该品种原为役用，18 世纪开始系统选育，主要是通过本品种严格地选育而成。1964 年成立有五大洲 22 个国家参加的国际夏洛来牛协会，促进了该品种牛品质的进一步提高。

夏洛来牛体躯高大而强壮，其最显著的特点是被毛为白色或乳白色，牛角和蹄呈蜡黄色（图 2-4）。鼻镜、眼睑等为肉色。皮肤常有色斑。夏洛来牛头小而宽，额部和吻宽广，颚发育良好，角中

图 2-4　夏洛来牛

等粗细，向两侧或前方伸展，角为白色。胸深肋圆，背肌多肉，腰宽而厚，臀部大而丰满，肌肉发育良好，整体结构良好，并向后和侧面突出。大腿深而圆。四肢粗壮结实，正直。公牛常有双鬐甲或凹背的弱点。

夏洛来牛生长速度快，瘦肉多，产奶性能良好，但肌肉纤维比较粗糙，肉质嫩度不够好。夏洛来牛具有很快的生长速度，尤其在早期生长中表现特别显著。除此之外，夏洛来牛还具有增重快与瘦肉多两大特点，可以用廉价的饲养成本，在较短的时期内生产出较大的肉量。夏洛来牛骨量较大，且肉内脂肪含量高，屠宰率高达67.8%。但是，在肌肉的比例和屠宰率两个指标上，夏洛来牛比法国的其他一些肉用品种牛略低。

由于夏洛来牛15月龄以前的日增重超过其他品种牛，故常用来作为经济杂交的父本。据统计，在良好的饲养环境条件下，3月份公犊重量平均可达151.7千克，母犊可达135.3千克；6月龄公犊重量平均可达256千克，母犊可达219千克。有关资料显示，在法国用夏洛来牛生产牛肉有几种传统方式，一是母牛带犊放牧，这种方式下产犊期都在冬季和初春，犊牛随母牛吃青，到秋天断奶，一般为8～9月龄，即达到240千克左右的活重，为屠宰犊牛提供生产犊牛肉的牛源；二是持续育肥，将断奶后公犊去势，以半粗放的方式育肥到500千克左右宰杀；三是在饲粮耕作区集中喂养，将不去势的小公牛喂到18月龄，阉牛喂到24月龄，甚至喂到34月龄。

据法国国家农业研究院的测定，夏洛来牛平均日增重公犊1～1.2千克，母犊1.0千克，在肥育期的日增重为1.88千克，屠宰率为65%～70%，日耗饲料9.26千克，400日龄体重553千克。阉牛在14～15月龄时体重达495～540千克，最高达675千克。

夏洛来母牛出生后396天开始发情，在长到17～20月龄时可配种，但此时期难产率高达13.7%，因此在原产地将配种时间推迟到27月龄，要求配种时母牛体重达500千克，约在3岁时产犊。该品种牛产乳量一般。

在中国用夏洛来牛改良本地牛效果良好，杂种一代多为乳白

色，骨骼粗壮，肌肉发达，20 月龄体重可达 494 千克，屠宰率
56%～60%，净肉率 46% 以上。但是，个体小的母牛往往造成难
产。在粗放饲养的条件下，以本地牛为母牛，用夏洛来牛改良，
1.5 岁的公牛屠宰即可获得胴体重 111 千克的效果，很容易达到目
前国内平均水平。用西门塔尔一代母牛与夏洛来牛杂交，1.5 岁公
犊屠宰时胴体重可以达到 180 千克。

2. 蓝白花牛

蓝白花牛原产于比利时，是比利时的大型肉牛品种，是原产于比
利时北部短角型蓝花牛与荷兰弗里生牛杂交而获得的混血牛，也是欧
洲大陆黑白花牛血缘的一个分支，是这个血统中唯一被育成纯肉用的
专门品种，其分布在比利时中北部。从 1960 年开始经过选育而成，现
已分布到美国、加拿大等多个国家。1996—1997 年引入我国。

蓝白花牛毛色多为蓝白相间或乳白，也有灰黑和白相间色。体
躯有蓝色或黑色斑点，色斑大小变化较大，四肢下部、尾帚多为白
色，在耳缘、鼻镜、尾巴大部分为黑色。该品种牛的体形较大，呈
长筒状，肌肉发达，后臀肌肉隆起或向外侧凸出。颈粗短，前胸宽
而深，背腰宽平。头轻，背腰平直。尻部肌肉发达，肩、背、腰和
大腿肉块重褶。角细并向侧向下伸出（图 2-5）。

图 2-5　蓝白花牛

由于蓝白花牛具有生长速度快、体形大、早熟、适应性广泛、瘦肉率高、肉质细嫩、肌纤维细、蛋白质含量高、胆固醇少、热能低、产肉性能高、胴体瘦肉率高、性情温顺、饲料转化率高等特点，已被许多国家引入，作肉牛杂交的"终端"父本。该品种犊牛生长发育快，最高日增重高达 1400 克，屠宰率 65%。据测定，成年公牛体高 148 厘米、体重 1200 千克左右，成年母牛体高 134 厘米、体重 725 千克左右；初生公犊牛重 46 千克，母牛重为 42 千克。1 周岁公牛体重为 530 千克，体高 1.22 米，日增重 1.49 千克。蓝白花牛早熟，在 1.5 岁左右初配，妊娠期 282 天。屠宰率 68%～70%，肉质符合国际牛肉市场的要求。

有研究利用蓝白花牛与青海本地黄牛进行杂交，蓝本杂交一代初生重为 38.6 千克，本地黄牛为 17.26 千克，比本地黄牛高 21.34 千克，相对提高 123.6%；6 月龄蓝本杂交一代的体重为 178.24 千克，本地黄牛为 70.32 千克，比本地黄牛高 107.92 千克，相对提高 153.12%；12 月龄蓝本杂交一代体重为 271.08 千克，本地黄牛为 95.40 千克，比本地黄牛高 175.68 千克，相对提高 184.08%。蓝本杂交一代 6 月龄前平均日增重为 774.66 克，本地黄牛为 294.77 克，比本地黄牛高 162.8%；蓝本杂交一代 12 月龄前平均日增重为 645.77 克，本地黄牛为 217.05 克，比本地黄牛提高 197.5%。

3. 利木赞牛

利木赞牛原产法国中部利木赞高原，现已培育成肉用专门化品种，为欧洲重要的大型肉牛品种。在法国，其主要分布在中部和南部的广大地区，数量仅次于夏洛来牛。1850 年开始培育，在 1860—1880 年，由于农业生产的提高和草地改良，利木赞牛的体质和生产性能都有很大的提高，1886 年创立种畜登记簿，经多年的改良和选育，到 1900 年以后转化为专一的肉用型。1924 年宣布育成专门化肉用品种。现已输入欧美各国，利木赞牛在世界各国都有分布。

利木赞牛体形较大，早熟，骨骼较细。毛色由棕黄色到深红色，深浅不一，眼圈、鼻端和四肢下端的毛色较浅，均为粉红色。角为白色，公牛角较粗短，向两侧伸展，并略向外卷。母牛角细，向前弯曲。头较短小，嘴小，额宽，胸部宽深，肩峰隆起，全身肌肉丰满，肉垂发达，前肢和后躯肌肉块突出明显，胸部肌肉特别发达，肋骨开张，背腰结实，平而宽。体躯长而宽，四肢较短，强健而细致。蹄质良好，呈红褐色。皮肤厚而较软，有斑点（图2-6）。

图2-6 利木赞牛

利木赞牛产肉性能高，幼年期生长发育快，早熟，性情温顺，适应性强，耐粗饲，食欲旺盛，肉嫩，瘦肉含量高，胴体质量好，生长补偿能力强，母牛很少难产，容易受胎。严冬季节，无弓腰缩体的畏寒表现，喜在舍外采食和运动，不易发生感冒或卷毛现象。由于生长速度快，不少国家用来生产"小牛肉"。饲养环境良好的条件下，6月龄体重即可达到280～300千克，公牛10月龄能长到408千克，1周岁时体重可达480千克左右。公犊牛初生重平均39千克，平均日增重1040克；母犊初生重37千克，平均日增重860克。屠宰率通常在63％～71％，在8月龄就可以生产出具有大理石纹的牛肉。利木赞母牛平均泌乳量1200千克，个别可达4000千克。

利木赞牛通常性成熟时间为12～14月龄，发情周期为18～23天，后备母牛一般21月龄进行初配，初配年龄是18～20月龄，妊娠期为272～296天，2岁生产第一胎。难产率低（只有0.5％）是利木赞牛的优点之一。

据有关单位试验，用利木赞牛改良蒙古牛，利蒙一代进行肥育，13月龄体重可达408千克，肥育期内日增重可高达1429克，屠宰率为56.7%，净肉率为47.3%。根据山东农科院畜牧研究所试验资料，用利木赞牛与鲁西黄牛杂交，其杂交后代毛色表现一致，体格高大，体躯宽厚，肌肉丰满，臀尻发育良好，克服了鲁西黄牛后躯发育不良的缺点，初生重比鲁西黄牛提高较多，公犊出生重30多千克，12月龄体重可达325千克，屠宰率为60.0%，净肉率为49.44%，而且肉质好，大理石花纹明显，是较理想的父本。

4. 皮埃蒙特牛

皮埃蒙特牛是在役用牛基础上选育而成的专门化肉用品种，原产于意大利北部皮埃蒙特地区，包括都灵、米兰等地。该品种牛具有双肌肉基因，是国际公认的理想终端父本，已被世界多个国家引进，用于杂交改良，我国也大量推广使用。在1986年，该品种以冻精和胚胎方式引入中国。在南阳市移植少数胚胎，生育了最初几头纯种皮埃蒙特牛后，开始在全国推广，杂种一代牛被证明平均能提高10%以上的屠宰率，而且肉质明显改进。

皮埃蒙特牛毛色有浅灰色和乳白色，公牛在性成熟时颈部、眼圈和四肢下部为黑色。母牛为全白，有的个别眼圈、耳廓四周为黑色。犊牛幼龄时毛色为乳黄色，鼻镜为黑色。体形大，肌肉发育良好，体躯呈圆筒状（图2-7）。

图2-7 皮埃蒙特牛

该品种牛生长迅速，肉质好，胴体瘦肉量高，泌乳性能强，肌肉内脂肪含量低，比一般牛肉低 30%，肉质细嫩，适合国际牛肉消费市场的需求。该牛早期增重快，0～4 月龄日增重为 1.3～1.5 千克，1 周岁公牛体重 400～430 千克，12～15 月龄体重达 400～500 千克，每增重 1 千克体重消耗精料 3.1～3.5 千克，饲料利用率高。肥育期平均日增重为 1360～1657 克，屠宰率在 65%～70% 范围之内，胴体瘦肉量高达 340 千克，眼肌面积达 121.8 平方厘米。该品种作为肉用牛种有较高的泌乳能力，泌乳期平均产奶量为 3500 千克，乳脂率 4.17%。

皮埃蒙特牛在 1986 年引入我国南阳地区，选用皮埃蒙特牛改良本地牛，双肌肉型牛普及率高，平均能提高 10% 以上的屠宰率，而且肉质明显改进。皮南杂交一代牛初生重平均 35.0 千克，比南阳牛增长 5.0 千克，8 月龄平均断奶体重 197 千克，18 月龄体重 479 千克，日增重 0.96 千克，屠宰率 61.4%，净肉率 53.8%。之后逐步向全国各个地区推广。

四、瘤牛及含有瘤牛血液的品种

1. 婆罗门牛

婆罗门牛也叫美国婆罗门牛。原产于美国西南部，是美国育成的肉用瘤牛品种。近年来，已分布于美国的 46 个州，在热带和亚热带的许多地区都有繁育。

婆罗门牛头较长，耳大下垂。有角，两角间距离宽，角粗，中等长。公牛瘤峰隆起，母牛瘤峰较小。垂皮发达，公牛垂皮多由颈部、胸下一直延连到腹下，与包皮相连。体躯长、深适中、尻部较斜，四肢较长，因而体格显得较高（图 2-8）。母牛的乳房及乳头中等大。毛色多为银灰色。多数公牛的颈及瘤峰部毛色较深或呈黑色。成年公牛平均体重 770～1100 千克，母牛 450～500 千克。初生重 31 千克左右。

婆罗门牛出肉率高，胴体质量好，肉质超过印度瘤牛。能适应围栏肥育管理，具有很快上膘的性能。肥育期平均日增重 800 克左右，屠宰率可达 70%。犊牛初生重小，但因母牛产乳量高，因此

图 2-8　婆罗门牛

犊牛生长发育快。对饲料条件要求不严，耐粗饲，能很好地利用低劣、干旱牧场上其他牛不能利用的粗糙植物。耐热，不耐蜱、蚊和刺蝇的过分干扰。对传染性角膜炎及眼癌有抵抗力。婆罗门牛利用年限长、合群性好。好奇胆小，容易调教。

婆罗门牛广泛应用于杂交繁育。美国用婆罗门牛同其他品种杂交而育成肉牛王、圣格鲁迪牛、婆罗福特牛等品种。婆罗门牛具有改良我国南方炎热地区黄牛转向肉用牛的特性；和黄牛杂交顺产率高，很少有难产；与黄牛血缘关系远，杂交优势显著。

2. 契安尼娜

契安尼娜牛因原产于意大利多斯加尼地区的契安尼娜山谷而得名，是目前世界上体形最大的肉用牛品种。意大利有该品种牛 40 多万头，该牛是意大利民族的骄傲。契安尼娜牛虽无瘤牛所特有的瘤峰和发达的垂皮，但与瘤牛有亲缘关系，应属于瘤牛类型或含有瘤牛基因的品种。

契安尼娜牛体躯长，四肢高，体格大，体躯结构良好，但胸部不够深。毛色为纯白色，尾毛呈黑色（图 2-9）。犊牛出生时被毛为黄色到褐色，在 60 日龄内逐渐变为白色。与其他品种杂交时，白毛色呈隐性，带色素的皮肤呈显性性状。契安尼娜牛与我国南阳牛杂交，杂种毛色呈黄色或浅褐色。公牛体重，12 月龄达 600 千克，18 月龄达 800 千克，24 月龄达 1000 千克。母牛成年体重为 800～900 千克，体高 150～170 厘米。初生重，公犊牛为 47～55 千克，母犊牛为 42.48 千克。

图 2-9　契安尼娜

契安尼娜牛具有早熟的特点，优秀公牛的雌性后代，18 月龄时的体重可达成年牛体重的 64％～71％。初生至 18 月龄的生长速度最快。1 周岁的幼牛，平均日增重为 1.23 千克。契安尼娜牛的肉品质好，具有大理石纹状结构，而且细嫩。

第二节　肉乳兼用品种

一、国外引入的品种

1. 西门塔尔牛

西门塔尔牛原产于瑞士西部的阿尔卑斯山区、西门塔尔平原和萨能平原，而以西门塔尔平原产牛最为出色而得名。1878 年建立良种登记簿，选育工作成效特别显著。19 世纪中期，世界上许多国家也都引进西门塔尔牛在本国选育或培育成了自己的西门塔尔牛并冠以该国国名。成为世界上分布最广，数量最多的乳、肉、役兼用品种之一。目前西门塔尔牛主要分布于欧美、亚洲、南美、北美、南非等地区。中国西门塔尔牛品种 2006 年在内蒙古和山东省梁山县同时育成。

　　西门塔尔牛毛色为黄白花或淡红白花，头、胸、四肢、腹下、尾帚多为白色，皮肤为粉红色。体形大，呈圆筒状，前躯发达，且前躯较后躯发育好，胸较深，骨骼粗壮结实，体躯长，中躯呈圆筒形，整个体形为正方形。肌肉发育良好，乳房发育中等，乳头大，乳静脉发育良好。头长面宽，角细而向外上方弯曲，尖端稍向上。颈长中等，四肢强壮，蹄圆而厚，大腿肌肉发达（图 2-10）。

图 2-10　西门塔尔牛

　　西门塔尔牛适应性强、耐粗饲、易管理、母牛难产率低，是兼具奶牛和肉牛特点的典型品种。该品种牛的产肉性能特点为体躯高大，腿部肌肉发达，体躯呈圆筒状且脂肪少。早期生长速度快、产肉性能高、胴体瘦肉多、脂肪少而分布均匀、肉质良好、肉色鲜红、纹理细致、富有弹性、大理石花纹适中、脂肪色泽为白色或带淡黄色、脂肪质地有较高的硬度、胴体体表脂肪覆盖率100％。西门塔尔牛公牛体高可达 150～160 厘米，母牛可达 135～142 厘米。

该牛的乳用性能较好，平均产奶量为 4070 千克，乳脂率为 3.9％。在欧洲良种登记牛中，年产奶 4540 千克者约占有 20％。该品种牛增重快，肥育能力强，肉质良好。初生至 1 周岁平均日增重可达 1.5～2 千克，12～14 月龄体重可达 540 千克，生长速度与其他大型肉用品种牛相近。较好饲养条件下屠宰率为 55％～60％，育肥后屠宰率可达 65％。由于西门塔尔牛是在阿尔卑斯山的粗放条件下育成的，适应性好，耐粗饲，性情温顺，因此具有晚熟性。一般 2.5～3 岁开始有计划地配种。青年母牛的初情期与荷兰牛相近，母牛怀孕期为 290 天。

我国自 20 世纪初就开始引入西门塔尔牛，饲养在我国的东北、内蒙古、华北和西北等地，对当地养牛影响极大。到 1981 年我国已有西门塔尔纯种牛 3000 余头，杂交种 50 余万头。中国西门塔尔牛核心群平均产奶量 3550 千克，乳脂率 4.74％。与我国北方黄牛杂交，西杂一代牛的初生重为 33 千克，本地牛仅为 23 千克，平均日增重，杂种牛 6 月龄为 608.09 克，18 月龄为 519.9 克，本地牛相应为 368.85 克和 343.24 克；6 月龄和 18 月龄体重杂种牛分别为 144.28 千克和 317.38 千克，而本地牛相应为 90.13 千克和 210.75 千克。所生后代体积增大，生长加快。据测定，西杂牛产奶量为 2871 千克，乳脂率 4.08％。

2. 丹麦红牛

丹麦红牛是由安格勒牛、乳用短角牛与当地牛杂交的基础上育成的，属乳肉兼用品种。1878 年形成品种，1885 年出版良种登记簿，该品种乳脂率高、乳蛋白率高。丹麦红牛被许多国家引入。我国在陕西省关中地区、甘肃庆阳市、宁夏、吉林、辽宁瓦房店市、河南等地均有分布。

丹麦红牛被毛有光泽且软，被毛为红色或深红色，毛短，公牛毛色一般较母牛深，鼻镜浅灰至深褐色，蹄壳为黑色，部分牛只乳房或腹部有白斑毛。丹麦红牛体格大，体躯呈长方形，背长、腰宽，尻宽平，四肢强壮而结实，全身肌肉发育中等。皮肤薄、有弹性。胸宽，胸骨向前凸出，背腰平直，角短而致密，乳头长，乳房发育良好且匀称。常见有背线稍凹、后躯隆起的个体（图 2-11）。

图 2-11　丹麦红牛

丹麦红牛具有产肉性能好、性成熟早、生长速度快、肉品质好、体质结实、耐热、抗寒、耐粗饲、采食快、产乳性能好等特点。丹麦红牛成年牛体重，公牛为 1000～1300 千克，母牛为 650 千克；体高相应为 148 厘米和 132 厘米，屠宰率一般为 54％。12～16 月龄的小公牛，在肥育条件良好的情况下，平均日增重可达到 1 千克，平均屠宰率 54％，胴体中肌肉占 72％；22～26 月龄的去势小公牛，平均日增重为 640 克，屠宰率为 56％，胴体中肌肉占 65％；犊牛哺乳期日增重 0.7～1.0 千克。丹麦红牛的乳用性能也比较好，1985—1986 年丹麦红牛有产乳记录的母牛 8.35 万头，平均产乳量为 6275 千克，乳脂率为 4.17％。在 1989 之后的两年丹麦红牛平均产奶量为 6712 千克，乳脂率为 4.31％，乳蛋白含量 3.49％。据美国测定，2000 年 53819 头母牛的平均产奶量为 7316 千克，乳脂率 4.16％，乳蛋白含量 3.57％。

利用父本丹麦红牛和母本秦川牛杂交，杂交改良之后，丹秦杂交一代与父本和母本的外貌特征具有相似性。该品种牛具有良好的适应能力，无论气候和生态环境如何，只要营养充足，对牛的生长没有影响，仍能够正常生长发育和繁殖。不挑食，对粗饲料的利用率高。

3. 瑞士褐牛

瑞士褐牛原产于瑞士中部山区,在瑞士全境均有分布,仅次于西门塔尔牛,为瑞士的古老品种。瑞士褐牛有乳、肉、役兼用,在后期经过选育,成为以乳用为主的兼用品种。现在美国、加拿大、德国、波兰、奥地利等国均有饲养。

瑞士褐牛毛色不一,从浅褐色到灰褐色不等,个别个体几乎呈白色。蹄壳、角尖、鼻镜上通常有黑色素沉积,四肢内侧、鼻镜、乳房毛色比较淡。该品种牛体格比西门塔尔牛小,体格粗壮,头宽而短,额稍凹陷,颈短粗,垂皮不发达,胸深,背线平直,尻宽而平,四肢粗壮结实,角长中等,乳房匀称,发育良好(图2-12)。

图 2-12　瑞士褐牛

瑞士褐牛成熟较晚,一般2岁才配种。具有耐粗饲、适应性强、产奶量较高等特点。瑞士褐牛是兼用品种,四肢强壮,骨骼坚实,使用寿命长。该品种牛不受气候和饲养管理条件的影响,热带的高湿、高温和高海拔地带的冷风它都能适应。瑞士褐牛成年公牛体重1000～1200千克,成年母牛体重600～700千克。母牛年产奶量为2500～3800千克,平均乳脂率为4%,乳蛋白3.5%以上,用来制作奶酪和其他乳制品有较高的产量。犊牛初生重30～50千克,

18 月龄活重可达 485 千克，屠宰率为 50％～60％。瑞士褐牛对新疆褐牛的育成起过重要作用。

瑞士褐牛与本地黄牛杂交后代体形大，个体之间体形外貌具有相似性，被毛呈褐色，毛色深浅不一，鼻镜、眼睑、蹄、尾尖呈深褐色，体躯结构协调，肌肉发达，肉质好，抗病力强，耐寒，耐粗饲。

二、我国培育的品种

1. 三河牛

三河牛是由内蒙古地区培育的乳肉兼用优良品种牛，在根河、得勒布尔河、哈布尔河分布较集中，是中国培育的第一个乳肉兼用牛种。三河牛现在呼伦贝尔盟分布较多，约占牛总头数的 90％。三河牛是 19 世纪末开始杂交育种，由输入我国的十多个乳用及乳肉兼用品种与本地蒙古牛杂交，1982 年制定了三河牛品种标准，经过几十年的不断选育而形成。该品种牛具有抗寒、耐粗饲、适应性强、易放牧等特点，所以不但能够提高粗饲料的利用率，而且饲养管理比较方便。根据其生产性能、体形外貌、毛色等显著特征，统一命名三河牛。

三河牛毛色不一，其中红（黄）白花占主要部分，花片分明，头白色或额部有白斑，四肢膝关节以下、腹下及尾帚呈白色，有少量灰白、黑白及其他杂色存在。该品种牛体躯高大，体质粗壮结实，肌肉发育良好，结构协调。头部清秀，眼大而明亮，颈细而窄，长短适中，角稍向上，向前弯曲，少数角向上，粗细匀称；背腰平直，肩宽，腹围大而圆，体躯长，绝大多数后躯发育不太良好；四肢强壮，姿势端正；乳房发育中等，胸深，但欠宽（图 2-13）。

三河牛成年公牛体重 1000 千克左右，母牛 500 千克左右。在完全放牧不补饲的条件下，2 岁公牛屠宰率为 50％～55％，净肉率为 44％～48％，阉牛屠宰率为 54.0％，净肉率为 45.6％。三河牛产乳性能也较好，一般年产奶量为 1800～3000 千克，在环境适宜的条件下高达 4000 千克，个别高产牛达 7000 千克以上，乳脂率为 4％左右。三河母牛平均妊娠期为 283～285 天，怀公犊妊娠期比怀

图 2-13 三河母牛

母犊长 1～2 天。初配月龄为 20～24 月龄，一般可繁殖 10 胎以上。三河牛体形上不太一致，毛色不一，后躯发育不太好需要进一步提高。

2. 草原红牛

草原红牛是较早育成的乳肉兼用牛种之一，草原红牛是由蒙古牛和乳肉兼用型短角牛进行杂交后选育而成的，1949—1958 年间，在有放牧条件的吉林、河北、辽宁、内蒙古等四个省区先后利用乳肉兼用型短角牛对本地的蒙古牛进行杂交改良，使其具有产乳性能良好、体躯强壮、肉多、适应性好、乳脂率高等特点。1966 年以后进行横交固定，1973 年建立育种协会，1985 年经国家验收，正式命名为中国草原红牛。

草原红牛毛色绝大部分为红色，少部分为黑色或其他杂色，白尾尖，有的腹下有小块白斑，鼻镜多呈粉色。头部清秀，大小中等。颈肩宽厚，结构协调，结合良好，背腰平直，后躯短而宽平。大多数有角，角细短而向上弯曲，呈倒八字行，呈蜡黄色，角尖呈黄褐色。全身肌肉发达，胸宽而深，四肢坚实，姿势端正，结构匀称，骨骼圆润，蹄质结实。乳房发育良好，大小中等（图 2-14）。

草原红牛生长发育快、产肉性强、产奶性能高、繁殖性能良好、肉质优良、肌纤维细嫩、肌间脂肪分布均匀、耐粗饲、耐寒，

图 2-14 草原红牛

适于放牧饲养，是我国北方农牧区放牧饲养最适宜的品种。成年公牛体高 137.3 厘米，体重 700～800 千克；成年母牛体高 124.2 厘米，体重 450～500 千克；犊牛初生重 30～32 千克。母牛主要是在牧草繁茂的 5～6 月带犊挤奶，至 8 月下旬牧草枯黄时就停止挤奶，挤奶时间一般为 100 天左右。每头年产奶量 1662 千克，个体最高年产奶量为 4507 千克，乳脂率为 4.03%。在放牧加补饲的条件下，平均年产奶为 1800～2000 千克，乳脂率 4.0%。18 月龄阉牛，经放牧肥育，屠宰率为 50.84%，净肉率为 40.95%，经短期肥育的牛屠宰率和净肉率达到 58.1% 和 49.5%。草原红牛繁殖性能良好，性成熟年龄为 14～16 月龄。在放牧条件下，繁殖成活率为 68.5%～84.7%。虽然该品种牛具有耐粗、适应性强、耐寒、生产性能良好等优点，但由于该品种牛目前正在进行培育阶段，有的出现背腰不平、荐椎外突、乳房大小不均等缺点。

3. 新疆褐牛

新疆褐牛又称新疆草原兼用牛，主要产于新疆的伊犁、塔城等地区，南疆也有少数分布。新疆褐牛来源复杂，是由瑞士褐牛公牛与本地母牛杂交而成。20 世纪初，开始引入瑞士牛对当地的哈萨克牛进行改良，1951 年开始从苏联引入阿拉塔乌牛和科斯特罗姆牛与本地黄牛杂交进行改良，在1977年和1980年，分别从德国、奥地利引入纯种瑞士褐牛进行杂交育种，选育出优良的新疆褐牛。

新疆褐牛毛色呈褐色，深浅不一，顶部、角基部、口轮的周围和背线为灰白色或黄白色，眼睑、鼻镜、尾尖、蹄呈深褐色。体质粗壮坚实，结构协调匀称，肌肉发达，骨骼坚实，四肢端正，蹄质坚实。头部清秀，有角，角尖稍直、呈深褐色，角大小适中，向侧前方弯曲呈半椭圆形。嘴较宽，乳房小，颈长短适中，背腰平直，胸宽深（图2-15）。

图2-15　新疆褐牛

新疆褐牛成年公牛体重为490千克，在自然条件下，2岁以上净肉率为39%，育肥后净肉率高于40%，屠宰率高于52%。新疆褐牛产乳量的高低主要受天然草场水草丰茂程度的影响，挤乳期主要在6～9月，因此，挤乳期的长短也与产犊月份有关。新疆褐牛也是牧区驮挽的主要役畜。成年母牛体重430千克，产奶量为2100～3500千克，最高产量高达5162千克，乳脂率4.03%～4.08%。根据新疆的调研，新疆褐牛在冬季缺草少圈饥寒时，由于个体大，需要营养多，入不敷出，比本地黄牛掉膘快，损失大。在抗病力方面，与本地黄牛一样。

第三节 我国的优良肉牛品种

一、我国培育的肉牛品种

1. 夏南牛

夏南牛主要分布于河南省南阳县、泌阳县，夏南牛是由本地南阳牛和法国夏洛来牛经过导交、横交固定、自群繁殖三个阶段逐渐形成的新品种，其中以南阳牛为母本、夏洛来牛为父本培育而成，夏南牛含南阳牛血统 60% 以上，具有耐寒、耐粗、易放牧、适应性强等特点。1988 年河南省畜牧局正式立项并下达育种方案，经过技术人员科研攻关，于 2007 年 5 月 15 日顺利通过国家畜禽遗传资源委员会审定，正式定名为夏南牛。

夏南牛毛色为黄色，浅黄色和米黄色占绝大多数。公牛头方正、额平直，母牛头清秀、额平直而长。公牛角和母牛角具有一定的区别，公牛角呈锥形，水平向两侧伸展；母牛角细圆，致密光滑，稍向前倾。颈粗壮而平直，背腰平直，尻部宽长，耳大小适中，四肢端正而健壮，尾细而长，蹄质坚实。胸深、肋圆，体躯结构呈长方形，肩峰不明显，尾细长。肉质好，肉用特征明显。母牛乳房发育良好（图 2-16）。

夏南牛成年母牛体高 135.5 厘米，体重 600 千克；成年公牛体高 142.5 厘米左右，体重 850 千克左右。母犊初生重为 37.9 千克，公犊初生重为 38.5 千克。母牛初情期平均 432 天，初配时间平均490 天，发情周期平均 20 天，怀孕期平均 285 天。夏南牛肉用性能好，17～19 月龄的未肥育公牛屠宰率 60.13%，净肉率48.84%，肉骨比 4.8：1，优质肉切块率 38.37%，高档牛肉率14.35%。夏南牛耐粗饲，适应性强，舍饲、放牧均可，在黄淮流域及以北的农区、半农半牧区都能饲养。具有生长发育快、易育肥的特点。

夏南牛生长发育快，在农户饲养条件下，公犊牛 6 月龄平均体重为 197.35 千克，母犊牛平均体重为 196.50 千克，平均日增重为

图 2-16   夏南牛

0.88 千克；周岁公、母牛平均体重分别为 299.01 千克和 292.40千克。体重 350 千克的架子公牛经强化肥育 90 天，体重达 559.53千克，平均日增重可达 1.85 千克，该牛耐热性稍差。

2. 延黄牛

延黄牛是吉林省培育出的肉用牛新品种。延黄牛是以利木赞牛为父本，延边黄牛为母体，从 1979 年开始，经过杂交、正反回交和横交固定三个阶段，形成的含 75％延边黄牛、25％利木赞牛血统的稳定群体。主要分布在延边朝鲜族自治州的龙井市、珲春市、和龙市、图们市、安图县、汪清市和延吉市等图们江的边境县市。

延黄牛体质结实，骨骼坚实，体躯较长，颈肩结合良好，背腰平直，胸部宽深，后躯宽长而平，四肢端正，骨骼圆润，肌肉丰满，整体结构匀称，全身被毛为黄色或浅红色，长而密，皮厚而有弹力。公牛头短，额宽而平，角粗壮，多向后方伸展，成"一"字形或倒"八"字角，公牛睾丸发育良好；母牛头清秀适中，角细而长，多为龙门角，母牛乳房发育良好（图 2-17）。

延黄牛有耐寒、耐粗饲、抗病力强的特性，是我国宝贵的耐寒黄牛品种，性情温顺、适应性强、生长速度快、遗传性稳定。成年公、母牛体重分别为 1056.6 千克和 625.5 千克，体高分别为

图 2-17　延黄牛

156.2 厘米和 136.3 厘米。母牛的初情期为 8～9 月龄，性成熟期母牛平均为 13 月龄，公牛平均为 14 月龄。发情周期平均 20～21 天，发情持续时间平均为 20 小时，平均妊娠期为 285 天。犊牛初生重，公犊 30.9 千克，母犊 28.9 千克。延黄牛舍饲短期育肥 18 月龄公牛，宰前活重 578.1 千克，胴体重 345.7 千克，屠宰率为 59.8%，净肉率为 49.3%，日增重为 1.22 千克，眼肌面积 98.6 平方厘米。

二、我国优良的役肉兼用黄牛品种

1. 秦川牛

秦川牛是我国著名的大型役肉兼用品种牛，原产于陕西省渭河流域的关中平原地区。关中系粮棉等作物主产区，土地肥沃，饲草丰富，农作物种类多，农民喂牛经验丰富，在这样长期选择体格高大、役用力强、性情温顺的牛只作种用条件下，加上传统上种植苜蓿等饲料作物，遂形成了良好的基础牛群。主要分布于渭南、临潼、蒲城、富平、咸阳、兴平、乾县、礼泉、泾阳、武功、扶风等县市，其中以咸阳、兴平、乾县、武功、礼泉、扶风和渭南等地的秦川牛最为著名。

秦川牛毛色有紫红、红、黄三种，其中紫红、红占绝大部分，黄色较少。该品种牛体格较大，骨骼坚实，肌肉发达，体质健壮。角细致、短而钝，多向外下方或向后稍弯，呈肉色或近似棕色。鼻镜多呈肉红色，也有黑色、灰色和黑斑点等色。蹄壳有红、黑、红黑相间的三种颜色，且红色占绝大多数。头部方正、适中，母牛头部清秀；眼大而圆，口方面平，颈短，厚度适中，公牛颈上部隆起，垂肉发达，肩长而斜，前躯发育良好，背腰平直，长短适中，荐骨部稍隆起，一般多是斜尻。胸宽而深，公牛胸部很发达，肋骨长而开张。四肢端正而粗壮，前肢间距较宽，后肢飞节靠近，蹄形圆大、蹄叉紧、蹄质坚实（图2-18）。

图2-18 秦川牛

秦川牛成年公牛平均体高141厘米，体长160厘米，胸围200厘米，管围23厘米，体重600～800千克。成年母牛平均体高125厘米，体长140厘米，胸围170厘米，管围17厘米，体重381千克。秦川牛产肉性能好，在中等饲养水平下，肥育至18月龄屠宰，平均屠宰率58.3%，净肉率50.5%，眼肌面积70平方厘米，胴体重282.0千克，骨肉比为1:6.1，瘦肉率76.0%。秦川牛肉质细，大理石纹明显，肉味鲜嫩。母牛的产乳量715.8千克，乳脂率4.70%。秦川牛公牛2岁开始作种用，8岁淘汰，母牛2～2.5岁开始配种，一般可以繁殖到10~13岁，长的可达17~18岁。

2. 南阳牛

南阳牛属于大型役肉兼用品种，原产于河南省南阳市白河和唐河流域的平原地区，主要分布在南阳、唐河、邓县、新野、镇平、社旗、方城七个县市，另外许昌、周口、驻马店等地区分布也较多。产区生态条件是农业发达，牧草繁茂，饲料丰富，具有很好的饲养条件。南阳牛分山地牛和平原牛两种，山地牛多分布于伏牛山南北及桐柏山附近的新野、泌阳、方城等县。平原牛主要分布于唐河、白河流域广大平原地区。

南阳牛毛色有黄、红、草白三种颜色，其中深浅不一的黄色占主要部分，通常在牛的面部、腹下和四肢下部毛色较浅；体格高大，力强，结构匀称，肌肉发育良好，体质坚实，被毛细致，皮薄；鼻镜较宽，其多为肉红色，部分带有黑色；蹄壳大而坚实，呈圆形，多有黄蜡、琥珀色带血筋。胸部宽深，胸骨突出，肩峰较高，肩部宽厚，背腰平直，肢势正直，肋骨明显，尾细长，行动迅速、敏捷。公牛角基粗壮，母牛角细。公牛头部方正雄壮，颈粗短多皱纹，前躯发达，鬐甲较高，肩峰隆起8~9厘米，肩部斜长。母牛头部清秀，较窄长，嘴大平齐，颈薄呈水平状，长短适中，肩峰不明显，前胸较窄。胸骨突出，后躯发育良好。四肢筋腱明显，关节坚实，管粗厚，系短。蹄形圆大，行动敏捷（图2-19）。

南阳牛成年公牛体高145厘米，体重647千克；成年母牛体高126厘米，体重412千克。肉质细嫩，颜色鲜红，大理石纹明显。南阳牛公牛1.5~2岁即可利用，3~6岁配种的能力最强；母牛2岁开始繁殖，3~10岁繁殖能力最强；发情周期为18~21天，持续期为1~3天。南阳牛早熟，有的牛不到一年就能受胎，在中等饲养条件下，初情期在8~12月龄。据报道，10~12月龄公牛，肥育7~8个月体重可达441.7千克，平均日增重为813克，每增重1千克消耗饲料7.6个饲料单位，屠宰率为55.6%，净肉率为46.6%，其中最高个体的屠宰率为60.6%，净肉率可达54.9%，骨肉比为1：5.12，眼肌面积为92.6平方厘米。

图 2-19　南阳牛

3. 鲁西牛

鲁西牛亦称山东牛。原产于山东省西部，黄河以南、运河以西一带，中心产地是山东省西南部的菏泽和济宁，鲁南地区、河南东部、河北南部、江苏和安徽北部均有分布。鲁西牛产区生态条件为地势平坦，面积大而土质黏重，耕作费力，加之当地交通闭塞，其他役畜饲养甚少，耕作和运输基本都依靠役牛，且本地农具和车辆都极笨重，促进了鲁西牛成为大型牛。

鲁西牛被毛以红黄、淡黄色较多，草黄色次之，眼圈、口轮和腹下、四肢内侧均为粉红色，鼻镜与皮肤多为淡肉红色，部分鼻镜有黑色或黑斑。体躯高大，结构匀称，细致紧凑；骨骼较细，肌肉发育良好，垂皮较发达。公牛肩峰高而宽厚，前躯较宽深，背腰平直而宽，侧看类似长方形，具有肉用牛的体形。母牛鬐甲较低平，后躯发育较好，背腰较短而平直，尻部稍倾斜，关节干燥，筋腱明显，前肢端正。毛细而密，有光泽；皮薄富有弹性（图 2-20）。

鲁西牛耐粗饲，肥育能力好，肉质细腻，颜色鲜红，肌纤维间脂肪沉着良好，早熟，繁殖性能良好。18 月龄的阉牛平均屠宰率57.2%，净肉率49.0%，骨肉比 1：6.0，脂肉比 1：4.23。成年牛平均屠宰率58.1%，净肉率为50.7%，骨肉比 1：6.9，脂肉比 1：37。

图 2-20　鲁西牛

鲁西牛繁殖性能良好。母牛性成熟早，有的牛 8 月龄即能受配怀胎，一般 10～12 月龄开始发情，发情周期平均为 22 天，发情持续期 2～3 天，发情开始后 21～30 小时配种，受胎率较高，母牛初配年龄多在 1.5～2 周岁，终生可产犊 7～8 头，最高可达 15 头，妊娠期 285 天，产后第一次发情平均为 35 天。公牛性成熟较母牛稍晚，一般 1 岁左右可产生成熟精子，2～2.5 岁开始配种，利用年限 5～7 年，如利用得当，10 岁后仍有较好配种能力；性机能最旺盛年龄在 5 岁以前。

4. 晋南牛

晋南牛产于山西省晋南地区，其中万荣、河津数量最多。产地生态条件为夏季高温多雨，年平均气温 10～14℃，年降水量 500～650 毫米，无霜期 160～220 天。土壤适宜农作物的生长，当地农作物以棉花、小麦为主，其次为豌豆、大麦、谷子、玉米、高粱、花生和薯类等，素有山西粮仓之称。当地传统习惯种植豆科作物，与棉、麦倒茬轮作，使土壤肥力得以维持。天然草场主要分布在山区丘陵地和汾河、黄河的河滩地带，为晋南牛提供了大量优质的饲料和饲草及放牧地。

晋南牛毛色为枣红或红色，枣红居多。鼻镜较宽，呈粉红色；体躯健壮，结构匀称，骨骼坚实。头宽偏重，中等长；皮柔韧，厚薄适中；公牛额宽短，微突，鼻镜宽，鼻孔大，母牛较清秀，面平。胸宽深，前躯较发达；腰短充实，四肢端正坚实。母牛颈短平直，公牛颈粗微弓；肌肉发育良好，背腰平直，长短适中；蹄圆厚而大，呈深红色（图 2-21）。

图 2-21　晋南牛

成年公牛体高 139 厘米，体重 607 千克；成年母牛体高 117 厘米，体重 339 千克。肉用性能良好，瘦弱老残母牛屠宰率平均为 36.9%，犍牛平均为 40.7%。成年牛育肥后屠宰率可达 52.3%，净肉率为 43.4%。成年母牛在一般饲喂条件下，母牛产乳量为 745.1 千克，乳脂率为 5.5%～6.1%；母牛性成熟期为 10～12 月龄，初配年龄 18～20 月龄，繁殖年限 12～15 年，繁殖率 80%～90%，发情周期为 18～24 天，发情持续时间平均 2 天。

5. 延边牛

延边牛又名朝鲜牛，是东北地区优良地方牛种。原产于朝鲜和我国东北三省东部的狭长地区，分布于黑龙江的海林、宁安、东宁、林口、依兰、五常、延寿、通河等地，吉林省朝鲜族自治区的延吉、和龙、汪清、珲春及毗邻各县。19世纪，因朝鲜民族的不断移民，而逐渐输入我国东北，也将朝鲜牛带入，延边牛是朝鲜牛与本地牛长期杂交的结果，也混有蒙古牛的血液。

延边牛属于役肉兼用品种牛。毛色主要有浓淡不同的黄色，鼻镜通常呈淡褐色，有黑斑点存在。公牛与母牛体躯差别显著。公牛躯体较大，母牛躯体较小；公牛额宽，头方而正，角基粗大，多向两侧伸展，形如一字形或八字角，颈短而厚，有隆起；母牛头大小中等，角长而细，绝大多数为龙门角。胸部宽深，皮厚而富有弹性，被毛密集且长，呈浓淡不同的褐色；骨骼坚实，肌肉丰富而结实；四肢较高，关节明显。其前躯发达，后躯发育较差，多有轻度外向，蹄质致密坚实（图2-22）。

图 2-22　延边牛

成年公牛体高为131厘米，体重为465千克；成年母牛体高为122厘米，体重为365千克。公牛经180天肥育，屠宰率可达57.7%，净肉率为47.23%，日增重为813克。产乳性能良好，泌乳期约为6个月，母牛产乳量500～700千克，乳脂率5.8%～8.6%，在营养良好的条件下，产乳量高达2000千克。在繁殖性能上，母牛初情期为 8～9 月龄，性成熟期一般为 6～9 月龄，母牛初情期平均为 13 月龄，公牛平均为 14 月龄。母牛 2 岁开始配种，发情周期 20～21 天，发情持续 1～2 天。种公牛利用年龄一般为 3～8 岁。

6. 蒙古牛

蒙古牛是我国黄牛中分布最广、数量最多的品种。原产于蒙古高原地区，分布于内蒙古、黑龙江、新疆、河北、山西、陕西、宁夏、甘肃、青海、吉林、辽宁等省、自治区。主要产区内蒙古多为高原和山地，内蒙古的生态条件多是一望无际的半沙漠草原地带，沙土土壤，碱性较重，气候干燥，夏短冬长，一般海拔为 1000～1500 米，为典型的大陆性气候。主要牧草为禾本科和菊科，间有豆科牧草。

蒙古牛被毛由发毛和绒毛混合构成，随着季节性更替而出现周期性脱毛。毛色以黄褐色和红褐色居多，其次是黑色，还有少量黑白和黑黄，四肢内侧和腹部多为白色。体形较小，头大偏重，两眼大有神，角长、向上前方弯曲、呈蜡黄或青紫色，多为龙门角，角质致密有光泽；胸深狭扁，背腰平直，颈长短适中，垂皮较少。腹大不下垂，四肢短而健壮，后腿肌肉发育不良。蹄小，质密坚实，色泽与被毛相近。皮肤较厚，富有韧性，皮下结缔组织较发达。乳房比其他种黄牛发达，类似乳用型（图 2-23）。

蒙古牛成年公牛体高、体斜长、胸围、管围、胸深分别为：120.9 厘米、137.7 厘米、169.5 厘米、17.8 厘米、70.1 厘米；成年母牛分别为：110.8 厘米、127.6 厘米、154.3 厘米、15.4 厘米、60.2 厘米。蒙古牛主要用于挤乳，泌乳期较短，母牛 100 天平均产乳量为 518.0 千克，乳脂率为 5.22%，最高者达 9%。在中等营养水平条件下，阉牛屠宰率为 53.0%，净重率 44.6%。蒙古牛肉质好，屠宰率随季节而变化，牧草繁盛时期屠宰率高，可达到 50%；春季饲料缺乏，屠宰率降至 40%～45%。该品种牛具有繁殖性能好的特点，在放牧条件下，10～15 月龄性成熟；在草原地区为季节性发情配种，母牛初情期为 8～12 月龄，母牛 2.5～3.5 岁开始配种，4～8 岁为繁殖最好的时期，每年多在 6～10 月份发

图 2-23　蒙古牛

情。公牛为 3 岁开始配种。蒙古牛终年放牧，既无棚圈，也无草料补饲，夏季在蒙古包周围，冬季在防风避雪的地方卧盘，有的地方积雪期长达 150 多天，最低温度 −50℃ 以下，最高温度 35℃ 以上，在这样粗放而原始的饲养管理条件下，仍能繁殖后代，特别是每年三四月份，牲畜体质非常瘦弱，可是当春末青草萌发，一旦吃饱青草，约有两个月的时间，就能膘满肉肥，很快脱掉冬毛。

第三章

选择快速育肥肉牛的新技术

第一节　肉牛体表部位识别技术

肉牛快速育肥企业中流行一句行话叫"七分买牛三分养"，这句话的含义是说快速育肥能不能做好，或者说肉牛快速育肥能不能获得最终的效益，牛的选择占七分，养牛只占三分。就是说在购买育肥牛时，如果没有选择好，牛买贵了，很难获得好的饲养效果；如果牛选择好了，牛买得比较便宜，一般都能获得良好的饲养效果。尽管买牛包括选牛和市场两方面的因素，但可以看出肉牛选择的重要性。目前主要是通过外貌进行选牛，因此研究牛的外貌具有重要意义。研究牛的外貌特征包括整体结构和局部外貌的特征，是根据外貌表现来判断牛的健康状况、经济类型及种用品质；分析牛的整体与局部之间外貌特征的相关性，揭示某些外貌部位所存在的缺陷，为进一步改造其体形、提高品质提出确定目标。

一、牛体各部位名称

牛整个躯体分为头颈部、前躯、中躯和后躯四大部分。头颈部在躯体的最前端，它以鬐甲和肩端的连线与躯干分界，包括头和颈两部分。前躯在颈之后、肩胛骨后缘垂直切线之前，而以前肢诸骨为基础的体表部位，包括鬐甲、前肢、胸等主要部位。中躯是肩、臂之后，腰角与大腿之前的中间躯段，包括背、腰、胸（肋）、腹四部位。后躯是从腰角的前缘而与中躯分界，为体躯的后端，是以荐骨和后肢诸骨为基础的体表部位，包括尻、臀、后肢、尾、乳房和生殖器官等部位（各部位名称见图3-1）。

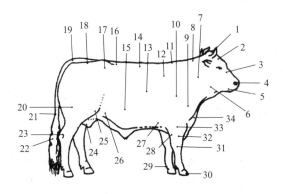

图 3-1 牛体部位名称

1—头顶；2—前额；3—面部；4—鼻镜；5—口裂；6—右颌部；7—颈部；8—颈脊；

9—肩端；10—肩；11—肩峰（鬐甲）；12—肩后；13—胸；14—背；15—腹壁；

16—腰；17—腰角；18—尻部；19—尾根；20—大腿；21—尾柄；22—尾帚；

23—飞节；24—阴囊；25—膝盖；26—后肋部；27—前肋部；28—肘部；

29—附蹄；30—踢；31—前膝盖（腕关节）；32—前臂（胫腓）；

33—前肢；34—垂皮

二、牛体各部分的特征

1. 头颈部

头颈部位于躯体的最前端，它以鬐甲和肩端的连线与前躯分界，又分为头部和颈部。

（1）头部 头部可以表示出牛的类型、品种特征、改良程度及其性能的高低，是以整个头骨为基础，并以枕骨脊为界与颈部相连。公牛头短、宽、厚、骨粗，额部生有卷毛，具有雄性的相貌；母牛头轻小、狭长，细致清秀，具有温和的相貌。不同品种类型的牛具有不同形态的头，肉牛的头宽短，乳用牛的头细长清秀。头有笨重、轻小、长短、宽狭之分。笨重的头，说明骨骼结构粗糙，与体躯相比所占比例较大，往往角粗大、皮厚毛粗，肉牛头部笨重则表示生产能力低。牛头的轻重是指牛头的大小与体躯相适应的程度；而牛头的长短是指牛头的长度与体斜长的比，头长在 26％～34％之间为适中，否则，为短头或长头。头的宽度，一般是指头宽与头长之比，最小额宽与头长之比应为 37％～40％，最大额宽与头长之比应为 47％，否则，为宽头或窄头。

（2）颈部　颈部是由七个颈椎为基础而形成的，具有长短厚薄之分，颈长的平均长度应为体长的 27％～30％。超过 30％为长颈，低于 27％为短颈。肉牛颈部短，肌肉发育良好，公牛颈部较母牛厚短，颈峰明显。

2. 前躯

前躯指颈之后、肩胛软骨后缘垂直切线之前，以前肢诸骨为基础的体表部位，包括鬐甲、前肢、胸等主要部位。

（1）鬐甲　鬐甲是以第二至第六胸椎棘突和肩胛软骨为基础组成的，它是颈、前肢和躯干的连接点，有长短、宽窄、高低、分岔之分。鬐甲与背成一直线为低鬐甲，突出于背线、形成弧状的为高鬐甲。牛体营养欠佳、肌肉不发达、体质弱时会形成尖鬐甲，背椎棘突发育不良、胸部两侧韧带松弛引起体躯下垂、胸部过度发育时都会形成岔鬐甲。公牛的鬐甲较母牛高而宽。

（2）前肢　前肢包括肩、臂和下前肢。肩部是以肩胛骨为解剖基础，形态取决于肩胛骨的长短、宽窄、着生状态及附着肌肉的丰满程度。肩有狭长肩、短立肩、广长斜肩、肥肩、瘦肩、松弛肩等形式。肩部狭而长、肌肉欠丰满为狭长肩；肩部短而直立为短立肩；肩部长而宽广、适当倾斜为广长斜肩；肩胛棘显露、棘两侧凹陷成沟为瘦肩；肩胛丰满圆润，富于脂肪为肥肩；肩胛骨上缘突出、软弱无力、伴随着分岔鬐甲为松弛肩。肩与颈、肩与胸的结合要良好。

臂以肱骨为解剖基础，有长短、肥瘦等不同类型。理想肉牛的臂应该长而肌肉丰满。

下前肢包括前臂、前膝、前管、球节、系、蹄等。前臂应长短适中，肌肉发达，与地面垂直。前膝应整洁，无前屈后弓、内外弧等形态。前管应粗细适中，筋腱明显，球节要大而结实有力。系要长短适中，长系软弱无力，易形成卧系，短系多直立而缺乏弹性，系与地面的角度应为 $45°\sim50°$。蹄要大而圆，蹄形正，蹄质致密结实，光滑无裂缝，内外蹄大小一致，蹄缝紧，与地面成 $45°\sim50°$ 的角度。

（3）胸　位于鬐甲下方和两前肢之间，后与腹部相连。胸腔内有心、肺等重要器官，其容积大小说明心、肺发育情况和功能好坏，因此要注意胸的形状和体积。胸有长短、宽窄、深浅等。肋骨间隙宽、前档宽、肋骨长分别表示胸的长、宽、深，实际上肋骨既长且开张度好时，胸的体积必然大。各种生产类型的牛都要求有发育正常、符合其用途特征的胸部。狭胸、浅胸是生产性能低、体质衰弱、发育不良的表现。公牛胸部比母牛的要宽而深，外观呈圆筒形（图 3-2）。

图 3-2　公牛宽而深的胸部

3. 中躯

中躯指肩胛软骨后缘垂直切线之后至腰角垂线之前，以背椎、腰椎和肋骨为支架的中间躯段。

（1）背　背以第七至第十三胸椎为基础形成，有长短、宽窄、平直、凹凸等不同类型。背椎体长与椎体间隙大则形成长背，反之为短背；肋骨开张度好为宽背，反之为窄背；椎体间结合不良、背椎肌肉及韧带松弛可引起背部凹凸。凹背、凸背（鲤背）、波浪背是常见的不良类型。

（2）腰 腰以六个腰椎为基础，它的情况和背相似，也有长短、宽窄、平直与凹凸之分。腰椎体长短及间隙大小决定腰的长短，腰椎横突长短决定腰的宽窄，腰椎体结合的紧密程度、肌肉和韧带是否松弛决定腰的平直与否。任何牛的背腰、腰尻结合必须良好，背线是否平直是结合良好与否的主要标志。

（3）腹 腹部位于背腰下方，腹内是主要的消化器官，故应充实，体积宜大。腹有充实、平直、卷腹（犬腹）、草腹和垂腹几种类型。充实腹是腹下线呈浅弧状，并在膁部以下后方开始逐渐紧缩，为理想型腹部；平直腹是腹下线与地面几乎平行，直至赚部下后方也不显紧缩状态；卷腹是在腹部后方显得过分紧缩、上吊，形如犬腹；草腹是腹部显得膨大且呈松弛状态；垂腹是在草腹基础上不仅显松弛，而且呈下垂状态。

腹部容积大小是消化器官发达与否的象征。充实腹既有一定的容积，又不呈松弛状态，是最理想的腹部；平直腹容积受到一定限制，但不松弛，为次理想型；卷腹容积受到严重限制，常伴随着食欲差、体质弱、消化器官疾病或其他慢性疾病等情况，或者是幼龄期高奶量、高精料日粮的结果，是严重缺陷；草腹和垂腹的容积最大，但呈松弛或下垂状态，是年老体弱或日粮中低质粗料过多、营养差等的结果，公畜则不宜作种用。

4. 后躯

后躯是腰角以后的躯段，是以荐骨、骨盆及后肢诸骨为基础的部分。

（1）尻部 尻部是以骨盆、荐骨及第一尾椎为基础形成的。尻部的形状有高低、长短、平斜、宽窄、方尖和屋脊尻等不同类型。后躯比前躯高的尻为高尻，反之为低尻；尻长大于体长的三分之一的为长尻，反之为短尻；尻平是指腰角与同侧坐骨端连线和水平线所形成的角度。当腰角高于坐骨结节时，其连线与水平线所形成的角度为正角度，当腰角低于坐骨结节时，所形成的角度为负角度。不同生产类型的牛对尻平有不同的要求，肉牛以平尻为宜。当尻角度为负时，称这举尻为翘尻。尻宽大于体长三分之一为宽，反之为窄；坐骨宽大于或等于尻宽三分之二为方，小于尻宽三分之一为尖；荐椎明显高耸，由荐椎向两侧倾斜为屋脊尻，也称流水尻。任何用途的牛，其尻都应长、宽而平，这样有利于生产性能的提高和减少繁殖问题，翘尻和屋脊尻是严重缺陷。肉牛尻部要求宽平且肌肉丰满。具有双肌肉特征的牛自尻部到后裆表现尤为突出，牛的髋宽大于腰角宽，肌肉束在后躯明显可见，后裆肌肉饱满、突出，延伸到飞节往后的位置（图3-3）。肌肉群的分布与其在体表上的表现相对应，外貌评定有很高的准确性。

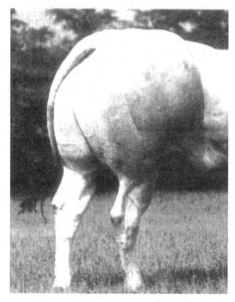

图3-3 肉牛臀部和后腿肌肉表现

（2）生殖器官 公牛的睾丸应发育良好，大小匀称，包皮整洁，阴囊悬垂不高不低，阴囊基部不粗大肥胖。母牛阴唇应大而肥厚，闭合良好，外形正常。

（3）后肢 大腿是以股骨为基础，故也称股部。大腿宜宽而深，这是对任何用途牛的共同要求，而其厚度则因牛的生产类型不同而有所差别，肉牛宜厚，肌肉丰满，充满于两股间并向后突出。肉牛后腿和臀部肌肉组成示意图见图3-4。

小腿是以胫骨为基础的。发育良好的小腿，要求长度适当，胫

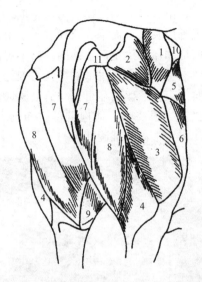

图 3-4　肉牛后腿和臀部肌肉组成示意图

1—臀中肌；2—臀浅肌；3—股二头肌前部；4—股二头肌后部；5—阔筋膜张肌；

6—股外侧肌；7—半膜肌；8—半腱肌；9—股薄肌；10—腰角粗隆；11—坐骨粗隆

骨与股骨的角度为 $100°\sim120°$，飞节的角度以 145 度适中，以便后肢行走畅快。飞节角度接近 $180°$ 时称直飞，明显小于 145 度为曲飞。直飞步幅小，伴随后踏，曲飞伴随前踏和卧系，都会影响后肢耐力的发挥。

后管是以跗骨（趾骨）为基础的，介于飞节与球节之间，后管应长短适中，宽而薄，顺飞节角度自然延伸至蹄。

尾是用来维持机体运动中的平衡状态并兼有驱赶蚊虫等的作用，尾根不宜过粗，附着不能过前，尾粗细要适度，尾梢应长，长短应符合品种要求。

5. 肢势与步伐

肢势是牛自然站立时，四肢的状态；步伐是牛自然行走时的脚步和状态。

（1）正常肢势与正常步伐　前肢的正常肢势从侧面看应是从肩胛骨上三分之一的骨骼中间点向地面引垂线，该垂线平分前臂、前膝、前管的侧面，落于蹄踵的后面。从前面看，由肩端向下作垂线，平分前臂、前膝和前管的背侧落于蹄的正前方和内外蹄之间。

后肢的正常肢势从侧面看由坐骨端向下作垂线，和飞节端相切。从后面看，应平分飞节和后管的跖侧。

正常步伐应是牛行走时蹄抬得较高，步幅较大而轻松自然，迈步稳健、步幅均匀，左侧和右侧的前后两蹄要踏在与体躯中轴平行的两条直线上，这两条直线就是由肩端和坐骨结节向地面作垂线的两个交点的连线，后蹄踏步超过前蹄，概括起来就是"四蹄两行"和"过步牛"。

（2）异常肢势与异常步伐

① 广踏与狭踏　前后蹄踏步落在由肩端和坐骨端向地面所作垂线的两个交点之连线外侧，就是广踏，反之为狭踏。广踏肢势引起广踏步伐，即两肢开张向前移动；狭踏肢势引起狭踏步伐，运步时两肢并拢向前挪动。这两种肢势由于四肢不是垂直接触地面，不利于力量的传导与发挥，运动速度也受影响，易疲劳。

② 前踏与后踏　前蹄和后蹄落于正常肢势的前方称为前踏，反之为后踏。四肢同时前踏或同时后踏的情况极少见，前肢后踏和后肢前踏情况屡见不鲜，前踏和后踏会引起站立、行走不稳、步幅小，力量弱，易疲劳。

③ 内弧与外弧　内弧和外弧是对两前膝和两飞节之间的距离而言。当距离比正常的较近、互相靠拢时为外弧；距离比正常的较远、互相远离时为内弧。形象地称外弧为"X"状肢，称内弧为"O"状肢。

前肢外弧会影响胸部发育，后肢外弧会影响乳房和生殖器官的发育，内弧和外弧分别引起内弧步伐和外弧步伐。

三、牛体部位与肉品质

在长期的肉牛生产中，人们已掌握牛体躯各部位优质牛肉的分布位置。牛的生产用途可分为役用、乳用和肉用三大类。这三类是指其主要产品供应的种类，而不是限制其使用范围，肉用品种牛与役用、乳用和兼用品种牛杂交的后代，都可以作肉用，不同用途的牛在完成其能提供的主产品的生产和使用阶段后，也全部供作肉用。

肉用牛的体形外貌，在很大程度上直接反映其产肉性能。肉用牛与其他用途的牛在肉的品质上具有共同的规律，都是背部的牛肉最嫩，售价最好，尻部次之，后腿再次之，随后是肩和鬐甲部，而颈、肢和腹、肋、前胸部为最后。乳用牛的背部和后躯最瘦，着肉量少，因优质部位的比例较少，售价较低；而与肉用种杂交后可改良这些部位的比重和肉质，使肉用价值上升，成为乳牛与肉牛杂交提高经济效益的手段。无论什么品种的牛，其牛肉质量因产肉部位不同而异，好与次的程度用星号"＊"表示，"＊"多的则等级高。这可以用牛体各分割部位的品质和商品肉种类示意图表示（图3-5，图3-6）。这在决定育肥和屠宰用牛的收购定价上是非常重要的知识。

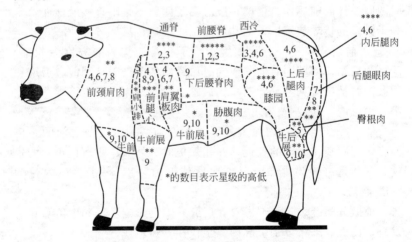

图 3-5　牛体部位与肉品质

1—牛柳；2—菲力；3—牛排、腰脊牛排、西冷；4—烤肉块；5—小牛排；
6—火锅片；7—卡卤焙烤肉；8—寿喜烧；9—红烧肉块；10—薄肉片

肉用牛的体形要求为矩形，即要求宽、长、深三面方正。达到这样体形的牛，背部的肉层厚而宽，获得的通脊肉、腰脊肉和西冷肉具有较大眼肉面积，重量较大；后躯肉包括尻部和后腿部的肉量

图 3-6 牛体部位与分割肉商品肉名称

比例高，则使得膝园和生产大米龙肉、小米龙肉的后腿眼肉比例提高。这与乳用和役用牛前躯大的情况截然相反，是专用的肉牛品种的特殊要求，其颈肉和牛前躯部位的肌肉也较发达、膘度较好，提高了嫩度和可口性。

第二节 肉牛外貌鉴别技术

一、肉牛的外貌鉴别方法

1. 接近与控制牛的方法

接近与控制牛之前要了解牛的特点。牛的攻击方法一般是用头顶，或用腿画弧向外扫。在接近牛前，应首先向畜主了解所接近牛的性情，然后开始接近牛。接近牛时应从牛的左前方渐渐接近，并伴以温和细语的声音，向牛表示来意，接近牛时一定要动作缓慢，轻举轻动。接近牛后，一手抓住牛鼻绳，一手在牛的颈脖处轻轻抚摸，以示友好，建立人畜亲和。接近牛时不宜穿戴鲜红色的衣帽，接近牛后不论什么情况都要抓紧牛鼻绳，接近牛后不能站在牛的侧后方。当牛出现低头瞪眼时，要格外小心。

2. 肉眼鉴别

选择肉牛的过程也就是对肉牛进行鉴别的过程。通过肉眼观察并借助触摸肉牛各个部位来与理想肉牛的各个部位及整体进行比较。进行肉眼鉴别时，应使被鉴别的肉牛自然地站在宽广而平坦的场地上。鉴别者站在距肉牛 5～8 米的地方，首先进行一般的观察，对整个畜体环视一周，以便有一个总体轮廓的认识，同时掌握肉牛体各部位发育是否匀称。然后站在肉牛的前面、侧面和后面分别进行观察。从前面可观察头部的结构，胸和背腰的宽度，肋骨的扩张程度和前肢的肢势等；从侧面观察胸部的深度，整个体形，肩及尻的倾斜度，颈、背、腰、尻等部的长度及各部位是否匀称；从后面观察体躯的容积和尻部发育情况。肉眼观察完毕，再用手触摸，了解其皮肤、皮下组织、肌肉、骨骼、毛、角等发育情况。最后让肉牛自由行走，观察四肢的动作、肢势和步伐。鉴定前，鉴定人员要对肉牛整体及各部体躯在思想中形成一个理想模式。理想肉牛就是人们在长期选育过程中总结出的高产肉牛的理想模型，也就是肉牛外貌特点的理想化，即最好的体躯及相应部位应是什么"样式"，思想上要有明确的印象，然后用实际牛体的整体和各个部位与理想形进行比较，从而达到判断牛只生长发育状况及生产性能高低的目的。然后对被鉴定牛形成一个总体印象并做出鉴定结果。

3. 测量鉴别

测量鉴别就是借助卷尺、测杖、骨盆卡尺、地磅等仪器设备，对肉牛的体高、体长、胸围等部位的大小、长短进行测量。然后依据记录数据，参照有关标准值，做出比较判断。从各个牛只的数据又可对群体状况做出统计判断。

测量体尺时，应让牛端正地站在平坦的地面上，四肢的位置必须垂直、端正，左右两侧的前后肢均须在同一直线上，在牛的侧面看时，前后肢站立的姿势也须在同一直线上。头应自然前伸，既不左右偏，也不高仰或下俯，后头骨与鬐甲近于水平，只有这样的姿势才能得到比较准确的体尺数值。测量部位的数目，依测量目的而定。测定完毕，还要计算体尺指数。所谓体尺指数，就是畜体某一部位尺寸对另一部位尺寸的百分比，这样可以显示两个部位之间的相互关系。生产实际中主要的体尺指数有体长指数、体躯指数、尻宽指数、胸围指数、管围指数和胸宽指数。体长指数为体斜长/体高×100。胚胎期发育不全的家畜，由于高度上发育不全，此种指数相当大；而在生长期发育不全的牛，则与此相反。体躯指数为胸围/体斜长×100，表明家畜体质发育情况。尻宽指数为坐骨宽/腰角宽×100。高度培育的品种，尻宽指数大。胸围指数为胸围/体高×100，表明体积的大小。管围指数为前管围/体高×100，表明骨骼的粗细。胸宽指数为胸宽/胸深×100，表明胸部的形状。

4. 评分鉴别

评分鉴别是将牛体各部依其重要程度分别给予一定的分数，然后根据肉牛的得分多少来判断肉牛个体的优劣程度。

二、肉牛的体重测定方法

1. 实测法

也叫称重法，即应用平台式地磅，令牛站在上面，进行实测，这种方法最为准确。对犊牛的初生重，尤其应采取实测法，以求准确，一般可在小平台秤上，围以木栏，将犊牛赶入其中，称其重量。犊牛应每月测重一次，育成肉牛每 3 个月测重一次。每次称重，应在喂饮之前进行。为了尽量减少误差，应连续 2 天在同一时间称重，取 2 次称重平均值。

2. 估测法

这一方法是在没有地磅的条件下应用的。估测的方法很多，但都是根据活重与体积的关系计算出来的。由于肉牛的用途和性别不同，其外形结构互有差异。因此，估测结果与实测活重相差很大，根本不能应用。一般估重与实重相差不超过 5％的，即认为效果良好，如超过 5％时则不能应用。在实际工作中，不论采用哪个估重公式，都应事先进行校核，有时对公式中的常数（系数），也要作必要的修正，以求其准确。肉用牛常用的估重公式介绍如下。

育肥前的高代杂种肉牛：体重(千克)＝胸围^2(厘米)×体斜长(厘米)/10800。

育肥前的杂种肉牛（三代以下）：体重(千克)＝胸围^2(厘米)×体斜长(厘米)/11420。

育肥后的肉牛：体重(千克)＝胸围^2(厘米)×体斜长(厘米)×110。

三、肉牛年龄鉴别方法

1. 牙齿鉴别年龄

（1）牙齿鉴别年龄的依据　肉牛的牙齿分为乳齿和永久齿，永久齿也称为恒齿。乳齿有 20 枚，永久齿 32 枚。肉牛的乳齿和永久齿均没有上门齿（或称上切齿）和犬齿。乳齿还缺乏后臼齿。乳齿与永久齿在颜色、形态等方面有明显的区别。肉牛的下切齿有四对，当中的一对称钳齿，其两侧的一对称内中间齿，再次的一对称外中间齿，最边的一对称隅齿，它们又分别被称为第一、第二、第三、第四对门齿。

牙齿鉴别年龄是根据牛的牙齿脱换和磨损情况，即根据牙齿的形态判断牛的年龄。不同年龄的牛乳齿与恒齿的替换和磨损程度不一，使生长在下颌的牙齿的排列和组合随着年龄出现变化，这种变化是有规律的，可以作为年龄鉴别的依据。

（2）牙齿的脱换规律　肉牛的牙齿具有特定的结构，切齿如铲状，分齿冠、齿颈和齿根三部。犊牛出生时，第一对门齿就已长出，此后 3 月龄左右，其他 3 对门齿也陆续长齐。1.5 岁左右，第一对乳门齿开始脱换成永久齿，此后每年按序脱换 1 对乳门齿，永久齿则不脱换，到 5 岁时，4 对乳门齿全部换成永久齿，此时的肉牛俗称"齐口"。在肉牛的牙齿脱换过程中，新长成牙的牙面也同时升始磨损，5 岁以后的年龄鉴别，主要依据牙齿的磨损规律进行判断。

（3）乳齿和永久齿的区别

牛乳齿和永久齿的区别见表3-1。

表 3-1 牛乳齿与永久齿的区别

区别项目	乳　　齿	永　久　齿
色　　泽	乳白色	稍带黄色
齿　　颈	有明显的齿颈	不明显
形　　状	较小而薄，齿面平坦、伸展	较大而厚，齿冠较长
生长部位	齿根插入齿槽较浅	齿根插入齿槽较深
排列情况	排列不够整齐，齿间空隙大	排列整齐，且紧密而无空隙

（4）不同年龄牛牙齿的特征

4～5月龄：乳门齿已全部长齐。

1～1.5岁：内中间乳齿齿冠磨平。

1.5～2岁：乳钳齿脱落，到2岁时在这里换生永久齿，俗称"对牙"。

2.5～3岁：内中间乳齿脱落，到3岁时在这里换生永久齿，俗称"四牙"。

3.5岁：外中间乳齿脱落，到3.5岁时在这里换生永久齿，俗称"六牙"。

4.5～5岁：乳隅齿脱落，4.5岁时换生永久齿，但此时尚未充分发育，5岁时在这里换生永久齿，俗称"齐口"。

6岁：隅齿磨损面积扩大，钳齿和内中间齿磨损很深。

7～7.5岁：钳齿和内中间齿的磨损面近似长方形。

8岁：钳齿的磨损面近似四方形。

9岁：钳齿出现齿星，内外中间齿磨损面呈四方形。

10岁：全部门齿变短，近似正方形。

11～12岁：全部门齿变短，呈圆形或椭圆形。

2. 根据角轮鉴别

（1）角轮的形成　角轮是由于一年四季肉牛受到营养丰欠的影响，角的长度和粗细出现生长程度的变化，从而形成的长短、粗细相间的纹路。在四季分明的地区，肉牛自然放牧或依赖自然饲草的情况下，青草季节，由于营养丰富，角的生长较快；而在枯草季节，由于营养不足，角的生长较慢，故每年肉牛形成一个角轮（图3-7）。因此，可根据肉牛的角轮数估计肉牛的年龄，即角轮数加上无纹理的角尖部位的生长年数（约两年），即等于肉牛的实际年龄。

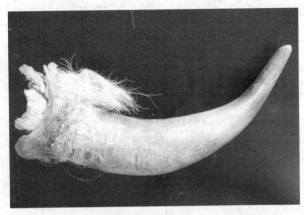

图 3-7　角轮

　　（2）影响角轮生长的因素　角轮的生长受多种因素影响。例如，在同一青草季节或枯草季节期内，由于肉牛患病，特别是慢性疾病，或得到采食的饲料品质不一，营养不平衡，对角的生长发育速度有影响，导致形成比较短浅、细小的角轮；肉牛由于妊娠和哺乳，需要较多的营养，也可使角组织不能充分发育，而加深了角轮的凹陷程度。因此，在利用角轮鉴别年龄时，一般只计算大而明显的角轮，细小不明显角轮，多不予计算。为了提高年龄鉴别的准确性，在利用角轮判断年龄的同时，亦应结合其他年龄鉴别方法综合考虑。

　　3. **年龄的外貌鉴别**

　　除了根据牙齿和角轮变化鉴别肉牛的年龄外，还应综合外貌的表现进行鉴别。一般幼龄牛头短而宽、眼睛活泼有神、眼皮较薄、被毛光润、体躯狭窄、四肢较高、后躯高于前躯；年轻的肉牛被毛光亮、粗硬适度，皮肤柔润而富弹性，眼盂饱满，目光有神，举止活泼而富于生气；而老年肉牛则与此相反，皮肤干枯，被毛粗刚、缺乏光泽，眼盂凹陷，目光呆滞，眼圈上皱纹多并混生白毛，行动迟钝。对于水牛，除具上面同样的变化外，随着年龄的增长，毛色愈变愈深，毛的密度愈变愈稀。根据这些特征，可大致区分老、幼年，但仍不能判断准确的年龄，可作为肉牛年龄鉴别的参考。

第三节　肉牛育肥度的外貌鉴别技术

肉牛育肥度外貌鉴别是关于肉牛外貌评定提出的最新概念，也称为特殊判定。这种外貌评分经使用，被认为对具有中、高遗传力的实用性强。利用此评分法，比屠宰法经济，并可以用于早期选种和快速育肥；这种肉用性能评定，可不屠宰活畜，肉牛育肥度评定能补充肉用性能的评定。肉牛育肥度外貌评分现推行的有体格大小、肌肉度、肥度、美格、早熟程度等。肉牛育肥度评定在变异范围内也有一个适度或最佳状态，但这个适宜度与牛的育肥条件和年龄有密切关系，在应用这种评定方法时要指明评定年龄和育肥条件。

一、体格

体格与早熟度有关，如安格斯牛在同一年龄与大体形牛相比，往往显得比较成熟，如腿短、臂短、体形比较粗短；而大型牛则腿长、臂长，要在年龄较大时才显示出粗壮的外形。前者的体躯很丰满而肌肉发育不具优势，屠宰率不一定低，但瘦肉率不太高；大骨架的牛晚熟，幼龄时肌肉不很发达，在幼龄时屠宰率较低。

可以肯定地说，牛的体格可以培育得很大。但太大的体格常伴随着粗糙的体质、低劣的牛肉品质、松弛的外形、晚熟。大多数情况下，中等体格的牛，无论是适应性、活力，还是繁殖性能、泌乳能力、长寿性和市场需求，可能都是最为有利的。当然，极端类型或许在某种特定的环境和市场条件下有利。

体格大小的含义即牛体腰部的高度和肩峰至尾根的长度。青年繁殖牛与阉牛应长、高而不过肥，这是其能继续生长的标志。公牛不应过早表现出性征，因动物性征越强，说明雄激素分泌越多。雄激素除有繁殖方面作用外，还有抑制长骨生长的作用。因此，性早熟的公牛不一定往后能快速生长并达到大的成熟体格。图3-8所示的4头公牛除由牛体高度与长度决定的体格大小的区别外，其他主要外貌特征均相同。

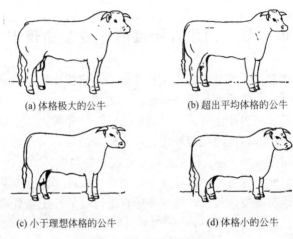

(a) 体格极大的公牛　　　　　　(b) 超出平均体格的公牛

(c) 小于理想体格的公牛　　　　　　(d) 体格小的公牛

图3-8　牛体格大小评定

① 体格极大的公牛。体高而长，为20世纪70～80年代追求的体形。由于公牛持续高速生长，性成熟晚，可能形成大的成年体格。

② 超出平均体格的公牛。目前先进的纯种和商品牛生产者选用此类型。

③ 小于理想体格的公牛。体太短且高度不足。

④ 体格小的公牛。体矮而短，20世纪30～50年代流行的体形。是四头公牛中雄性特征最明显的，具最明显的颈峰。但因雄性激素的分泌抑制长骨的生长，致使牛成年体格小。

二、肌肉度

试验表明，肉牛单条肌肉或一群肌肉的重量与胴体总肌肉重的相关为0.93～0.99。肉牛臂、前臂、后膝和后腿上部肌肉发达则全身肌肉发达。肌肉度要通过观察牛体肌肉分布最多而其他组织最少的部位来评定，如臂、前臂、后漆和后腿上部。当动物行走时，观察肩部和后膝部肌肉的运动和凸出状态。脂肪仅悬于牛体内和摆动部位。在进行肌肉度评定时应注意区别牛体的肌肉与脂肪。肌肉真正发达的牛，体表不平整，在肌肉与肌肉间表现出沟痕。另外，从牛的胸围和腰部看也较肩和后躯稍狭窄。

　　肌肉发达程度随年龄的增长而加强，达到一定年龄后，肌肉的发育就超过骨的生长。如果青年阶段牛的体格较大，肌肉度有一定的表现，说明它较晚熟。体躯长和平整的肌肉度对犊牛的肉用性能发挥较为有利，因这种犊牛通常生长期较长，并随着年龄增长肌肉变得丰满，在进一步肥育时，比体格小而肌肉已经很发达的牛有更大的长势，这也是肉牛快速育肥，选牛时要特别注意的。因肌肉度是雄性特征性状，故对公牛和阉牛较母牛更为重要。但肩部肌肉极发达的种牛应避免，因此类表现通常与难产相关。图3-9所示的4头公牛除肌肉度外，其他外貌特征相同。

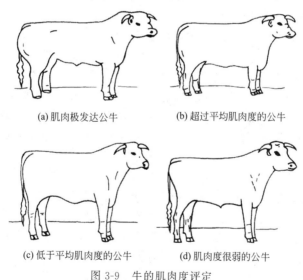

(a) 肌肉极发达公牛　　　　　(b) 超过平均肌肉度的公牛

(c) 低于平均肌肉度的公牛　　(d) 肌肉度很弱的公牛

图 3-9　牛的肌肉度评定

　　① 肌肉极发达公牛。注意臂、前臂后膝、后腿上部肌肉的凸出；丰满的背腰和大腿均为估计肌肉总产量的重要参考部位。还应注意大腿肌肉间的沟痕。由于背最长肌凸出于脊椎骨两侧，故沿背线可见一明显的沟痕。当牛行走时，还能见到肌肉的运动。

② 超过平均肌肉度的公牛。为目前先进的纯种和商品种牛生产者选用的类型。

③ 低于平均肌肉度的公牛，但好于肌肉度很弱的公牛。

④ 肌肉度很弱的公牛。注意狭、直、平的前臂；肩部、后腿上部、后膝不出现凸出；扁平的腰；下陷的大腿。

三、肥度

一般晚熟种的牛在幼年时沉积脂肪较少，这是晚熟牛品种目前较流行的原因之一。不臃肿或清秀无论对种牛和屠宰肉牛都很重要。具多余脂肪的种牛通常繁殖力较低，即使是肉牛屠体价值也降低。肥度在体形评定上通常是指皮下脂肪着生程度，膘的增长常由后肋阴囊等处沉积脂肪的程度得以表现，经验的方法是用手摸，而目测的方法是看肋间、腰角、肩窝、肋部和阴囊部的浑圆程度，以及前胸和颈部的饱满度等。

由于多余的脂肪对分割肉块的产量影响最大，因此，肥度评定常在预测肉牛肉块产量时应用。国外在对牛的肥度进行评定时，将肥度与牛屠宰后可能产生废弃物的多少相联系。在对牛的肥度进行评定时，应观察牛体肩端、后肋、脊椎正上方的背线等部位附着的脂肪。如在这些部位未发现肌肉，而又感觉到什么，那定是脂肪；观察那些脂肪沉积较快的部位，如后肋的脂肪；还要观察能反映屠宰后废弃物多少的部位的状态，这些部位包括喉部、垂皮、前胸、前肋、脐或包皮、阴囊或乳房和髋部的皮肤松弛情况。有无废弃物及废弃物多少主要由两个标准来判断：一是背腰（中躯）清秀度；二是前胸与前肋有无脂肪和松弛皮肤（正常牛体此两处不会有肌肉存在）。

对犊牛，通过外貌可对其成熟后的肥度进行预测，判断其屠体可能产生废弃物的多少。通常具有大的前胸、肋部与髋部深者，随着牛只成熟有变得过肥的趋势。由于不同民族的生活习惯有别，对肉牛宰前肥度的要求有所不同，如日本人喜食较肥的牛肉。图3-10所示的4头公牛除肥度外，其他外貌特征均相同。这几头公牛的长度和高度均相同，唯一的差别是从公牛（a）~（d）体躯深度逐渐增长。但这不是由于胸部和背腰更广阔引起（这是任何牛都需要

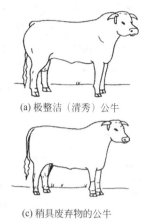

(a) 极整洁（清秀）公牛　　　　　(b) 外观整洁（清秀）的公牛

(c) 稍具废弃物的公牛　　　　　(d) 废弃物很多的公牛

图 3-10　牛的肥度评定

的），而是由废弃物引起松弛的皮肤下充满或将要充满脂肪。

① 极整洁（清秀）公牛。公牛看来似乎长而高，并有较其他三头公牛更长的颈。但实际上四头公牛的体高、体长均相等，其差异仅在体深和具废弃物的程度。

② 外观整洁（清秀）的公牛。为纯种和商品牛生产者所选用类型。

③ 稍具废弃物的公牛。但废弃物比废弃物很多的公牛少。

④ 废弃物很多的公牛。注意后肋松弛，下坠。公牛背腰平，臀部丰满，腰线直，体躯较其他三头公牛深。但体躯较深的原因不是由于宽大的胸部和中躯，而是由于松弛的皮肤（包括脂肪）。看上似乎较其他公牛的颈短，这是由于垂皮部位松弛的皮肤和肩峰部过多的脂肪引起的错觉。

四、美格

较长的生产寿命和较高的生产能力必须以正常的骨骼结构为基础。肉牛为了采食牧草，必须要能在草地或草原上自由和长距离地行走，种公牛要能尾随和爬跨母牛，这意味着必须具有良好的骨骼结构，对公母牛都会延长生产寿命。由牛骨骼结构决定的四肢的外部形态，称美格。理想的美格，应是四肢直立、稳健、垂直于地面；蹄大、宽，蹄踵深，两趾大小、形状一致并指向前方。关节部位，特别是飞节和膝关节，因承受强大的摩擦力，应大和位置结构正常，且整洁，不具有肥大或肿胀的表现。曲飞、直飞、前膝后向和前膝超前都是缺点，也称为失格（美格的反面）。图 3-11 表示牛体美格，这个性状对种牛特别重要，对屠宰肉牛重要性一般。

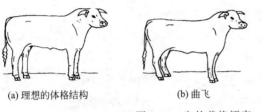

(a) 理想的体格结构　　　　(b) 曲飞　　　　(c) 直飞和膝向前

图 3-11　牛的美格评定

① 理想的体格结构：四肢站立端正，飞节具适宜的姿势与角度，以保证后肢有正常的张力和韧性。

② 曲飞：后蹄落在正常位置之前，并且膝后向。曲飞的牛通常伴随弱飞（节）。

③ 直飞和膝向前：直飞的牛步幅短和呆板，可能由于飞节肿胀和后膝关节损伤引起。膝向前的牛前肢站立不稳。

五、早熟程度

犊牛从 6 月龄或 8 月龄时断奶，直到 2.5 岁成熟，这段时间内是牛生长发育最快的时期，也是培育优良个体及育肥最好的阶段。从育种角度，要达到成年时纯种牛的体格，必须选择生长潜力大、在同样年龄下个子大、肌肉发达、膘厚但不太肥的牛。要选购短期育肥的架子牛，应挑选骨架大、中等以上膘情、肌肉度好的牛；若准备进行较长期育肥，则应购入膘差、略晚熟的个体，因此引入育成牛体形评分法具有十分重要的意义。育成牛的生长发育未完成，不能像评定成年牛那样，对各部位打分，因此只能就整体发育的最差到最佳程度，逐步提高分值，也用线性评分的方法进行。

牛的肉用体形首先受躯干和骨骼大小的影响，如颈脊宽厚是肉牛的特征，与乳用牛的颈部清秀瘦薄形成对照。鬐甲部浑厚、腰背平整且向后延伸到后躯仍保持宽厚，是肉用体形的表现。肌肉发达程度是随年龄的增长而加强的，达到一定年龄后，肌肉的发育就超过骨骼的生长。如果青年阶段牛的体格较大，肌肉度有一定的表现，说明它是较晚熟的，在进一步肥育时比体格小而肌肉已很发达的牛有更大的长势。

膘度在体形评定上通常是指皮下脂肪着生程度，膘的增长常根据后肋、阴囊等处沉积脂肪的程度判定，传统的办法是用手摸。而目测的方法是看肋间、腰角、肩窝、肋部和阴囊部的浑圆程度，前胸和颈部的饱满度等（表3-2）。

表3-2　肉牛早熟度评定

等级	早熟度	肌肉度	膘情
1	骨骼粗短，表现为短腿，体短，过早长肥，体躯囤圆	双肌肉。尾根基部丰圆无沟，前胸突出，肩胛和臀部肌肉间沟明显，其他部位肌肉也很丰厚	很瘦。周岁牛瘦骨嶙峋，身躯十分单薄
2	骨骼不如1级那么粗短，但骨架仍很短，周岁时外观比3、4、5级牛更像成年牛	肌肉丰硕，自胸后、肩胛和中躯肌肉束很明显，臀部丰圆，下延至飞节	瘦。肌肉薄，肋骨显露，四肢肌肉少，腰角突出，背部干瘪无肉
3	中等体格，周岁时已呈现出成年牛体形	肌肉度中等。四肢上部肌肉发育良好，前后肢站立姿势宽、自然，腰尻丰满适中	适中。牛只在一般环境条件下有足够的膘度，而不太肥。肌肉分布均匀，肋骨、腰角、坐骨端、肩端肌肉覆盖良好。前胸、颈部到肋部方正整齐
4	比3级牛显得更高，体更长，具有晚熟的体态	肌肉不发达，属下等肌肉度。周岁牛瘦而纤细	中上等。膘度更好，背腰、臀部方圆，肩静脉沟明显，肘突、肋部两侧都较丰满。前胸、垂皮丰厚
5	周岁牛体格高大，而头轻、腿长、颈瘦，呈现幼牛的长相	肌肉很不发达，前肢和后膝盖消瘦，背腰肌肉贫乏。体躯狭窄，后躯瘦骨嶙峋	肥。腰背、肋部和前胸过度肥胖。尾根、臀部、腰部、颈部都因过肥而呈圆的体态

第四节　肉牛的生产能力及测定技术

一、育肥性能及测定技术

肉牛的生长育肥性状指标主要包括体重、育肥指数、饲料报酬、体尺性状及外貌评分等。

1. 体重的测定与计算

体重尤其是日增重是测定牛生长发育和肥育效果的重要指标，也是肥育速度的具体体现。

① 初生重是犊牛生后喂初乳前的活重。

② 断奶重是断奶时的体重，一般用校正断奶重，国外用 205 天。不同断奶时间的体重可用如下公式校正为 205 天校正断奶重。

205 天校正断奶重＝(断奶体重－出生重)/断奶日龄×205＋出生重

③ 哺乳期日增重是断奶前犊牛平均每天增重量。

④ 育肥期日增重是育肥期平均每天增重量。

育肥期日增重＝(育肥末期重－育肥初体重)/育肥天数

2. 育肥指数的含义及其计算

育肥指数指单位体高所承载的活重，标志着个体的育肥程度或品种的育肥难易程度。数值越大说明育肥程度越好。

为育肥指数＝体重(千克)/体高(厘米)

3. 饲料报酬的计算

饲料报酬是肉牛的重要经济性状，是根据饲养期内总增重、净肉重、饲料消耗量所计算的每千克增重和净肉的饲料消耗量。计算公式分别为：

增重的饲料报酬＝饲养期内消耗饲料干物质总量(千克)/饲养期内总增重(千克)

净肉的饲料报酬＝饲养期内消耗饲料干物质总量(千克)/屠宰后的净肉重(千克)

4. 体尺性状的测定

主要的体尺性状测定部位如图 3-12 所示。

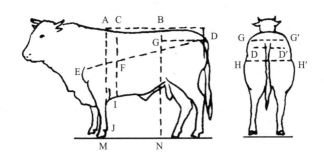

图 3-12　肉牛体尺测定部位示意图

① 体高（A—M）：鬐甲中部到地面的垂直高度，亦称鬐甲高。

② 十字部高（B—N）：十字部到地面的垂直高度。

③ 胸深（C—I）：鬐甲后缘垂直于地面的胸部椭圆形上下最长直径。

④ 胸宽（F—F）：鬐甲后缘垂直于地面的胸部椭圆形左右最长直径。

⑤ 胸围（C—F—I—F—C）：鬐甲后缘垂直于地面的胸部椭圆形周径长度，用皮尺测量。

⑥ 腰角宽（G—G）：左右腰角外缘水平最大宽度。

⑦ 坐骨端宽（D—D）：左右坐骨端外突处的水平宽度。

⑧ 髋宽（H—H）：左右髋关节外缘的水平最大宽度。

⑨ 体斜长（E—D）：肩端前缘到坐骨端外缘的距离。

⑩ 体直长（A—D）：鬐甲中点到坐骨端后缘的直线距离。

⑪ 尻长（G—D）：腰角前缘到坐骨端外缘的长度。

⑫ 管围（J）：左前管上三分之一处，亦即左前管最细处的周径。

5. 外貌评分

肉牛的外貌评分可按照表 3-3 所示进行。

表 3-3　肉牛外貌鉴别评分

部位	鉴定标准	评分	
		公牛	母牛
整体结构	品种特征明显,结构匀称,体质结实,肉用体形明显,肌肉丰满,皮肤柔软有弹性	25	25
前躯	胸宽深、前胸突出、肩胛宽平、肌肉丰满	15	15
中躯	肋骨开张、背腰宽而平直、中躯呈圆桶形、公牛腹部不下垂	15	20
后躯	尻部长、宽、平,大腿肌肉突出伸延、母牛乳房发育良好	25	25
肢蹄	肢势端正,两肢间距宽,蹄形正,蹄质坚实,运步正常	20	15
合计		100	100

二、产肉性能及测定技术

1. 重量测定

① 宰前重是宰前绝食 24 小时后的活重。

② 宰后重是屠宰放血以后的体重。

③ 胴体重是放血后除去头、尾、皮、蹄（肢下部分）和内脏所余体躯部分的重量。在国外,胴体重不包括肾脏及肾周脂肪重。

④ 屠宰率为胴体重与宰前重之比,计算公式为屠宰率＝胴体重/宰前重。

⑤ 胴体肉重也称净肉重,是胴体除去骨、脂后,所余部分的重量。

2. 胴体形态测定

胴体形态测定主要包括胴体长、胴体后腿长、眼肌长、胴体胸深、胴体后腿宽、胴体后腿围、臀部轮廓、肌肉厚度、皮下脂肪厚度等以及眼肌面积及第 9～11 肋骨样块化学成分分析等。

三、肉品质及测定方法

这是一个综合性状,其优劣是通过许多肉质指标来判断等级。常用的指标有 pH 值、肉质成分、肉色、滴水损失、蒸煮损失、系水力、风味、多汁性等。

肌肉 pH 下降的速度和强度对一系列肉质性状产生决定性的影响，屠宰后 60 分钟内，将 pH 仪探头插入倒数 3～4 肋间背最长肌处测定的为鲜肉 pH。在 4℃冷却 24 小时，测定后腿肌肉的 pH 值，记为 pH_{24}。

肌肉颜色是肌肉的生理学、生物化学和微生物学变化的外部表现，可以用视觉加以鉴别。肌肉颜色包括亮度、色度、色调三个指标，均以专用比色板测定。

滴水损失是度量肌肉保水力的指标，是指不施加任何外力，只受重力作用下，蛋白质系统的液体损失量。肌肉保水力不仅影响肉的色香味、营养成分、多汁性、嫩度等食用品质，而且有着重要的经济价值。

嫩度是反应肉质地的指标，由肌肉中各种蛋白质的结构特性决定。常使用嫩度测定仪测定剪切力值（千克）表示。牛腰大肌较嫩，嫩度一般为 3.2 千克；斜方肌较老，嫩度一般为 6.4 千克。

多汁性对肉的质地影响较大，肉质地的差异有 10％～40％是由多汁性决定的。多汁性较为可靠的评定方法是人为主观感觉（口感）评定。一般由有经验的人员组成评定委员会进行打分。对多汁性的评判可分为四个方面：一是开始咀嚼时肉中释放出的肉汁多少；二是咀嚼过程中肉汁释放的持续性；三是在咀嚼时刺激唾液分泌的多少；四是肉中的脂肪在牙齿、舌头及口腔其他部位的附着给人以多汁性的感觉。

肌肉大理石纹反映肌肉纤维之间脂肪的含量和分布，是影响肉口味的主要因素，各国都颁布了各自的大理石纹评分标准等级。

第四章

肉牛快速育肥场建设新技术

第一节　场址选择与布局新技术

一、场址选择新技术

肉牛快速育肥场场址的选择要有周密考虑，通盘安排和比较长远的规划。必须与农牧业发展规划、农田基本建设规划以及新修建住宅等规划结合起来，必须适应于肉牛快速育肥的需要。所选场址，要有发展的余地。

肉牛快速育肥场应建在地势高燥、背风向阳、地下水位较低、具有缓坡的北高南低、总体平坦的地方。切不可建在低凹处、风口处，以免排水困难、汛期积水及冬季防寒困难。

肉牛快速育肥场土质以沙壤土为好。土质松软，透水性强，雨水、尿液不易积聚，雨后没有硬结，有利于牛舍及运动场的清洁与卫生干燥，有利于防止蹄病及其他疾病的发生。

育肥场周边要有充足的合乎卫生要求的水源，保证生产生活及人畜饮水。水质良好，不含任何不符合养殖标准的物质，确保人畜安全和健康。

育肥场周边有丰富草料来源，肉牛快速育肥所需的饲料特别是粗饲料需要量大，不宜运输。育肥场应距秸秆、青贮和干草饲料资源较近，以保证草料供应，减少运费，降低成本。保证大量粪便及废弃物通过处理后还用。

育肥场周边应交通方便，有利于商品牛和大批饲草饲料的运输。肉牛快速育肥场运输量很大，来往频繁，有些运输要求风雨无阻，肉牛快速育肥场应建在离公路或铁路较近、交通方便的地方，但又不能太靠近交通要道与工厂、住宅区，以利防疫和环境卫生。

育肥场要远离主要交通要道、村镇工厂500米以外，一般交通道路200米以外。还要避开对肉牛快速育肥场污染的屠宰、加工和工矿企业，特别是化工类企业。符合兽医卫生和环境卫生的要求，周围无传染源。

育肥场要远离地方病高发区，人畜地方病多因土壤、水质缺乏或过多含有某种元素而引起。地方病对肉牛快速育肥速度、健康和肉质影响很大，虽可防治，但势必会增加成本，同时所生产的产品达不到优质产品要求，选场时应尽可能避免。

育肥场占地面积一般大于常规牛场，舍饲肉牛繁育场一般可按每头150～200平方米计算，育肥场一般可按每头50～60平方米计算。每头牛最好能配套有1亩以上植物用地，以适应肉牛的废弃物的消纳。有利于环境优美和生态友好。

肉牛的生物学特性是相对耐寒而不耐热。肉牛比较适宜的环境温度为5～21℃，最佳生产温度区为10～15℃。当气温为29℃，相对湿度为40%，采食量下降8%；在同等温度条件下，相对湿度为90%，采食量下降31%。

我国地域辽阔，南北温度、湿度等气候条件差异很大，各地在建筑牛舍时要因地制宜。例如，南方的特点主要是夏季高温、高湿，因此南方的牛舍首先应考虑防暑降温和减少湿度，而在北方部分地区又要注意冬季的防寒保温。

牛场地势过低，地下水位太高，极易造成环境潮湿，影响肉牛的健康，同时蚊蝇也多。而地势过高，又容易招致寒风的侵袭，同样有害于肉牛的健康，且增加交通运输困难。育肥肉牛舍宜修建在地势高燥、背风向阳、空气流通、土质坚实（以沙壤土为好）、地下水位低（2米以下）、具有缓坡的北高南低平坦地方。

饲料加工、饲喂以及清粪等都需要电力，因此，牛场要设在供电方便的地方。同时，牛场用水量很大，要有充足、良好的水源，以保证生活、生产及人畜饮水。通常以井水、泉水为好。在勘察水源时要对水质进行物理、化学及生物学分析，特别要注意水中微量元素成分与含量，以确保人畜安全和健康，符合肉牛快速育肥生产要求。

二、牛场规划新技术

肉牛快速育肥场内各种建筑物的配置应本着因地制宜和科学管理的原则，统一规划，合理布局。应做到整齐、紧凑、提高土地利用率和节约基建投资，经济耐用，有利于生产流程和便于防疫、安全等。

牛舍应建造在场内生产区中心。为了便于饲养管理，尽可能缩短运输路线。修建数栋牛舍时，应坐北向南，采用长轴平行配置，以利于采光、防风、保温。当牛舍超过4栋时，可2行并列配置，前后对齐，相距10米以上。牛舍内应设牛床、值班室和饲料室。牛舍前应有运动场，内设自动饮水槽、凉棚和饲槽等。牛舍四周和道路两旁应绿化，以调节小气候，美化环境。

饲料调制室设在牛场中央，饲料库靠近饲料调制室，以便于车辆运输。

草垛、青贮塔（窖）可设在牛舍附近，以便于取用，但必须防止牛舍和运动场的污水渗入窖内，草垛应距离房舍50米以外的背风向阳处。

兽医室和病牛舍要建筑在牛舍200米以外的偏僻地方，以避免疾病传播。设在牛舍下风向的地势低洼处。

场部办公室和职工宿舍设在牛场大门口和场外地势高的上风向，以防疫病传染。场部应设门岗值班室和消毒池。

三、牛场布局新技术

肉牛快速育肥场一般包括办公区、饲料生产区、动物饲养区和污物处理区，作者为某牛场设计的肉牛育肥场布局示意图见图4-1。

北

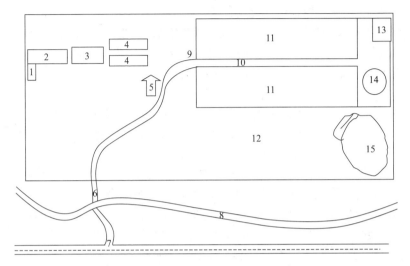

图 4-1 肉牛快速育肥养殖场平面示意图

1—餐厅；2—综合办公楼；3—饲料生产车间；4—青贮窖；5—磅房；6—外出道路；
7—高速路出口；8—公路；9—消毒室 10—场内道路；11—肉牛育肥区；
12—饲草地；13—卫生防疫区；14—沼气池；15—人工湿地系统

第二节　肉牛快速育肥舍设计新技术

一、肉牛舍的类型

　　肉牛快速育肥牛舍的类型多种多样。按照结构可分为开放式、半开放式和密闭式。按照屋顶形式可分为平顶式、斜坡式、钟楼式（图 4-2）。按照内部结构可分为单列式、双列式及多列式。

  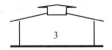

图 4-2 牛舍屋顶形式

1—平顶式；2—斜坡式；3—钟楼式

二、肉牛舍的设计要求

1. 快速育肥牛舍环境设计要求

牛舍适宜温度范围 5～21℃，最适温度范围 10～15℃；夏季舍温不超过 30℃。牛舍地面附近同天花板附近的温差不超过 2.5℃。墙壁附近温度与牛舍中央的温度差不能超过 3℃。

由于肉牛呼吸量大，牛舍一般湿度较大，但湿度过大，危害肉牛生产，轻者达不到肉牛快速育肥的目标和产品质量要求，重者引发牛群体质下降，疾病增多。舍内的适宜相对湿度以 50%～70% 为宜，最好不要超过 80%。牛舍应保持干燥，地面不能太潮湿。

肉牛快速育肥舍应保持适当的气流，冬季以 0.1～0.2 米/秒为宜，最高不超过 0.25 米/秒。夏季则应尽量使气流不低于 0.25 米/秒。应能在冬季及时排除舍内过多的水汽和有害气体，保证牛舍氨含量不超过 26 克/立方米，硫化氢含量不超过 6.6 克/立方米。

牛舍采光系数即窗受光面积与舍地面积比，一般为 1：16 以上，入射角不小于 25 度，透光角不小于 5 度，应保证冬季畜床上有 6 小时的阳光照射。

2. 快速育肥牛舍结构设计要求

① 牛舍地面以建材不同而分为黏土、三合土（石灰：碎石：黏土为 1：2：4）、石地、砖地、木质地、水泥地面等。为了防滑，水泥地面应做成粗糙磨面或划槽线，线槽坡向粪沟。

② 墙体是牛舍的主要围护结构，将牛舍与外界隔离，起承载屋顶和隔断、防护、隔热、保暖作用。墙上有门、窗，以保证通风、采光和人畜出入。根据墙体的情况，可分为开放式牛舍、半开放式牛舍和封闭式牛舍三种类型。封闭式牛舍，上有屋顶，四面有墙，并设有门、窗；半开放式牛舍三面有墙，一般南面无墙或只有半截墙；开放式牛舍四面无墙。

③ 牛舍的门有内外之分，舍内分间的门和附属建筑通向舍内的门叫内门，直接通向舍外的门叫外门。牛舍外门的大小，应充分考虑牛自由出入、运料清粪和发生意外情况能迅速疏散肉牛的需要。每栋牛舍的两端墙上至少应该设 2 个向外的大门，其正对中央

通道，以便于送料、清粪；大跨度牛舍也可以正对粪尿道设门，门的多少、大小、朝向都应根据牛舍的实际情况决定。较长或带运动场的牛舍允许在纵墙上设门，但要尽量设在向阳避风的一侧。所有牛舍大门均应向两侧开，不应设台阶和门槛，以便牛自由出入。门的高度一般为 2～2.4 米，宽度 1.5～2 米。

④ 牛舍的窗设在牛舍中间墙上，起到通风、采光、冬季保暖作用。在寒冷地区，北窗应少设，窗户的面积也不宜过大；在温暖的南方地区主要保证夏季通风，可适当多设窗和加大窗户面积。以窗户面积占总墙面积 1/3～1/2 为宜。

⑤ 屋顶是牛舍上部的外围护结构，具有防止雨雪和风沙侵袭以及隔绝强烈太阳辐射热作用。冬季防止热量大量地从屋顶排出舍外，夏季阻止强烈的太阳辐射热传入舍内，同时也有利于通风换气。常用的天棚材料有混凝土板、木板等。牛舍高度（地面至天花板的高度）在寒冷地区可适当低一些，南方地区要高一些。屋顶斜面呈 45 度，牛舍高度标准，通常为 2.4～2.8 米。

⑥ 牛床是肉牛采食和休息的场所。肉牛在一天内有 50%～70% 的时间是在牛床躺着，牛床应具有保温、不吸水、坚固耐用、易于清洁消毒等特点。牛床的长度取决于牛体大小和拴系方式，一般为 1.45～1.80 米（自饲槽后沿至排粪沟）。牛床不宜过短或过长，过短时肉牛起卧受限，容易引起腰肢受损；牛床过长则粪便容易污染牛床和牛体。牛床的宽度取决于肉牛的体形，一般肉牛的体宽为 75 厘米左右，因此牛床的宽度也设计为 75 厘米左右。同时，牛床应有适当的坡度，并高出清粪通道 5 厘米，以利冲洗和保持干燥，坡度常采用 1.0%～2%，要注意坡度不宜太大。此外，牛床应采用水泥地面，并在后半部划线防滑。牛床上可铺设垫草或木屑，一方面保持干燥，减少蹄病；另一方面又有利于卫生。

拴系方式有硬式和软式两种。硬式多采用钢管制成，软式多用铁链或麻绳。其中铁链拴牛有直链式（图 4-3）和横链式（图 4-4）之分。直链式尺寸为：长链长 130～150 厘米，下端固定于饲槽前壁，上端拴在一根横栏上；短链长 50 厘米，两端用两个铁环穿在长链上，并能沿长链上下滑动。这种拴系方式，牛上下左右可自由活动，采食、休息均较为方便。横链式尺寸为：长链长 70～90 厘米，两端用两个铁环连接于侧柱，可上下活动，短链长 50 厘米，两端为扣状结构，用于牛的拴系脖颈。这种拴系方式，牛亦可自由活动，采食、休息方便。

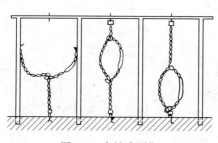 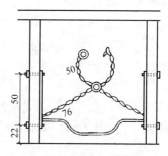

图 4-3　直链式颈枷　　　　图 4-4　横链式颈枷（单位：厘米）

⑦ 肉牛快速育肥场在每栋牛舍的南面应设有运动场。运动场不宜太小，否则牛密度过大，易引起运动场泥泞、卫生差，导致腐蹄病增多。运动场的用地面积一般可按后备牛和育肥牛 15～20 平方米/头、犊牛 5～10 平方米/头。

运动场场地以三合土或沙质土为宜，地面平坦，并有 1.5％～2.5％的坡度，排水畅通，场地靠近牛舍一侧应较高，其余三面设排水沟。运动场周围应设围栏，围栏要求坚固，可以钢管建造，有条件也可采用电围栏，栏高一般为 1.2 米，栏柱间距 1.5 米。

运动场内应设有饲槽、饮水池和凉棚。凉棚既可防雨，也可防晒。凉棚设在运动场南侧，棚盖材料的隔热性能要好，凉棚高 3～3.6 米，凉棚面积为 5 平方米/头。此外，运动场的周围应种树绿化。

3. 快速育肥牛舍结构设计示意

① 肉牛舍横面结构示意图（图 4-5）。

② 头对头式牛舍横面结构示意图（图 4-6）。

③ 头对头式牛舍结构照片（图 4-7）。

④ 单列拴系式牛舍结构照片（图 4 8）。

⑤ 犊牛岛结构照片（图 4-9）。

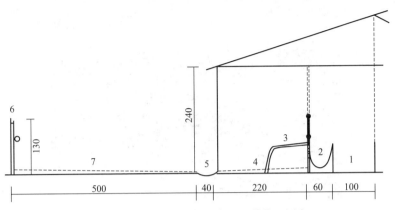

图 4-5　肉牛舍横面结构示意图（单位：厘米）

1—饲喂道；2—食槽；3—隔栏；4—牛床；5—排污沟；6—拴牛庄及铁环；7—运动场

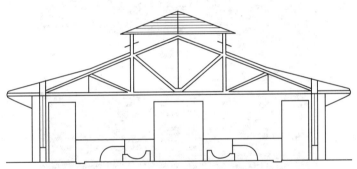

图 4-6　头对头式牛舍横面结构示意图

图 4-7　头对头式牛舍结构照片

图 4-8　单列拴系式牛舍结构照片

图 4-9　犊牛岛结构照片

第三节　肉牛快速育肥场建设新技术

一、标准牛舍建设

快速育肥肉牛舍分为双列式（图 4-10～图 4-12）和单列式两种（图 4-13）。双列式跨度 10～12 米，高 2.8～3 米；单列式跨度 6.0 米，高 2.8～3 米。每 25 头牛设一个门，其大小为（2～2.2）

米×(2～2.3)米，不设门槛。窗的面积占地面的 1/16～1/10，窗台距地面 1.2 米以上，其大小为 1.2 米×(1.0～1.2)米。牛床(1.7～1.8)米×1.2 米；送料通道宽 1.2～2.0 米，除粪通道宽 1.4～2.0 米，两端通道宽 1.2 米。最好建成粗糙的防滑水泥地面，向排粪沟方向倾向 1%。牛床前面设固定水泥饲槽，饲槽宽 60～70 厘米，槽底为 U 字形（图 4-14）。排粪沟宽 30～35 厘米，深 10～15 厘米，并向暗沟倾斜，通向粪池。

图 4-10 双列式育肥牛舍

图 4-11 散放式育肥牛舍

图 4-12　拴系式育肥牛舍

图 4-13　单列式育肥牛舍

二、简易牛舍建设

　　北方可采用四面有墙的全封闭式，或三面有墙、南面半敞开的半封闭式牛舍（图 4-15）；南方可采用北面有墙、其他三面半敞开的敞开式牛舍（图 4-16）。地面设施依肉牛饲养方式而异。舍内拴养者，每头牛在舍内有相对固定位置，每头牛的床宽 120～130 厘

图 4-14 饲槽

图 4-15 简易牛舍（三面有墙）

米、长 150～170 厘米。牛床前面设有饲槽，后面有排粪沟，宽 30 厘米，深 15 厘米；牛床的排列也有单列式和双列式。舍内散养者，饲槽按每头 45～65 厘米，饮水槽按每头长 0.75 厘米设置。舍内缝隙地板或水泥地面，每头面积 3 平方米，舍内密度稍大，减少活动余地。

图 4-16　简易牛舍（一面有墙）

三、塑料暖棚牛舍建设

塑料暖棚牛舍是北方常用的一种经济实用的单列式半封闭牛舍（图 4-17）。其跨度为 6 米，前墙高 1.5 米，后墙高 1.6 米，牛舍房脊高 2.8 米，牛舍棚盖后坡长占舍内地面跨度 70%，宜以盖瓦为佳，要严实不透风。前坡占牛舍地面的 30%，冬季上面覆盖塑料大棚膜。三角

图 4-17　塑料暖棚牛舍

架支柱在食槽内侧。后墙 1 米高处，每隔 3 米有一个 30 厘米×50 厘米的窗孔，棚顶每隔 5 米有一个 50 厘米×50 厘米的可开闭天窗。牛舍一端建饲料调制室和饲养员值班室，另一端设牛出入门。

第四节 肉牛快速育肥场设施配套技术

一、食槽饮水设施

食槽是牛舍中的重要设施，喂精饲料或粗饲料都用它，有固定的，也有可移动的，建筑材料有木材、砖砌抹水泥或水泥的预制件。无论什么材料，要求结实、里面光滑，如有毛刺会伤及牛的舌头，因为牛喜用舌头舔食。食槽里的水泥抹面应有 4～5 厘米厚度，否则极易磨损。肉牛饲料中常有啤酒糟等，含水分较多，故食槽里底应为圆弧形，让牛容易舔食干净（图 4-18）。食槽的高度依各地情况而定，大多采用低位，即食槽内边高 50～60 厘米，外边高 60～70 厘米，食槽内底部离地面 15～20 厘米，比较符合牛在野外低头食草的习性。也有建成高位食槽的，即离地面高 1 米，食槽底距地面约 50 厘米，牛伸头稍低即可采食到草料。牛群转移时，为了喂料方便，可制作移动食槽（图 4-19）。牛的放牧场也应设计补饲食槽（图 4-20），舍饲运动场设计补饲食槽（图 4-21）和补饲草架（图 4-22），让育肥牛自由采食。

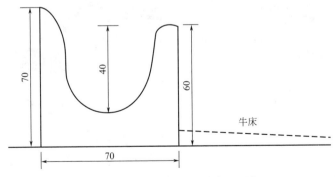

图 4-18 牛食槽与牛床（单位：厘米）

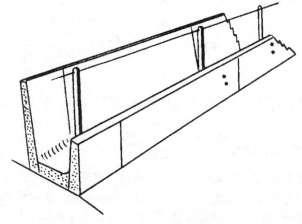

图 4-19　可移动食槽

图 4-20　牛的放牧场补饲食槽

　　规模化肉牛快速育肥场，可采用自动饮水装置，安装在颈枷旁边（图 4-23）。一般小型牛场多数采用在运动场上修建饮水池的方法，供牛自由饮水（图 4-24）。为保持饮水清洁，要求水池离地面至少高 80 厘米，以防牛蹄踏入；水池上方建凉棚，以减

图 4-21　运动场补饲食槽

图 4-22　运动场补饲草架

少沙尘、树叶等污染；水池要有排水孔，方便清洗。冬季可采用底下生火或安装电热丝等方法给水加温，也有在圆形水池上放一块浮起的圆形板，可以减轻结冰的程度，牛嘴压板材时水溢出可供饮用。

饮水器

图 4-23　自动饮水装置

图 4-24　自动饮水槽

二、饲草饲料设施

　　首先是饲料库房。应根据牛场的运输能力以及防止雨雪等恶劣天气的影响，设计一定容量的仓库供短期贮存饲料。库房的建设要求高于地面30厘米以上。门窗要设计安有纱网以防老鼠、麻雀侵入，并有通风、防火等设施，保持室内干燥（图4-25、图4-26）。第二是饲料加工间，依牛场规模大小配备粉碎、称量、混合等机具，以及存放啤酒糟、糖蜜、食盐等原料的场所；喂全混合日粮的还应有大型混合机具（图 4-27）。第三是青贮饲料加工、贮存设施（图 4-28）和取用设施（图 4-29），如青贮窖或青贮塔、铡草机与青粗饲料揉切机等。第四是干草及加工机具，干草堆放场地也应有高出地面的地坪，四周有排水沟，上方搭建干草棚（图 4-30、图 4-31），附近设有值班室并备有防火器材与消防龙头等。第五是饲草料运送车辆与相应工具（图 4-32、图 4-33）。

图 4-25　牛场饲料库房及加工间

图 4-26　牛场饲料暂存库

图 4-27　TMR（全混日粮）加工车间

图 4-28　牛场青贮窖

三、安全与防寒防暑设施

牛场安全中最重要的是防火，因为干草堆和其他粗饲料极易被引燃，管理不好的干草堆在受雨雪淋湿后，在微生物作用下会发酵升温，如不及时翻开处理，将继续升温而"自燃"，可能酿成火灾。为此，干草区和饲料区是牛场防火的重点，除订立安全责任制度外，还要配备防火设施，如灭火器、消防水龙头等。第二是防止跑

图 4-29 青贮取用机

图 4-30 大型干草棚

牛，围栏门、牛舍门及牛场大门都要安装结实的锁扣。第三是防暑，高于 25℃气温，牛出现热应激反应。而防暑的最好方法是注意牛场建设布局的通风性能，防止设施成为牛舍夏季风的屏障；牛场植树能提供阴凉（图 4-34），又不阻挡通风。运动场上可搭建部

图 4-31　小型干草棚

图 4-32　牛场专用 TMR 车

分凉棚（图 4-35）。此外，在牛舍或牛棚安装大型排风扇（图 4-36）和喷雾水龙头（图 4-37）等也是防止牛中暑的有效手段。第四是防寒，牛是比较耐寒冷的动物，母牛在环境温度低于 10℃时，

图4-33 铲草车

图4-34 牛场植树能提供阴凉

表现出采食量增加；肉牛能耐受更低的温度，但是温度过低肉牛生长速度减慢，饲料转化效率降低，饲养效益下降。舍饲牛舍要防止漏风，墙壁有洞眼或缝隙，冷风劲吹即形成所谓"贼风"，会造成

图 4-35　牛运动场搭设凉棚

图 4-36　牛舍内装电风扇

对牛的伤害。长江以南多为开放式牛棚，只要注意牛床和垫草的干燥，一般冬春能安全渡过。北方地区半开放式牛舍，在冬春季大风天气，可迎着主风向在牛舍挂帘阻挡寒风，平时注意将牛喂饱，铺垫干的褥草，都能安全越冬。我国北纬 40°以北，海拔较高的地区，冬春季节应让牛在牛舍内或搭建的大棚中度过。

四、卫生防疫设施

牛场建设时有必要考虑防疫所需条件，包括以下几种方式：①牛场大门旁设立准备室，安装衣柜、鞋柜、镜子等物，本场职工

图 4-37 牛舍内装喷雾装置

或参观人员入场前在此更换衣帽、胶鞋或工作鞋。②建立入场人员消毒专用通道，内设有消毒液的浅池，上方有一定数量的紫外线灯和喷雾消毒装置，来人按规定完成鞋底及体表的消毒方可入场。③安装闭路电视，外来人员在此房间内可清楚看到牛场各个区域，不必进入生产区参观。④安装参观平台。在办公区内邻近生产区的位置，建一较高的平台和楼梯，外来参观考察人员只须登上此台，可瞭望全场各区生产状况，若为开放式或半开放式牛棚的结构，瞭望台使用效果较好。

第五节 肉牛快速育肥场废弃物的加工处理新技术

一、土地还原法

牛粪尿的主要成分是粗纤维以及蛋白质、糖类和脂肪类等物质，其一个明显的特点是易于在环境中分解，经土壤、水和大气等的物理、化学及生物的分解、稀释和扩散，逐渐得以净化，并通过微生物、动植物的同化和异化作用，又重新形成动、植物性的糖类、蛋白质和脂肪等，也就是再度变为饲料。根据我国的国情，在今后相当长时期，特别是农村，粪尿可能仍以无害化处理、还田为根本出路。图 4-38 是某牛场将牛粪便发酵后制作有机肥的过程。

图 4-38　粪便发酵后制作有机肥

二、生物能源法

将牛场粪尿进行厌氧（甲烷）发酵法处理（图 4-39），不仅净化了环境，而且可以获得生物能源（沼气），同时通过发酵后的沼渣、沼液把种植业、养殖业有机结合起来，形成一个多次利用、多层增值的生态系统，目前世界许多国家广泛采用此法处理牛场粪尿。以 1000 头牛场为例，利用沼气池或沼气罐厌氧发酵牛场的粪尿，每立方米牛粪尿可产生多达 1.32 立方米沼气（采用发酵罐），产生的沼气可供应 1400 户职工烧菜做饭，节约生活用煤 1000 多吨。粪尿经厌氧（甲烷）发酵后的沼渣含有丰富的氮、磷、钾及维生素，是种植业的优质有机肥。沼液可用于养鱼或用于牧草地灌溉等。

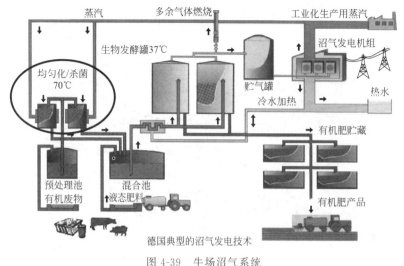

德国典型的沼气发电技术

图 4-39 牛场沼气系统

三、人工湿地处理

人工湿地是经过精心设计和建造的，湿地上种有多种水生植物（如水葫芦、细绿萍等），水生植物根系发达，为微生物提供良好的生存场所。微生物以有机物质为食物而生存，它们排泄的物质又成为水生植物的养料，收获的水生植物可再作为沼气原料、肥料或草鱼等的饵料，水生动物及菌藻，随水流入鱼塘作为鱼的饵料。通过微生物与水生植物的共生互利作用，使污水得以净化。据报道，高浓度有机粪水在水葫芦池中经 7～8 天吸收净化，有机物质可降低 82.2%，有效态氮降低 52.4%，速效磷降低 51.3%。该处理方式与其他粪污处理设施比较，具有投资少、维护保养简单的优点。

四、生态工程处理

首先通过分离器或沉淀池将固体厩肥与液体厩肥分离（图 4-40），其中，固体厩肥作为有机肥还田、制作燃料（图 4-41）或作为食用菌如蘑菇等的培养基，液体厩肥进入沼气厌氧发酵池（图 4-42）。通过微生物—植物—动物—菌藻的多层生态净化系统，使

97

图 4-40　粪便固液分离

图 4-41　分离出来的固态物质经微生物发酵后制煤

污水得到净化。净化的水达到国家排放标准，可排放到江河，回归自然或直接回收利用进行冲刷牛舍等。

此外，牛场的排污物还可通过干燥处理、粪便饲料化应用以及营养调控等措施进行控制。

图 4-42　分离出来的液态物质处理后进入沼气池

第五章

牛的生物学特点及其在快速育肥中利用的新技术

第一节　牛的行为特质及其在快速育肥中的利用

一、牛采食特点及其在快速育肥中的利用

1. 牛喜食带有酸甜口味的饲料

在肉牛快速育肥生产中，可以根据牛喜食带有酸甜口味的饲料的特点，应用酸味剂和甜味剂，调制低质粗饲料，促进肉牛采食，如对于玉米秸秆、高粱秸秆、小麦秸秆等农作物的秸秆可添加调味剂，改善肉牛对这些饲料的适口性，提高采食量，降低饲养成本。常用的有机酸调味剂主要有柠檬酸、苹果酸、酒石酸、乳酸等；甜味调味剂有糖蜜和甜蜜素等。

2. 牛采食速度快

牛采食的饲料在口中不经仔细咀嚼即咽下，在休息时进行反刍。牛舌大而厚，有力灵活，舌的表面有许多向后凸起的角质化刺状乳头，会阻止口腔内的饲料掉出来。如饲料中混有铁钉、铁丝、玻璃碴等异物时，很容易吞咽到瘤胃内，当瘤胃强烈收缩时，尖锐的异物会刺破胃壁，造成创伤性胃炎，甚至引起创伤性心包炎，危及牛的生命。当牛吞入过多的塑料薄膜或塑料袋时，会造成网-瓣胃孔堵塞，严重时会造成死亡。因此喂牛时，饲草要干净。

3. 牛喜食高草

牛无上门齿，而有齿垫，嘴唇厚，吃草时靠舌头伸出口外把草

卷入口中，放牧时牧草在 30～45 厘米高时采食最快，不能啃食过矮的草，故在春季不宜过早放牧，应等草长到 12 厘米以上再开始放牧，否则牛难以吃饱。自由采食的牛通常每天采食时间需要 6 小时，饲料品质对牛采食时间影响较大，易咀嚼、适口性好的饲料的采食时间短，秸秆的采食时间长。

4. 牛一般白天饮水

牛饮水时把嘴插进水里吸水，鼻孔露在水面上，一般每天饮水 4 次以上，饮水行为多发生在午前和傍晚，很少在夜间或黎明时饮水。饮水量因环境温度和采食饲料的种类不同而有较大差异，一般每天饮水 15～30 千克。因此，要保证牛有充足的饮水位置，特别是白天，集中饮水时间。

5. 牛的唾液分泌量大

牛的唾液分泌量大，每日每头牛的唾液分泌量为 100～200 升。唾液分泌有助于消化饲料和形成食团。唾液中含有碳酸盐、磷酸盐、尿素等，对维持瘤胃内环境和内源性氮的重新利用起着重要作用。唾液的分泌量和各种成分含量受牛采食行为、饲料的物理性状和水分含量、饲粮适口性等因素影响。牛需要分泌大量的唾液才能维持瘤胃内容物的糜状物顺利地随瘤胃蠕动而翻转，使粗糙未嚼细的饲草料位于瘤胃上层，反刍时再返回口腔，嚼细的已充分发酵吸收水分的细碎饲草料沉于胃底，随着反刍运动向后面的第三、第四胃转移。

二、牛排泄的特点及其在快速育肥中的利用

1. 牛每天的排泄次数

牛每天排泄次数和排泄量因饲料的性质和采食量、环境温度、湿度、个体状况的不同而异，正常牛每天平均排尿 9 次，排粪 12～18 次。例如，吃青草时比吃干草排粪次数多，产奶牛比一般牛排粪次数多。不同品种的牛排粪量虽然大不相同，但排泄的次数相近。牛的排尿次数与环境相对湿度有关，如在相对湿度为 20% 的干热环境下，平均每天排尿 3～4 次；而在 80% 的湿热环境下，每天排尿达 10 次以上。

2. 牛每天的排泄量及其在肉牛育肥中的利用

一般牛在正常情况下，每天的排尿量为 10～15 千克。根据国家环保总局推荐的排泄系数，每头牛平均粪便量为：牛粪 20 千克/头、牛尿 10 千克/头。牛粪各种养分含量为：水分 75.038%、碳 10.414%、氮 0.383%、磷 0.095%、钾 0.231%。设计规模化牛场，要根据牛的粪尿量设计粪污配套处理设施和生态循环利用系统。

三、牛休息的特点及其在快速育肥中的利用

1. 牛的休息行为

牛一天中休息 9～12 小时，有时游走，有时躺卧。通常在腹位卧下时进行咀嚼，以增加腹部压力来促进反刍。躺卧时，经常表现出个体的偏好，有的喜欢左侧卧下，有的喜欢右侧卧下。前肢卷曲在身体下面，一条后腿向前塞在身体下，大部分体重由坐骨结节上面、后腿的膝盖关节和跗关节下面围起来的三角形面支撑。另一条后肢伸向体的一边，膝关节和跗关节部分屈曲。牛以单一姿势游走，它们与马不一样，不能持续较长时间用直立姿势很好地休息。长途运输 12 小时以上时，停息时牛往往躺卧休息。因此，为了保持健康，牛一昼夜至少卧息睡眠 3 小时。目前在肉牛快速育肥生产中，牛吃饱后，尽量让牛躺卧休息，这样才能提高牛的育肥增重和饲料转化率。

2. 运动行为

牛在开始放牧或舍饲后刚进入运动场时，常表现嬉耍性的行为特征，如腾跃、蹦踢，用前肢抓扒，喷鼻，鸣叫和摇头，且幼牛特别活跃。这对于幼牛是有利的，可以促使其获得放牧时如遭到食肉动物侵害而对抗敌手的某些本领。

3. 群体行为

指牛群在长期共处过程中形成的群体等级制度和群体优胜序列。这种群体行为在规定牛群的放牧游走路线，按时归牧，有条不紊进入挤奶厅以及防御敌害等方面都有重要意义。在一个大的开放

群体中，初期各种年龄牛可能互相交锋，等级地位通常根据强弱和体重而定。

第二节　牛的消化特点及其在快速育肥中的利用

一、牛的消化器官特点及其在快速育肥中的利用

肉牛消化器官的最大特点是肉牛的胃由四部分组成，即瘤胃、网胃、瓣胃和皱（真）胃。肉牛的瘤胃占据腹腔的绝大部分空间，容纳着所进食的草料。瘤胃、网胃、瓣胃和真胃在饲料的消化过程中都有特殊的功能（图 5-1）。

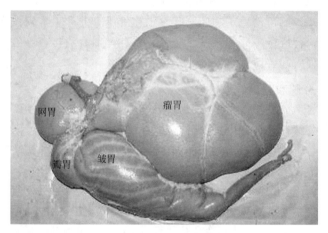

图 5-1　牛的瘤胃

① 瘤胃俗称"草包"，体积最大，是细菌发酵饲料的主要场所，有"发酵罐"之称。容积因肉牛大小各异，一般成年肉牛为100 升左右。瘤胃是由肌肉囊组成，通过蠕动使食团有规律流动。

② 网胃也称蜂巢胃，靠近瘤胃，主要功能是发酵、过滤和分类。对于经微生物消化基本完全和细小的部分，通过分类进入下一消化阶段，尚未完全消化的部分，重新进入瘤胃，再通过逆呕、咀

嚼再消化。网胃还能帮助排出胃内的发酵气体（嗳气），当饲料中混入金属异物时，易在网胃底沉积或刺入心包。

③ 瓣胃也称"百叶肚"，位于瘤胃右侧面，占 4 个胃的 7％，其功能是榨干食糜中的水分，避免大量瘤胃液流入后消化道，以提高后消化道对食糜的消化吸收，同时瓣胃也吸收少量营养。

④ 皱胃也称真胃，产生并容纳胃液和胃酸，也是菌体蛋白和过瘤胃蛋白被消化的部位。食糜经幽门进入小肠，消化后的营养物质通过肠壁吸入血液。

二、牛的瘤胃消化及其在快速育肥中的利用

牛的复胃消化与单胃动物消化的主要区别在前胃，除了一些特有生理现象，就是微生物消化过程。瘤胃和网胃内可消化饲料中 70％～85％的可消化干物质、50％的粗纤维，并产生挥发性脂肪酸和气体，合成蛋白质和某些维生素。因此，前胃消化在反刍动物的消化过程中起着特别重要的作用。

1. 分解和利用碳水化合物

饲料中的纤维素主要靠瘤胃微生物的纤维素分解酶的作用，通过逐级分解，最终产生挥发性脂肪酸，其中主要是乙酸、丙酸和丁酸三种有机酸和少量高级脂肪酸，供牛体利用。其中的乙酸和丁酸是泌乳牛合成乳脂肪的主要原料，被瘤胃吸收的乙酸约有 40％为乳腺所利用，丙酸是合成体脂的主要原料。牛瘤胃一昼夜所产生的挥发性脂肪酸可提供机体所需能量的 60％～70％。

饲料中的淀粉、葡萄糖和其他可溶性糖类，可由微生物酶分解利用，产生低级脂肪酸、二氧化碳和甲烷等。同时能利用饲料分解所产生的单糖和双糖合成糖原，并储存于微生物细胞内，当进入小肠后，微生物糖原再被动物所消化利用，成为牛体的葡萄糖来源之一。泌乳牛吸收入血液的葡萄糖约有 40％被用来合成牛体脂和提供能量。

2. 分解和合成蛋白质

瘤胃微生物能将饲料蛋白质分解为氨基酸，再分解为氨、二氧化碳和有机酸，然后利用氨或氨基酸再合成微生物蛋白质。瘤胃微

生物还能利用饲料中的非蛋白含氮物质，如尿素、铵盐、酰胺等，被微生物分解产生的氨用于合成微生物蛋白质。因此，在牛生产中，可用尿素代替饲粮中的一部分蛋白质。在低蛋白质饲粮情况下，牛靠"尿素再循环"，减少氮的消耗，保证瘤胃内适宜的氨浓度，以利于微生物蛋白质合成。在瘤胃微生物利用氨合成氨基酸时，还需要碳链和能量，糖、挥发性脂肪酸和 CO_2 都是碳链的来源，而糖是能量的主要供给者。饲粮中供给充足的易消化糖类，是微生物能更多利用氨合成蛋白质的必要条件。

3. 合成维生素

瘤胃微生物能合成一些 B 族维生素。一般情况下，即使日粮中缺乏这类维生素，也不会影响牛的健康。幼龄犊牛由于瘤胃还没有完全发育，微生物区系还没有完全建立，有可能患 B 族维生素缺乏症。成年牛如日粮中钴的含量不足时，瘤胃微生物不能合成足量的维生素 B_{12}，会出现食欲降低，生长缓慢。

4. 瘤胃微生物的组成

瘤胃消化主要是微生物的消化，微生物主要为种类复杂的厌氧性纤毛虫、细菌、古菌和真菌类等微生物。据研究，1 克瘤胃内容物中，含 150 亿～250 亿个细菌和 60 万～180 万个纤毛虫，总体积约占瘤胃内容物的 3.6%，其中细菌和纤毛虫约各占一半。瘤胃内大量生存的微生物随食糜进入真胃被胃酸杀死而解体，被消化液分解后，可为牛提供大量的优质单细胞蛋白质营养。

5. 瘤胃微生物的生存条件

微生物生存并繁殖的良好条件主要包括：饲料和水分相对稳定地进入瘤胃，稳定而源源不断供给微生物繁殖所需要的营养物质；瘤胃的节律性运动将内容物混合，并使未消化的食物残渣和微生物均匀地排入消化道后段；瘤胃内容物的渗透压维持在接近血浆的水平；瘤胃有相对稳定的温度，由于微生物的发酵作用，瘤胃内的温度通常高达 39～41℃；瘤胃相对稳定，pH 变动于 5.5～7.5，饲料发酵产生的大量酸类，被随唾液进入的大量碳酸氢盐所中和，发酵产生的挥发性脂肪酸被瘤胃壁吸收进入血液，以及瘤胃食糜经常排入消化道后段，使 pH 维持在一定范围；瘤胃内高度乏氧，瘤胃背囊的气体中通常含二氧化碳、甲烷及少量氮、氢、氧等气体。在肉牛快速育肥生产中，提供适宜瘤胃微生物生存的条件是提高瘤胃消化和饲料利用率的前提。

6. 影响瘤胃消化的因素

（1）水和营养物　瘤胃内容物含干物质 10%～15%，含水85%～90%。牛采食时摄入的精料较重，大部分沉到瘤胃底部或进入网胃，草料较轻，主要积于瘤胃背囊，保持明显的层次性。瘤胃的水分来源除饲料和饮水外，尚有唾液和瘤胃壁透入（分泌）的水。瘤胃水分具有强烈的双向扩散作用与血液交流，其量可超过瘤胃液体的 10 倍之多。喂颗粒饲料的牛，其流量平均每小时为 8.9升，即 1 昼夜液体流量为瘤胃容积的 4.2 倍，或每隔 5～6 小时瘤胃液更新一次，称其为周转率。不同的日粮类型和饲养条件，瘤胃液容积不同。当牛处于干旱环境和长期禁饮的情况下，瘤胃的水分经血液运输至其他组织的作用加倍，瘤胃液减少。所以瘤胃可看作体内的蓄水库和水的转运站。

（2）渗透压　牛瘤胃渗透压为 300 克/千克，接近血浆的水平，一般也比较稳定。瘤胃渗透压主要受饲养水平的影响，渗透压的升高还受饲料性质的制约，通常在饲喂前比血浆低，喂后 0.5～2 小时，则可达 360～400 克/千克，于是，体液由血液转运至瘤胃内，饮水使渗透压降低，数小时后逐步上升。喂粗饲料时，渗透压升高20%～30%，食入易发酵饲料或矿物质升高幅度更大。饲料在瘤胃内释放电解质以及发酵产生的低级挥发性脂肪酸和氨等，是瘤胃渗透压升高的主要原因。瘤胃吸收 Na^+ 和挥发性脂肪酸是调节瘤胃渗透压升高的主要手段。继水分随唾液通过瘤胃以及溶质被吸收后，渗透压逐渐下降，于 3～4 小时后降至饲喂前的水平。瘤胃液的溶质包括无机物和有机物。溶质来源于饲料、唾液和由瘤胃壁进入的液体及微生物代谢产物，主要是钾离子和钠离子，这两种离子变化呈反比例关系。

（3）pH 值　瘤胃内 pH 变动在 5.0～7.5 范围内，但 pH 低于 6.5时，对纤维素的消化不利。pH 的变化具有一定的规律，但受制于日粮类型和摄食后时间。pH 的波动曲线反映着有机酸和唾液的变化，一般喂后 2～6 小时达最低值，昼夜间明显地出现周期性变动，白天显著高于夜间。影响瘤胃 pH 变化的主要因素有：①饲料种类，当喂粗料时，瘤胃 pH 较高，喂精料和青贮料时，瘤胃 pH 较低；②饲料加工，粗饲料经粉碎或制成颗粒后，由于唾液分泌减少，微生物活性增强，挥发性脂肪酸产量增加，pH 降低，精饲料加工后，也呈上述反应；③饲养方式，增加采食量或饲喂次数，以及长时间放牧，瘤胃 pH 降低；④环境温度，高温抑制采食和瘤胃内发酵过程，导致 pH 升高；⑤瘤胃部位，背囊和网胃内 pH 较瘤胃其他部位为高。此外，瘤胃液损失钴较多时，pH 会增高。

（4）缓冲能力　瘤胃具有比较稳定的缓冲系统，与饲料、唾液和瘤胃壁的分泌有密切的关系，并受 pH、CO_2、挥发性脂肪酸浓度的控制。瘤胃 pH 为 6.8～7.8 时，缓冲能力良好，超出这一范围，则显著降低。缓冲能力的变化与瘤胃液内碳酸氢盐、磷酸盐和挥发性脂肪酸浓度有关。在瘤胃 pH 正常条件下，碳酸氢盐（pH 4～6）和磷酸盐（pH 6～8）起重要作用，但 pH 低时，挥发性脂肪酸起的作用较大，饲喂前缓冲能力低，饲喂 1 小时达最大值，然后逐渐下降到原来水平。

（5）瘤胃温度　瘤胃内容物在微生物作用下发酵，并放出热量，所以瘤胃内温度较体温高 1～2℃，通常为 38.5～41.0℃，不过，由于身体传导、呼吸及皮肤散热，瘤胃温度不致过高。瘤胃温度受部位和饲喂制度的影响。腹囊比背囊温度为高；饮水和供给冷的饲料，瘤胃温度会迅速下降，但由于体温供给的影响，很快得以恢复。瘤胃内壁存在温觉感受器，所以瘤胃内温度对机体温度以至整体生理机能调节有一定影响。

（6）表面张力　瘤胃液的表面张力为 $50 \times 10^{-5} \sim 69 \times 10^{-5}$ 牛顿/平方厘米。饮水和表面活性剂（如洗涤剂、硅、脂肪）会降低瘤胃液的表面张力。表面张力和黏度都增高时会产生气泡，造成瘤胃气泡性臌气。饲料的种类和颗粒的大小影响瘤胃液的黏度，如用精饲料和小颗粒饲料饲喂牛时，黏度升高；pH 在 5.5～5.8 和 7.5～8.5 时，黏度最大。

三、牛特殊消化行为及其在快速育肥中的利用

1. 反刍行为

反刍是反刍动物所特有的生理现象，牛将采食的富含粗纤维的草料，在休息时逆呃到口腔，经过重新咀嚼，并混入唾液再吞咽下去的过程叫反刍。通过反刍粗饲料被二次咀嚼，混入唾液，以增大瘤胃细菌的附着面积，提高饲料的消化速度。在牛生产中，要保证牛有充分的休息和反刍时间。

2. 犊牛有食管沟或食道沟反射行为

食道沟始于贲门，延伸至网胃-瓣胃口，是食道的延续，收缩时形成一中空管子（或沟），使食物穿过瘤-网胃，直接进入瓣胃。在哺乳期的犊牛食道沟可以通过吸吮乳汁而出现闭合，称食道沟反射，使乳汁直接进入瓣胃和真胃，以防止乳汁入瘤-网胃而引起细菌发酵及消化道疾病。食道沟反射是反刍动物幼龄阶段消化液体饲料的一种生理现象，对提高液体饲料利用效率和保证动物健康具有重要意义。在生产实践中，要充分利用这一现象，避免犊牛吃奶进入瘤胃。

3. 嗳气行为

牛瘤胃微生物不断发酵着进入瘤胃中的饲料营养物质，产生挥发性脂肪酸及各种气体（二氧化碳、硫化氢、甲烷、氨气和一氧化碳等）。这些气体只有不断通过嗳气动作排出体外，才能防止胀气，当牛采食大量带露水的豆科牧草和富含淀粉的根茎类饲料时，瘤胃发酵作用急剧上升，所产气体不能及时嗳出时，会出现"胀气"，应及时采取机械放气和灌药止酵，否则会窒息死亡。嗳气是一种牛的正常生理现象，但是也是一种营养损失的过程，生产中要减少嗳气产生。

第三节　牛生态适应性及其在快速育肥中的利用

一、生态地域适应性及其在快速育肥中的利用

多数牛主要分布于温带和亚热带地区，我国的黄牛品种繁多，

广泛分布于全国各地，一般牛的耐寒能力较强，而耐热能力较差。在高温条件下，牛主要通过出汗和热喘息调节体温。当外界环境温度超过 30℃ 时，牛的直肠温度开始升高，当体温升高到 39℃ 时，往往出现热喘息。不同品种牛之间的耐热能力差异较大，如北欧的荷斯坦牛，适宜外界温度为 10～20℃，而耐热品种的瘤牛适宜外界温度比它高出 5～7℃。在沙漠气候条件下，对荷斯坦牛的耐热性研究发现，试验牛的体温、呼吸频率和皮肤温度都有显著的季节性变化，夏季和秋季的体温和呼吸频率比冬季高。在低温条件下，牛皮肤温度降低，并且耳、鼻、尾及四肢的皮肤温度低于躯干部位的温度，表明这些部位的血管运动对牛的体温起到一定的调节作用。炎热使牛的食欲降低，反刍次数减少，消化机能明显降低，甚至抑制皱胃的食糜排空活动。在持续长时间的热应激情况下，甲状腺机能降低，如夏季气温高于 26℃ 时，产奶量开始明显下降，高于 35℃ 时，采食量明显下降，生长速度缓慢或停滞。

二、环境温湿度适应性及其在快速育肥中的利用

普通牛在高温条件下，如果空气湿度升高，会阻碍牛体的蒸发散热过程，加剧热应激；而在低温环境下，如湿度较高，又会使牛体的散热量加大，使机体能量消耗相应增加。空气相对湿度以 50％～70％ 为宜，适宜的环境湿度有利于牛发挥其生产潜力。夏季相对湿度超过 75％ 时，牛的生产性能明显下降。牛对环境湿度的适应性，主要取决于环境的温度。夏季的高温、高湿环境还容易使牛中暑，特别是产前、产后母牛更容易发生。所以在我国南方的高温高湿地区应对产奶牛进行配种、产犊时间调节，以避开高温季节产犊。

三、抗病力特点及其在快速育肥中的利用

牛的抗病力或对疾病的敏感性取决于不同品种、不同个体的先天免疫特性和生理状况。牛病的发生受多种环境因素的影响，而这些因素对本地牛和外来牛种的影响是不同的。研究表明，外来品种

牛容易发生的普通病多为消化和呼吸性疾病。外来品种比本地品种牛对环境的应激更为敏感。有些本地品种牛虽然生产性能差，但具有适应性强、耐粗饲、适应本地气候条件和饲料条件的优点，保护本地牛种质资源，用于杂交改良非常重要。

第四节　牛的生长发育规律及其在快速育肥中的利用

一、肉牛生长发育的含义及其在快速育肥中的利用

所谓生长发育，在育种学上是指家畜的生命从受精卵开始到衰老死亡为止，一生中在基因型的控制和外界环境的影响下，性状的全部发展变化过程。生长是家畜从受精卵开始，由于细胞的分裂和细胞体积的增大而造成的体量增加，对肉牛来讲，其体重的增加和体积的增大就称为生长。而发育是指个体生理机能的逐步实现和完善。从细胞水平上讲，是指肉牛体内细胞经过一系列生物化学变化，形成不同的细胞，产生各种不同的组织器官的过程。生长伴随着物质的量的积累，是一个量变的过程；而发育的物质演化基础是细胞的转变和分化，是一个质变的过程，生长为发育创造了质变的条件，而发育又进一步刺激生长，所以生长和发育是量变和质变的统一过程。在肉牛快速育肥生产实践中，要根据肉牛的生长发育特点采取相应的育肥措施，如对于小牛肉生产，由于其消化系统尚未发育完全，必须以精饲料为主；而对于青年牛和成年牛的快速育肥，其消化系统已经充分发育，在充分利用精饲料提高日增重的情况下，必须给予一定粗饲料以维持瘤胃正常功能。

二、肉牛生长发育的表示方法及其在快速育肥中的利用

表示肉牛的生长发育状况，要在特定时期对其体重和局部体尺进行称重、测量和分析，在此基础上进行计算，即可掌握肉牛生长发育的基本情况，只有掌握了肉牛的生长发育基本情况，才能在肉

牛快速育肥过程采用有针对性的技术措施，取得良好育肥效果。目前最常用的是用体重变化规律来表示生长发育规律，体重也是肉牛最重要的经济性状，研究利用生长规律是为了提高肉牛生产性能。目前主要的生长规律的表示方法有累积生长、绝对生长、相对生长和生长系数。

1. 累积生长

累积生长是肉牛在生后任何时期测得的体重和体尺数值都是它在测定以前生长发育的累积结果，这些测得的数值称为累积生长值。例如，一头肉牛2岁时体高为110厘米，体重600千克，这就代表该肉牛生后2年内生长发育的累积结果。

2. 绝对生长

是指肉牛在一定时期中单位时间内的体尺或体重的增长量，它反映肉牛在该时期内的增长速度。绝对生长一般以 G 来表示，计算公式如下：

$$G = (W_1 - W_0)/(t_1 - t_0)$$

式中，G 为绝对生长；W_1 为某一时期结束时的体尺或体重；W_0 为某一时期开始时的体尺或体重；t_1 为该时期结束时肉牛的年龄；t_0 为初测时肉牛的年龄。

例如，一头肉牛2岁时体高为110厘米，体重600千克，1.5岁时体高为98厘米，体重450千克，该肉牛1.5~2岁体高和体重的绝对生长分别是2厘米/月和25千克/月。

3. 相对生长

是某一段时间内体尺或体重增长量与原有体尺或体重的比值，表示生长强度。相对生长用 R 来表示，计算公式如下：

$$R = (W_1 - W_0)/W_0 \times 100\%$$

式中，W_1 是某一时期结束时的体尺或体重；W_0 是某一时期开始时的体尺或体重。

例如，一头肉牛2岁时体高为110厘米，体重600千克，1.5岁时体高为98厘米，体重450千克。该肉牛1.5~2岁体高和体重的相对生长分别是12.2%和33.3%。

4. 生长系数

生长系数是某一段时间内结束时体尺或体重增减量与原有体尺或体重的比值。也是表示相对生长的一种方法。生长系数用 C 来表示，计算公式如下：

$$C = W_1/W_0 \times 100\%$$

式中，W_1 是某一时期结束时的体尺或体重；W_0 是某一时期开始时的体尺或体重。

例如，一头肉牛 2 岁时体高为 110 厘米，体重 600 千克，1.5 岁时体高为 98 厘米，体重 450 千克。该肉牛 1.5～2 岁体高和体重的生长系数分别是 112.2% 和 133.3%。

三、肉牛生长的阶段性规律及其在快速育肥中的利用

肉牛生长的阶段一般可分为哺乳期、幼年期、青年期和成年期。

① 哺乳期是指从出生到 6 月龄断奶为止。初生犊牛自身的各种调节机能较差，易受外界环境的影响，可是其生长速度又是一生中最快的阶段。生后 2 月龄内主要长头骨和体躯高度，2 月龄后体躯长度增长较快；肌肉组织的生长也集中于 8 月龄前。哺乳期瘤胃生长迅速，6 月龄达到初生重时的 31.62 倍，皱胃为 2.85 倍。犊牛生长发育如此迅速，主要靠母乳来供给营养。母乳对犊牛哺乳期的生长发育、断奶后的生长发育，以及达到肥育体重的年龄都有着十分重要的影响。肉用牛母牛的泌乳力在泌乳的第一、第二个月最高，第三个月保持稳定，以后则明显下降。因此犊牛生后 3 个月内，母牛能够保证营养需要，随着月龄的增加，母乳就不能满足其生长发育的需要，应适时补饲，保证犊牛正常生长发育。

② 幼年期是指从断奶到性成熟为止。这个时期骨骼和肌肉生长强烈，各组织器官相应增大，性机能开始活动。体重的增加在性成熟以前是呈加速度增长，绝对增重随月龄增大而增加。这个时期的犊牛在骨骼和体形上主要向宽、深方面发展，所以后躯的发育最迅速，是控制肉用生产力和定向培育的关键时期。

③ 青年期是指从性成熟到发育至体成熟的阶段。这个时期绝

对增重达到高峰，但增重速度进入减速阶段，各组织器官渐趋完善，体格已基本定型，直到肉牛达到稳定的成年体重。肉牛往往达到这个年龄或在这之前可以肥育屠宰。

④ 成年期体形已定，生产性能达到高峰，性机能最旺盛，种公牛配种能力最高，母牛亦能生产初生重大且品质较高的后代。在良好的饲养条件下，能快速沉积脂肪。到老龄时，新陈代谢及各种机能、饲料利用率和生产性能均已下降。

四、体重增长的不均衡性规律及其在快速育肥中的利用

怀孕期间，胎儿在 4 个月以前的生长速度缓慢，以后生长变快，分娩前的速度最快。犊牛的初生重与遗传、孕牛的饲养管理和怀孕期长短有直接关系。初生重与断奶重呈正相关，也是选种的重要指标。一般胎儿在早期头部生长迅速，以后四肢生长加快，在整个体重中的比例不断增加，而肌肉、脂肪等发育较迟，在肉牛快速育肥生产中，可根据这些变化及时调整日粮，最大限度满足其需要。

犊牛出生后，在充分饲养的条件下，12 个月龄以前的生长速度很快，以后明显变慢，近成熟时生长速度很慢，前后期之间的变化有一个生长转缓点。生长转缓点的出现时间因品种而异，如夏洛来牛在 8～18 月龄，而秦川牛在 18～24 月龄。一般而言，早熟品种生长转折点出现的时间较晚熟品种早。在肉牛快速育肥生产上应掌握其生长发育特点，在生长发育快速阶段给以充分饲养，并在生长转折点出现时或之前出售。同时，在饲料利用效率方面，增重快的肉牛比增重慢的要高。如在犊牛期，用于维持需要的饲料，日增重 800 克的犊肉牛为总饲料需要量的 47％；而日增重 1100 克的犊牛只有总饲料需要量的 38％。也就是说前者用于生长的营养需要只占总营养的 53％，而后者用于生长的营养需要占到总营养的 62％，后者饲料利用效率高于前者。

肉牛的增重速度除受遗传、饲养管理、年龄等因素影响之外，还与性别有关。公牛增重最快，其次是阉牛，母牛增重最慢。饲料转化率也以公牛最高。例如，秦川牛在 1 岁时，公牛体重可达 240

千克，母牛只有 140 千克；2 岁时，公、母牛体重分别为 340 千克和 230 千克。饲养生长期的公、母牛应区别对待，给予公牛以较高水平的营养，使其充分发育。

五、外貌生长发育的规律及其在快速育肥中的利用

肉牛外貌生长发育规律，一般也称为生长波。从生长波的转移现象看，胚胎期首先是头部生长迅速，继而颈部超过头部；出生后向背腰转移，最后移到尻部。从体躯各部分生长变化看，胚胎期生长最旺盛的首先是体积，其次是长度，继而才是高度；出生后先是长度，最后才是宽度和深度。由于骨骼的发育，在胚胎期四肢骨生长强度最大，体轴骨（脊柱、胸骨、肋骨、肩胛骨等）生长较慢，所以初生犊牛显得四肢高、体躯浅、腰身短；出生后，体轴骨的生长强度增大，四肢骨的生长减慢，犊牛向长度方向发展；性成熟后，扁平骨生长强度最高，肉牛向深度与宽度发展。在肉牛快速育肥生产实践中，要根据这些特点选择适宜育肥的牛只，并及时进行出栏。

六、组织器官的生长规律及其在快速育肥中的利用

肉牛在生长期间，其身体各部位、各组织的生长速度是不同的。每个时期有每个时期的生长重点。早期的重点是头、四肢和骨骼；中期则转为体长和肌肉；后期时，重点是脂肪。肉牛在幼龄时四肢骨生长较快，以后则躯干骨骼生长较快。随着年龄的增长，肉牛的肌肉生长速度从快到慢，脂肪组织的生长速度由慢到快，骨骼的生长速度则较平稳。内脏器官大致与体重同比例发育。在肉牛生产中，与经济效益关系最为密切的组织是肌肉组织、脂肪组织和骨骼组织。

肌肉与骨骼相对重之比，在初生时正常犊牛为 2：1，当肉牛达到 500 千克屠宰时，其比例就变为 5：1，即肌肉与骨骼的比率随着生长而增加。由此可见，肌肉的相对生长速率比骨骼要快得多。肌肉与活重的比例很少受活重或脂肪的影响。对肉牛来说，肌

肉重占活重百分数，是产肉量的重要指标。

脂肪早期生长速率相对较慢，进入肥育期后脂肪增长很快。肉牛的性别影响脂肪的增长速度。以脂肪与活重的相对比例来看，青年母牛较阉牛肥育得早一些，快一些；阉牛较公牛早一些，快一些。另一影响因素就是肉牛的品种，英国的安格斯肉牛、海福特肉牛、短角肉牛，成熟早，肥育也早；如欧洲大陆的夏洛来牛、西门塔尔牛、利木赞牛成熟得晚，肥育也晚。

根据上述规律，应在不同的生长期给予不同的营养物质，特别是对于肉牛的合理肥育具有指导意义。即在生长早期应供给幼牛丰富的钙、磷、维生素 A 和维生素 D，以促进骨骼的增长；在生长中期应供给丰富而优质的蛋白质饲料和维生素 A，以促进肌肉的形成；在生长后期应供给丰富的碳水化合物饲料，以促进体脂肪沉积，加快肉牛的肥育。同时还要根据不同的品种和个体合理确定出栏时间。

七、消化系统的发育规律及其在快速育肥中的利用

1. 肉牛胃的生长和发育

肉牛的瘤胃、网胃、瓣胃和皱胃生长和发育并不均衡。刚出生时，皱胃是肉牛胃中最大的胃室。这时肉牛的日粮类型与成年杂食动物和肉食动物相似。随着日龄的增长，肉牛对植物性日粮的采食量逐渐增加，网胃、瘤胃和瓣胃的容积迅速增大，到 12 月龄左右，几个胃室的容积比例已达到成年肉牛的水平。肉牛犊在 1～2 周龄时开始啃食少量的草，随着粗料采食量的增加，瘤胃和网胃的相对容积相应地增大。前三个胃室的收缩频率也随着生长发育过程及逐渐加强的发酵作用而急剧增加。肉牛犊在 2～3 周时出现短时间的反刍活动。如果单纯喂奶，尽管奶中富含维生素和矿物质，但瘤胃的容积、运动能力及瘤胃黏膜乳头等均得不到正常发育。这是因为单纯吃奶的牛，瘤胃缺乏粗糙物质的刺激，从而影响了瘤胃黏膜乳头的发育。瘤胃内存在的有机酸，尤其是挥发性脂肪酸，是刺激瘤胃黏膜乳头发育的主要因素。在生产实践中要尽早给犊牛饲喂植物性饲料，以促进瘤胃的发育。

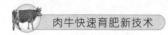

2. 肠管的生长和发育

肠管的结构和功能是随着动物年龄的增长和食物类型的改变而逐渐发育成熟的。新生犊牛的肠管占整个消化道的比例为70%～80%，大大高于成年家畜（30%～50%）。随着日龄的增长和日粮的改变，小肠所占比例逐渐下降，大肠基本保持不变，而胃的比例却大大上升。

小肠的吸收功能也随年龄发生改变。新生犊牛的小肠可以吸收完整的蛋白质，以此获得母体的免疫物质（免疫球蛋白），达到被动免疫的目的。成年动物不能吸收完整蛋白质或吸收的量十分有限。反刍动物新生幼畜所有的免疫物质都是由母体初乳提供的。在犊牛饲养中尽早尽量多饲喂初乳具有重要的意义。

八、补偿生长现象及其在快速育肥中的利用

补偿生长现象是当肉牛幼龄阶段营养贫乏，饲喂量不够或饲料质量不好，肉牛的生长速度变慢或停止。当营养恢复正常时，生长加快，经过一段时间的饲养仍能长到正常体重，这种特性叫"补偿生长"。但在胚胎期和出生后3个月龄以内的肉牛如生长严重受阻，以及长期营养不良时，以后则不能得到完全的补偿，即使在快速生长期（3～9月龄）生长受阻有时也是很难进行补偿生长的。肉牛在补偿生长期间增重快，饲料转化效率也高，但由于饲养期延长，达到正常体重时总饲料转化率则低于正常生长的肉牛。补偿生长是架子牛快速育肥的依据，根据补偿生长的规律，架子牛补偿生长结束后，必须及时出栏，否则就达不到应有的育肥效果。

九、双肌肉牛特点及其在快速育肥中的利用

双肌是肉牛臀部肌肉过度发育的形象称呼，而不是说肌肉是双的或有额外的肌肉，在短角肉牛、海福特肉牛、夏洛来肉牛、比利时蓝白花肉牛、皮埃蒙特肉牛、安格斯肉牛、利木赞肉牛等品种中均有双肌肉牛出现，其中以皮埃蒙特肉牛、比利时蓝白花肉牛、夏洛来肉牛双肌性状的发生率较高。有人用7个微卫星标记，对比了

双肌肉牛的比利时蓝白花和非双肌肉牛的弗里生，将双肌基因定位于2号染色体，确认双肌性状为常染色体单基因隐性遗传。

双肌肉牛在外观上的特点：一是以膝关节为圆心画一圆，双肌肉牛的臀部外线正好与圆周相吻合，非双肌肉牛的臀部外线则在圆周以内。双肌肉牛后驱肌肉特别发育，能看出肌肉之间有明显的凹陷沟痕，尾根突出，附着向前。二是双肌肉牛沿脊柱两侧和背腰的肌肉很发达，形成"复腰"。腹部上收，体躯较长。三是肩区肌肉较发达，但不如后驱，肩肌之间有凹陷。颈短，上部呈弓形。双肌肉牛生长快、早熟。双肌特性随肉牛的成熟而变得不明显。公牛的双肌比母牛明显（图5-2）。

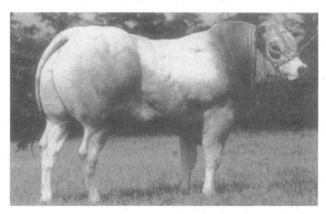

图5-2 具有双肌性状的皮埃蒙特肉牛

双肌肉牛胴体优点是脂肪沉积较少，肌肉较多，用双肌肉牛与一般肉牛配种，后代有1.2%～7.2%为双肌，随不同公牛和母牛品种有较大变化。如母牛是乳用品种，后代的肌肉量提高2%～3%；母牛是肉用品种或杂种肉用品种，则后代的肌肉量提高14%。双肌公牛与一般母牛配种所产犊牛初生重和生长速度均有所提高。在肉牛快速育肥生产实践中，要注意品种选择，多利用具有双肌性状的肉牛。

第六章

肉牛快速育肥饲料加工利用新技术

第一节　能量饲料加工利用新技术

能量饲料是指在干物质中粗蛋白质含量低于20％，粗纤维含量低于18％，每千克干物质含有消化能10.46兆焦以上的一类饲料。这类饲料常用于补充牛饲料中能量的不足，主要包括谷实类、糠麸类、块根块茎类及其加工副产品、糟渣类、植物油脂以及糖蜜等。能量饲料在肉牛快速育肥日粮中所占比例最大，一般为50％～70％，对肉牛主要起着供能作用。通过适宜的加工可以提高采食量和消化率。

一、谷实类饲料加工利用技术

1. 谷实类饲料的加工

谷物类饲料比较坚实，除有种皮外，大麦、燕麦、稻谷等还包被一层硬壳，因此要进行机械加工，以利消化。

（1）粉碎　这是常用的加工方法，但喂牛的谷物不宜粉碎得太碎，否则容易糊化或呛入牛的气管，影响采食，在胃肠内易形成黏性团状物，不利消化，一般细度以直径2毫米左右为宜。

（2）压扁　玉米、高粱、大麦等压扁更适合喂肉牛。将每100千克谷物加水16千克，再用蒸汽加热到120℃，用压片机辊轴压扁。据试验，在粗料完全相同的情况下，喂压扁玉米的肉牛日增重1.29千克，消化率74％，每增重1千克需8个饲料单位；而喂磨碎玉米的肉牛日增重仅1.22千克，消化率71%，每增重1千克需8.6个饲料单位。玉米蒸煮后再压扁效果更好，在100℃水中煮14分钟，水分增加到20%，捞出后压成1毫米厚的薄片，并迅速干燥，使水分降到15%。这种玉米喂肉牛增重效果比颗粒料高5%，比粉碎料高10%～15%。

（3）浸泡 将谷物及豆类、饼类放在缸内，用水浸泡，100千克料用水150千克。浸泡后可使饲料柔软，容易消化。夏天浸泡饼类时间宜短，否则腐败变质。

（4）焙炒 焙炒能使饲料中的淀粉转化为糊精而产生香味，增加适口性，并能提高淀粉的消化率。一般温度150℃，时间宜短，不要炒成焦煳状。

（5）发芽 谷物饲料经发芽后可为肉牛补充维生素，一般芽高0.5～1厘米，富含B族维生素和维生素E；芽长到6～8厘米时，富含胡萝卜素及维生素D、维生素E。发芽处理方法较简单，把籽实用15℃的温水或冷水浸泡12～24小时后，摊放在平盘或细筛内，厚3～5厘米，上盖麻袋或草席，经常喷洒清洁的水，保持湿润。发芽温度控制在20～25℃，在这种条件下5～8天即可发芽。

（6）糖化处理 糖化处理就是利用谷实类籽实中淀粉酶，把其中一部分淀粉转化为麦芽糖，提高适口性。方法是在磨碎的籽实中加2.5倍热水，搅拌均匀，放在55～60℃温度下，使酶发生作用。4小时后，饲料含糖量可增加到8%～12%。如果在每100千克籽实中加入2千克麦芽，糖化作用更快。糖化饲料可喂育肥牛，提高采食量，促进增重。

（7）谷物湿贮 此方法是贮存饲用谷物的新方法。作为饲料栽培的玉米、大麦、燕麦、高粱等，当籽实成熟度达到含水量30%～35%时收获，基本上不影响营养物质的产量。可以整粒或压碎后贮存在内壁防锈的密闭容器内。经过轻度嫌气发酵，产生少量有机酸，可抑制霉菌和细菌的繁殖，使谷物不致变质发霉。此法可以节约谷物干燥的劳力和费用，且减少阴雨天收获谷物的损失。湿贮谷物养分的损失，在良好条件下为2%～4%，一般不超过7%。还有加酸（甲酸、乙酸、丙酸）或（和）甲醛湿贮以及加1%尿素

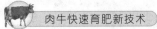

湿贮。

2. 谷实类饲料的利用

谷实类含无氮浸出物多，约 60%～70%，消化能值高，每千克能产生消化能 12.55 兆焦，是牛补充热能的主要来源。这类饲料含粗蛋白较少，约 9%～12%，蛋白质品质也不高，缺乏赖氨酸、蛋氨酸、色氨酸，含磷 0.3% 左右，钙很少，约 0.1%。维生素以 B_1 和维生素 E 较为丰富，但缺乏维生素 A、维生素 D，除黄玉米外，都缺乏胡萝卜素。谷实类饲料粗纤维少，营养集中，体积小，易消化，是小牛和快速育肥肉牛十分重要的热能饲料。饲喂时应注意搭配蛋白质饲料，补充钙和维生素 A。谷实类饲料营养素含量的多少，除与品种、栽培土壤、气候条件有关外，含水量、杂质含量和新鲜程度等，也对其有很大影响。谷类籽实的新鲜程度，可以胚的颜色来判别，浅色者新鲜，带褐色者陈旧。

二、糠麸类饲料加工利用技术

糠麸类是谷物加工的副产品，一般不需要进一步加工。糠麸类含能量是原粮的 60% 左右，除无氮浸出物外，其他成分都比原粮多。这类饲料含磷多、钙少，维生素以维生素 B_1、尼克酸含量较多，质地疏松，有轻泻性，有利于胃肠蠕动，能通便。其缺点是含可利用能值低，代谢能水平为谷实类饲料的一半，有吸水性，容易发霉、变质，大米糠含脂肪多，更易酸败，难以贮存。加工保存过程要注意含水量和保存环境。在利用过程可适当使用脱霉剂和防霉剂。

三、油脂类饲料加工利用技术

1. 脂类的含义

脂类广泛存在于生物体中，是维持人体和动植物正常生命活动的基本物质之一，常规饲料分析中将这类物质统称为粗脂肪。它们都是不溶于水而易溶于非极性或弱极性有机物溶剂的物质。根据与甘油结合的基团不同，脂类可分为油脂和类脂。油脂又称真脂肪

（中性脂肪），甘油与脂肪酸结合；类脂中除含有脂肪酸外，还有磷酸、胆碱、糖、蛋白质。饲料油脂是指猪油、牛油、豆油、桐油、菜油和茶油等动植物油。油脂是油和脂肪的总称，通常把在常温下液态的称为油，固态的称为脂肪。油脂不论来自动物体或植物体，也不论在常温下是液态或是固态，其水解产物均含有高级脂肪酸和甘油。因此，油脂是由高级脂肪酸和甘油所形成的酯。油脂是构成动植物的必要成分，具有贮藏能量的重要功能。类脂包括磷脂、蜡、甾醇等，由于它们具有与油脂类似的物态和物理性质，因此称为类脂化合物。类脂在动植物体内种类甚多，但含量少，常与肉牛特定生理代谢功能相联系。

2. 脂类加工技术

（1）甲醛-蛋白质复合包被油脂　利用甲醛可以防止饲料中的不饱和脂肪酸转化为饱和脂肪酸，有利于提高产品质量，降低不饱和脂肪酸对瘤胃微生物的副作用，其营养机理是形成保护膜的甲醛-蛋白质反应，在酸性环境下是可逆的，保护膜在 pH 值 5～7 的瘤胃环境中不能分解；而在 pH 值 2～3 的真胃环境中保护膜被破坏，溶出包被的脂肪，因而不影响油脂在后消化段的利用。甲醛-蛋白质复合物对脂肪的保护程度可达 85%。目前的研究表明，加牛油与蛋白质混合经甲醛处理后可得最理想的包被的油脂，它可以明显提高乳脂中的 $C_{18:1}$、$C_{18:2}$、$C_{18:3}$ 等不饱和脂肪酸比例。

（2）血粉包被油脂　血浆白蛋白能在饲料颗粒表面形成保护膜，可防止养分在瘤胃内扩散溶解以及消化吸收，其加工工艺根据不同需要有所不同，主要是通过喷雾法将血浆通过喷雾的形式喷向油脂，形成血粉包被。

（3）饱和（或氢化）脂肪　氢化脂肪的瘤胃保护机制是以纯脂肪或脂肪混合物的总熔点较高，即固体脂肪转化为液体脂肪时的温度较高；而脂肪酸的熔点由其分子结构及碳链的长度和键结合的类型决定。因此，长链的饱和脂肪（如硬脂酸和棕榈酸等）具有较高的熔点，含有双键的不饱和脂肪酸（如油酸、亚油酸和亚麻油酸等）的熔点较低。在一般的外界环境下饱和脂肪酸为固体，而不饱和脂肪酸熔点低则为液体。因此，可以通过对脂肪加氢饱和化来生产过瘤胃脂肪。这些脂肪的熔点为 50～55℃，而瘤胃内的温度一般为 38～39℃，所以这些脂肪在瘤胃中保持固体形态而不溶解，不会对瘤胃细菌和原虫造成不良影响，自身的结构也不变。然而，在小肠中胃液的酶可以消化这些饱和脂肪酸。

（4）脂肪酸钙　自由羟基对瘤胃微生物有毒害作用，但它的存在也是微生物降解氢化脂肪的必需条件，因而钝化羟基也是保护脂肪的一种方法，目前研究较多的为脂肪酸钙。脂肪酸钙的瘤胃保护机制是依据瘤胃和小肠中的酸度或 pH 值，脂肪酸钙在中性环境下保持完整，而在酸性环境下（pH 3）就会解离。通常情况下瘤胃呈中性，这使钙盐保持完整，它们在瘤胃液不会被溶解也不会受到瘤胃微生物影响，更不会破坏瘤胃正常酸度，能有效地保持稳定并通过瘤胃。当脂肪酸钙进入皱胃时就进入了酸性环境（pH 2～3），此时便解离成 Ca^{2+} 和脂肪酸，而脂肪酸是游离的而不再稳定。从皱胃出来的游离的脂肪酸就不需要在肠中消化了，它可以像饱和脂肪酸一样被更有效地吸收；此外在钙盐产品组分中饱和脂肪酸（硬脂酸和棕榈酸）和单个不饱和脂肪酸所占的比例几乎是相等的，总的熔点接近 38℃，这就使得钙盐产品在皱胃中可更有效的溶解，也使得从钙盐中释放出的脂肪酸的吸收率能够稳定在 95％，同时减少了其在粪中释放的损失。

3. 脂类的利用

（1）肉牛日粮使用脂类的目的

肉牛日粮使用脂类的目的是提高饲料的能量水平；作为脂溶性营养素的溶剂，提高脂溶性营养物质利用率；磷脂具有乳化剂特性，可促进消化道内油脂的乳化，有利于提高饲料中脂肪和脂溶性营养物质的消化率，促进生长，提供必需脂肪酸；提高肉牛被毛的光泽；在炎热的夏季在肉牛饲料中加入适量油脂，可以减少肉牛由于高温出现的热应激而造成采食下降、生长停滞、生长性能受阻等反应。

（2）肉牛快速育肥可利用的脂类种类

目前肉牛快速育肥可利用的脂类很多，包括植物油和动物脂肪。植物油的原料主要有大豆、花生、棉籽、油菜籽、向日葵、干椰子肉、棕榈核、红花籽、芝麻、亚麻籽、玉米胚芽、米糠等。我国是世界上主要油料生产国之一，有油菜籽、大豆、棉籽、花生、葵花籽、芝麻、亚麻等大宗油料。其中油菜籽产量占世界油菜籽总产量的 26.6%，花生产量占世界总产量的 35.3%，芝麻产量占世界总产量的 20%、亚麻占 22.4%。我国的棕榈油和椰子油生产很少，动物油脂原料主要取自牛乳以及猪、牛、羊的脂肪部分。

（3）添加油脂应注意的问题

① 注意牛的采食量。肉牛为能而食，添加油脂可提高日粮能量，采食量可能降低，应防止其他养分不足。能量提高，其他养分浓度应相应提高。

② 注意对产品品质的影响，注意防止油脂的氧化。

③ 注意油脂对加工设备的影响。一般添加油脂应有喷油设备，动物油的加热设备。油脂大于 2%～3% 时，饲料制粒难，且外观发青，不好看。添加油脂较高时，可将一部分油脂在制粒后喷添或使用。

④ 注意饲料中乳化剂的使用。常见饲用乳化剂的种类有：磷脂类、脂肪酸酯、氨基酸类和糖苷酯类，通常也使用胆汁酸盐类乳化剂。在不同的外源乳化剂之间，由于分子结构的不同，其所表现出的亲水性和亲脂性是不相同的，二者之间的比值叫做 HLB 值，其范围在 0～20 之间。HLB 值越低，乳化剂的亲脂性就越高；相反，HLB 值越高，乳化剂的亲水性就越强。即 HLB 值低的乳化剂就能使水分散到油中，从而降低饲料脂肪滴的颗粒的大小，由此增加脂肪的总表面积；HLB 值高的乳化剂则可使油脂分散到水中，从而刺激微粒形成和溶解脂肪酸。商品化的乳化剂产品并不是由单一的乳化剂组成，为了更好的乳化性能，通常是几种乳化剂按照合适的比率组成复合乳化剂。

第二节 蛋白质补充料加工利用新技术

蛋白质饲料是指干物质中粗纤维含量在 18% 以下、粗蛋白质含量为 20％以上的饲料。根据来源，蛋白质补充料可划分为植物蛋白质、微生物蛋白质和动物蛋白质饲料。由于卫生方面的原因，动物蛋白质饲料在反刍动物生产方面限制使用，在肉牛快速育肥方面不宜使用，因此本节内容不介绍动物蛋白质饲料。非蛋白氮饲料将于肉牛快速育肥添加剂的利用中进行介绍。

一、植物蛋白质饲料加工利用技术

1. 籽实类蛋白质饲料加工利用技术

籽实类蛋白质饲料包括黑豆、黄豆、豌豆、蚕豆等。同谷类籽实相比，除了具有粗纤维含量低、可消化养分多、容重等共性外，其营养特点是蛋白质含量丰富，且品质较好，能值差别不大或略偏高，矿物质和维生素含量与谷实类相似。但应注意的是，生的豆类饲料含有害物质，如抗胰蛋白酶、致甲状腺肿物质、皂素与血凝集素等，影响饲料的适口性、消化性与肉牛的一些生理过程。在饲喂前须进行适当的热处理，如焙炒、蒸煮或膨化。

2. 饼粕类饲料加工利用技术

饼粕类饲料主要有豆饼、棉籽饼、菜籽饼、胡麻饼等，是饲喂肉牛不可少的主要蛋白质饲料，其营养价值变化很大，取决于种类和加工工艺。大豆饼的营养价值很高，消化率也高，在我国主要作为猪、鸡的蛋白质饲料使用，因牛可以利用尿素等非蛋白氮，可考虑少喂或不喂豆饼，以降低饲料成本。棉籽饼中含有棉酚，其毒性很强，常呈慢性累积性中毒，在日粮配合时，用量不得超过 7％。为减轻毒性，可用硫酸亚铁法进行脱毒，其方法是将 5 倍于游离棉酚量的硫酸亚铁配成 1％的溶液与等量棉籽饼混匀，晾干即可，若再加适量的石灰水，脱毒效果更佳。也有研究表明，瘤胃微生物能降解游离棉酚，成年牛饲喂未脱毒的棉籽饼很少出现中毒现象。菜籽饼味辛辣，适口性不良，不宜多用。菜籽饼中含有一种芥酸物质，在体内受芥子水解酶的作用，形成异硫氰酸盐、噁唑烷硫酮，这些物质具有毒性，可引起肉牛中毒。使用前最好脱毒。亚麻仁饼含有一种黏性胶质，可吸收大量水分而膨胀，从而使饲料在瘤胃中滞留时间延长，有利于微生物对饲料进行消化。但亚麻仁中含有亚麻苷配糖体，经亚麻酶的作用，产生氢氰酸，引起肉牛中毒。为防止其中毒，将亚麻仁饼在开水中煮10分钟，使亚麻酶被破坏。花生饼粕带有甜香味，是适口性较好的蛋白质饲料，但在肉牛肥育期不易多用，因为它会使肉牛机体脂肪变软，影响肉质品质。向日葵饼粕和芝麻饼粕，饲喂前不做特殊的加工处理。

二、微生物蛋白质饲料加工利用技术

1. 微生物蛋白质饲料的特点

微生物蛋白质饲料是指以微生物、复合酶为生物饲料发酵剂菌种，将饲料原料转化为微生物菌体蛋白、生物活性小肽类氨基酸、微生物活性益生菌和复合酶制剂为一体的生物发酵蛋白质饲料。所以也称为微生物发酵蛋白质饲料。

生物技术特别是微生物发酵技术开发新型蛋白质饲料资源，具有广泛的应用前景。利用微生物生产的饲料蛋白质、酶制剂、氨基酸、维生素、抗生素和益生菌等相关产品，可以弥补常规饲料中容易缺乏的氨基酸等物质，而且能使其他粗饲料原料营养成分迅速转化，达到增强消化吸收利用效果，是目前肉牛快速育肥利用较多的一种饲料。

根据发酵获得产品的不同可把微生物发酵分为微生物酶发酵、微生物菌体发酵、微生物代谢产物发酵、微生物的转化发酵、生物工程细胞的发酵。根据微生物的种类不同可分为厌氧发酵和好氧发酵，厌氧发酵在发酵时不需要供给空气，如利用乳酸杆菌进行的丙酮、丁醇发酵等；好氧发酵需要在发酵过程中不断的通入一定量的空气，如利用黑曲霉进行的柠檬酸发酵，利用棒状杆菌进行的谷氨酸发酵，利用单胞菌进行的多糖发酵等。根据培养基的不同可分为固体发酵和液体发酵，根据设备不同可分为敞口发酵、密闭发酵、浅盘发酵和深层发酵。

饲料经微生物发酵后，微生物的代谢产物可以降低饲料毒素含量，如甘露聚糖可以有效地降解黄曲霉毒素；曲霉属、串珠霉属的部分菌株能有效降低发酵棉籽粕中游离棉酚的含量；微生物可以分解品质较差的植物蛋白质，合成品质较好的微生物蛋白质，例如活性肽、寡肽等，有利于肉牛的消化吸收；产生促生长因子，不同的菌种发酵饲料后所产生的促生长因子量不同，这些促生长因子主要有有机酸、B族维生素和未知生长因子等；降低粗纤维含量，一般发酵水平可使发酵基料的粗纤维含量降低 12%～16%，增加适口性和消化率；发酵后饲料中的植酸磷或无机磷酸盐被降解或析出，变成了易被肉牛吸收的游离磷。

2. 发酵蛋白质饲料加工利用技术

（1）发酵豆粕　豆粕经过微生物发酵脱毒，可将其中的多种抗原进行降解，使各种抗营养因子的含量大幅度下降。发酵豆粕中胰蛋白酶抑制因子一般≤200TIU/克，凝血素≤6 微克/克，寡糖≤1%，脲酶活性≤0.1毫克/(克·分钟)，而抗营养因子、植酸、致甲状腺肿素可有效去除，降低大豆蛋白中的抗营养因子的抗营养作用。豆粕经过乳酸发酵，其维生素 B_{12} 会大大提高。有研究报道，利用枯草芽孢杆菌酿酒酵母菌、乳酸菌对豆粕进行发酵后豆粕中粗蛋白的含量比发酵前提高了 13.48%，粗脂肪的含量比发酵前提高了 18.18%，磷的含量比发酵前提高了 55.56%，氨基酸的含量比发酵前提高了 11.49%。其中胰蛋白酶抑制因子和豆粕中的其他抗营养因子得到彻底消除。

（2）发酵棉粕　棉粕经过微生物发酵以后，其所含的棉酚、环丙烯脂肪酸、植酸及植酸盐、α-半乳糖苷、非淀粉多糖等抗营养因子会降低或消除，饲喂效果大大增加。有报道发酵后棉籽粕的粗蛋白质提高 10.92%，必需氨基酸除精氨酸外均增加，赖氨酸、蛋氨酸和苏氨酸分别提高 12.73%，22.39%和 52.00%。利用 4 种酵母混合发酵，使棉酚得到高效降解，脱毒率高达 97.45%。利用微生物发酵棉粕代替豆粕进行饲喂犊牛试验，经过 17 天的实验研究，饲料成本降低了 36.84%；棉粕经过发酵后适口性提高了，粪尿中的氨气、硫化氢等有害气体大大降低，生态环境得到改善。

（3）发酵菜籽粕　菜籽饼粕是一种比较廉价的蛋白质饲料资源，其含有较丰富的蛋白质与氨基酸组成，但因为菜籽粕中含有大量的毒素及抗营养因子，限制了其作为饲料的利用。目前国内外关于菜籽粕脱毒的方法主要有：物理脱毒法、化学脱毒法及生物脱毒法三大类。生物学脱毒法主要有酶催化水解法、微生物发酵法。和其他脱毒方法相比，微生物发酵法具有条件温和、工艺过程简单、干物质损失小等优点。如有研究表明利用曲霉菌将菜籽饼粕与酱油渣混合发酵生产蛋白质饲料，发酵后粗蛋白质提高 16.9%。利用模拟瘤胃技术对菜籽粕进行发酵脱毒，在菜籽粕发酵培养基含水60%的条件下，39℃厌氧发酵 4 天，其噁唑烷硫酮和异硫氰酸酯的总脱毒率可达 82.7% 和 90.5%，单宁的降解率为 48.3%。

（4）肉骨粉和羽毛粉等发酵饲料　肉骨粉和羽毛粉等产量也很大，含有丰富的营养物质。肉骨粉蛋白质含量在 45%～50%，矿物质铁、磷、钙含量很高，但骨钙大多以羟磷灰石形式存在，不利于吸收，微生物发酵产酸使羟磷灰石中磷酸钙在酸的作用下生成可溶性乳酸钙，有利于肉牛吸收。家禽羽毛粉蛋白质含量在 85%～90%，胱氨酸含量高达 4.65%。也含有 B 族维生素和一些未知的生长素，铁、锌、硒含量很高。羽毛粉经过微生物发酵，羽毛角质蛋白降解，产生大量的游离氨基酸和小肽，具有更高的营养价值。

三、蛋白质过瘤胃技术

反刍动物经小肠吸收后用于维持和生产的蛋白质来源是瘤胃内合成的微生物蛋白质和饲料在瘤胃内未降解而直接到达小肠的过瘤胃蛋白质。一般瘤胃微生物蛋白质合成量相对稳定，能满足中、低产牛蛋白质的需要，但对高产牛仅靠瘤胃菌体蛋白提供的氨基酸不能满足其需要，必须增加过瘤胃蛋白质的数量。过瘤胃蛋白质技术是将饲料中蛋白质经过处理将其保护起来，避免蛋白质在瘤胃内发酵降解，减少了蛋白质在瘤胃"降解-合成"过程的氮和能量的损失，而直接进入小肠被吸收利用。

1. 加热处理

加热可使蛋白质变性，使疏水基团更多地暴露于蛋白质分子表面，使糖醛基与游离的氨基酸发生了不可逆反应，蛋白质溶解度降低，提高蛋白质的瘤胃通过率。目前可采用的热处理方法有蒸、煮、炒、膨化和热喷处理等技术措施。研究证实热喷处理饼粕可降低干物质消失率，提高进入小肠内氨基酸总量和赖氨酸数量，增加蛋白质沉积量。但是用热处理保护蛋白质常会造成小肠内蛋白质的消化率降低和一些氨基酸的破坏，如半胱氨酸、酪氨酸和赖氨酸等，且费工、费时、耗能等，所以未能广泛应用，仅对一些含抗营养因子的蛋白质原料进行热处理。

2. 白蛋白包被

全血、乳清蛋白和卵清蛋白等富含白蛋白的物质均可起到保护作用。白蛋白在饲料颗粒外形成保护膜。血粉在瘤胃内降解减少，用全血撒到蛋白质补充料上，100℃干燥后，在瘤胃内氮的消失率显著下降。鲜血处理与0.6%的甲醛混合使用时可明显提高甲醛的保护效果，其中30%鲜血与0.6%的甲醛复合处理是较理想的保护措施。同时鲜血-膨化复合处理可显著降低大豆粉各养分瘤胃消失率，且消失率随鲜血用量的增加而降低。全血等保护日粮蛋白质不存在过度保护，但存在用血量大、适口性差以及潜在传播疯牛病等问题。

3. 聚合物包被

选择对 pH 值敏感，即在中性或弱酸性条件下不被降解，而在强酸条件下溶解或崩解的材料，如脂肪、纤维素及其衍生物或由苯乙烯和2-甲基-5-乙烯基吡啶组成的共聚物，包埋蛋白质，在瘤胃内（pH 5.4～7.0）稳定，在真胃（pH 2.0～3.0）内被分解，使蛋白质释放出来，被消化吸收，以达到保护的目的。研究表明，用蛋氨酸涂以牛脂硬化油并混合分解剂脱乙酰甲壳质制剂，给奶牛每日每头在饲料中添加50克，可提高奶量4.9%。

4. 甲醛保护

利用甲醛可使蛋白质分子的氨基、羧基和巯基发生烷基化反应，使其溶解度降低，以及在酸性条件甲醛与蛋白质反应可逆的原理，用甲醛处理蛋白质饲料，使蛋白质在瘤胃中降解率下降，而在真胃酸性条件下与甲醛分开，被蛋白酶消化。用甲醛保护蛋白质饲料，降低蛋白质瘤胃降解率，增加氮沉积量，提高蛋白质利用率。

作为饲料蛋白质和尿素的保护剂，可用 0.3％的甲醛溶液与饲料蛋白质混匀，然后密封于塑料袋内，经过 15 天即可饲喂。一般甲醛占蛋白质饲料 0.2％～0.4％即可。对于尿素可按尿素和甲醛 2:1 的质量比进行配制。此法存在甲醛毒性在畜体内残留及过度保护的问题。

5. 单宁保护

单宁对饲料蛋白质具有保护作用，是因为单宁与蛋白质发生水解反应（可逆）后，单宁-蛋白质复合物在瘤胃环境条件下不被瘤胃微生物分解，而在真胃酸性条件下解离蛋白质被释放出来，从而被牛消化和利用。比如在高粱中含有单宁，如在牛精料中添加 8％～10％的高粱，可以提高蛋白质过瘤胃的比例。但是单宁与蛋白质还会发生不可逆的缩合反应，即蛋白质与单宁形成不良复合物，降低饲料适口性，抑制酶和微生物活性，降低消化率，饲喂含单宁日粮（无论是游离单宁还是单宁-蛋白质复合物），蛋白质的消化率随日粮中单宁浓度的增加而降低。目前对单宁的应用方法及剂量等仍不明确。

6. 氢氧化钠保护

用 3％氢氧化钠处理豆饼和菜籽饼效果最佳，使蛋白质的降解率减少，并且对氨基酸的组成没有不利影响。氢氧化钠处理的大豆饼使犊牛的氮沉积改善，饲料效率和蛋白质利用率提高。

7. 锌处理

用锌处理豆饼，随着锌浓度的提高，处理效果也提高，但到 1.5％时为最佳，这时的日增重、饲料报酬和蛋白质利用率都最大，继续增加锌浓度会产生副作用。

8. 非酶促褐化技术

非酶促褐化技术是将蛋白质与木糖混合，然后将这种混合物加热到 200～250℃使之变褐。用该技术处理的豆粕的过瘤胃蛋白质含量增加了 2.5 倍。

9. 乙醇保护

用 70％乙醇处理豆饼，其蛋白质在瘤胃内的降解率显著低于未处理豆饼。70％乙醇 80℃ 处理豆饼或 70％乙醇热压处理豆饼比乙醇常温处理，蛋白质溶解度要降低 6.6％。70％丙醇 80℃ 处理豆饼和 70％乙醇 80℃ 处理豆饼，其蛋白质的溶解度比不处理豆饼、70％乙醇 23℃ 处理豆饼及 80℃ 热处理豆饼要低。

10. 脱氨基酶抑制物

脱氨基酶抑制物不仅可保护蛋白质免于降解，而且也可保护氨基酸在瘤胃中不产生脱氨基作用，不过目前还没有商业产品可用来抑制氨基酸作用。

11. 生物学调控

利用生物学技术选择性地控制瘤胃代谢，是改善反刍动物生产的途径之一。抗生素能降低微生物分解蛋白质的活性，目前应用较广泛的是莫能菌素。这是一种链霉菌产生的物质，又称瘤胃素，它通过改变瘤胃微生物群体组成和关键酶活性而影响瘤胃发酵过程，增加丙酸产量，减少甲烷生成量，抑制蛋白质降解，从而改善饲料利用率。研究证实饲料中添加莫能菌素钠，平均日增重提高 2％，饲料转化率提高 8.9％。莫能菌素能降低氨浓度，可能是通过选择性抑制脱氨反应，或者降低微生物蛋白质分解酶的活性，显著降低细菌氮的流量，增加小肠饲料氮量。

12. 调控瘤胃外流速度

瘤胃外流速度影响蛋白质的降解率，瘤胃外流速度加快，日粮在瘤胃内停留时间缩短，其蛋白质降解率下降。影响外流速度的因素很多，其中日粮结构和饲养水平影响较大，尤其是日粮的精粗比，随着精粗比升高，外流速度加快，蛋白质的降解率下降。同时家畜生理因素如妊娠、分娩也会影响饲料的外流速度，饲料颗粒大小和密度对外流速度也有影响。瘤胃内小颗粒外流速度的变化为 1％/小时到 10％/小时。用碎饲料按维持水平饲养，外流速度为 0.01％/小时。用相似的饲养水平，但用长饲料，此值为 0.02％/小时，在 2 倍的维持能量下，用混合日粮，此值增加至 0.05％/小时，3～4 倍维持能量下，采食混合日粮的外流速度增至 0.10％/小时。

四、非蛋白氮缓释技术

随着养殖业和饲料工业的发展，蛋白质饲料越来越紧缺，开发应用非蛋白氮饲料更具现实意义。常用非蛋白氮饲料有尿素、缩二脲、异亚丁基二脲、腐殖酸脲和脂肪酸脲、磷酸氢二铵、碳酸铵、醋酸铵和氯化铵。尿素是应用最广的非蛋白氮饲料，由于尿素在瘤胃脲酶作用下分解为氨的速度非常快，瘤胃微生物来不及利用，氨就已随血液循环到达肝脏重新合成尿素再经肾脏排出体外，使尿素利用率较低。为了提高尿素利用率，避免氨释放过快造成尿素损失及氨中毒，可以采用尿素降解缓释技术。

1. 包衣尿素

利用疏水性物质，如脂肪、硬脂酸、羟甲基纤维素、聚乙烯、蛋白质、干酪素、单宁以及蜡类物质等，将尿素包被起来，制成颗粒状包被尿素。包被尿素颗粒在 35℃ 的温水中，经过 2 小时后只有 50％ 被溶解，而未包被的尿素 9 分钟即可全部溶解。

2. 糊化淀粉尿素

尿素在瘤胃中释放太快，利用率低，若能使氨在瘤胃中的释放速度与细菌利用同步，就会促进菌体蛋白的生成。将淀粉与尿素混合制成糊化淀粉尿素，缓慢释放氨，且氮源与碳源结合，利用率高。将粉碎的谷物或高淀粉精料如玉米、高粱等与尿素均匀混合后，在温度为 121～176℃、湿度为 15％～30％、压力为 2.75～3.43 兆帕条件下制成糊化淀粉尿素。另有研究表明，糊化处理的玉米尿素产品对饲粮中的干物质和氮的消化率没有影响，但可明显提高有机物的瘤胃消化率，减缓瘤胃内尿素氮的释放，使氮、碳源发酵趋于同步，刺激内源氮的有效再循环，从而增加瘤胃内微生物氮产量。

3. 尿素砖盐

以尿素、糖蜜、植物蛋白质饲料、矿物质、微量元素、维生素及黏结剂等为原料混合后制成块状复合饲料，让牛自由舔食能有效控制尿素食入速度。

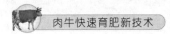

4. 糖基尿素

把尿素和糖混合后加热，尿素氨基上 1 个氢原子和糖键上 1 个羟基结合生成 1 分子水后形成糖基尿素。糖基尿素的水解（48 小时水解 86.9%）速度较尿素（1 小时水解 100%）慢。

5. 氨吸附剂

沸石、膨润土等物质具有吸附氨气的特性，添加于含尿素的日粮被肉牛食入瘤胃之后，在尿素水解成氨的高峰期时，就吸附固定一部分氨，而当瘤胃中氨浓度下降到一定程度时它便会释放出一定的氨。有试验表明，当向反刍动物含尿素配合饲料中加入 2%～5% 的膨润土，动物喂饲后 2 小时之内瘤胃产生氨的 15%。

6. 脲酶抑制剂

脲酶抑制剂能减缓尿素分解、降低氨的释放速度。使用时可以直接添加到饲粮中，添加量少、成本低、使用方便。通过在含尿素日粮添加脲酶抑制剂，可以显著抑制脲酶活性，使尿素分解的速度减慢。尿素产品在瘤胃内释放氨的速度降低，避免出现氨的中毒与损失，尿素氮得到充分利用。

第三节　加工业副产品饲料加工利用新技术

加工业副产品饲料是食品加工业、酿酒业及其他相关产业生产过程产生的次级产品，这些产品对主产品来说是副产品，而且对于生产企业来说往往是废弃物，在肉牛快速育肥生产中如果能充分利用这些产品，能大大降低肉牛快速育肥生产的成本，提高生产效益。

一、大豆皮饲料加工利用技术

1. 大豆皮饲料的特点

大豆皮是大豆制油工艺的副产品，占整个大豆体积的 10%，占整个大豆重量的 8%。大豆皮主要是大豆外层包被的物质，由油脂加工热法脱皮或压碎筛理两种加工方法所得。主要成分是细胞壁和植物纤维，粗纤维含量为 38%，粗蛋白 12.2%，钙 0.33%，磷 0.18%，木质素含量低于 2%。

大豆皮含有大量的粗纤维，可代替肉牛粗饲料中的低质秸秆和干草。秸秆适口性差，粗蛋白、矿物质含量少，木质素含量高。在把牧草晒制为干草的过程中，由于化学作用和机械作用养分损失大半，肉牛利用率低。大豆皮中性洗涤纤维占 63%，酸性洗涤纤维占 47%，木质素含量仅为 1.9%。纤维素的木质化程度是饲料中纤维素消化高低的重要因素，由于大豆皮的粗纤维含量高而木质化程度很低，因此大豆皮可代替秸秆和干草。试验表明大豆皮干物质 27 小时尼龙袋消化率为 90.3%，36～48 小时可被完全消化。大豆皮的中性洗涤纤维可消化率高达 95%。易消化的纤维性副产品是冬季牧场很好的粗饲料，优于在冬季饲喂干草。

大豆皮含有适量的蛋白质和能量，可代替肉牛部分精料补充料。大豆皮的粗蛋白含量为 12.2%，高于玉米的含量（9%），低于小麦麸的含量（17.1%）。大豆皮的净能为 8.15 兆焦/千克，高于小麦麸的 6.72 兆焦/千克，低于玉米的 8.23 兆焦/千克，因此大豆皮可代替一定量的玉米与小麦麸。添加大豆皮也可减少肉牛的代谢病。在低质粗料中加入谷物类能量饲料，由于谷物类饲料中含有大量的淀粉，淀粉在瘤胃中快速发酵。瘤胃液 pH 下降，微生物区系紊乱，导致瘤胃酸中毒，影响饲料干物质和粗纤维的消化。用大豆皮代替部分谷物饲料，不仅可减少因为高精料日粮导致的酸中毒，而且大豆皮能刺激瘤胃液中分解纤维的微生物快速生长，增强降解纤维的活力。

2. 大豆皮的合理利用

大豆皮在肉牛粗料日粮中所占比例不宜过大。大量的试验结果表明，大豆皮不能完全代替肉牛粗饲料。用大豆皮为基础日粮喂肉牛，日增重仅为 0.64 千克，饲料转化率为 10.1%。以大豆皮为基础日粮与以精料为基础日粮对牛增重影响的试验结果表明，大豆皮日粮比精料日粮日增重低 29%，饲料转化率低 27%。原因是大豆皮颗粒小，容重大，过瘤胃速度快，不利于日粮干物质和纤维素的消化吸收。因此可以向大豆皮中加干草以减少日粮过瘤胃时间，提高干物质消化率。

在肉牛饲料中添加适量必需氨基酸。有研究表明，大豆皮为基础的日粮，可能导致肉牛缺乏几种必需氨基酸，从而限制其蛋白质的合成和肌肉的生长。向饲喂大豆皮为基础的日粮中添加适量的蛋氨酸、组氨酸、亮氨酸、缬氨酸等限制性氨基酸，肉牛的生长效果较好。

清除大豆皮中的营养抑制因子。大豆皮含有较高的胰蛋白酶抑制因子，其活性范围超过国家标准规定，影响肉牛消化营养物质和生长性能。建议在每次饲喂前蒸煮大豆皮以清除其抗营养因子。

二、啤酒糟饲料加工利用技术

1. 啤酒糟的特点

啤酒糟又称为麦糟、麦芽糟，是啤酒工业中的主要副产物。啤酒企业约有 1/3 啤酒产量的副产物，啤酒糟占总副产物的 85%。每投产 100 千克原料，产湿啤酒糟 120～130 千克（含水分 75%～80%），以干物质计为 25～33 千克。因其含水率高、不宜长久贮藏、易腐烂，不便运输，目前在我国大多数厂家以低价直接出售给农户作饲料，少数厂家将其烘干作饲料，有的甚至直接当废物排放，这样浪费资源的同时严重破坏了啤酒厂附近的生态环境。

啤酒制造的原料中最大的成分是淀粉，约占 76%，几乎全部转移到麦汁中；蛋白质占 9%，1/3 转移到麦汁中，2/3 保留在啤酒糟中，转移到麦汁中的是游离氨基酸和小分子肽，大分子的蛋白质因与纤维紧密相连则保留在啤酒糟中；纤维和脂肪全部保留在啤酒糟中。纤维几乎全部存在于皮壳中，蛋白质以蛋白颗粒状态存在于糊粉层内部或表面。因此啤酒糟中纤维和蛋白含量均较高。

2. 啤酒糟的加工

啤酒糟含水量高达 80%，一般采用冷冻、烘干和冷冻干燥后保存。冷冻法的贮存体积较大，啤酒糟中的阿拉伯糖含量会有变化；烘干法和冷冻干燥法可大大减少啤酒糟的贮存体积，且不改变啤酒糟的组成成分。同时烘干比冻干更为经济，并且有利于啤酒糟的再利用，烘干是目前利用最为广泛的一种啤酒糟加工方法。一般烘干法要求烘干啤酒糟的温度低于 60℃，若烘干温度高于 60℃ 将产生不良气味。根据含水量的不同，啤酒糟可分为湿糟（水分低于 80％）、脱水糟（水分约 65％）和干燥糟（水分小于 10％）。

三、甜菜渣饲料加工利用技术

1. 甜菜渣的特点

甜菜渣是制糖工业的副产品，甜菜渣柔软多汁、营养丰富。未经处理的甜菜渣也可称为鲜湿甜菜渣，湿甜菜渣经晾晒后得到干甜菜渣；经烘干制粒后，称为甜菜粕或甜菜渣颗粒。鲜湿甜菜渣也可制成甜菜渣青贮，甜菜渣中主要含有纤维素、半纤维素和果胶，还有少量的蛋白质、糖分等，矿物质中钙多磷少，富含甜菜碱，维生素中烟酸含量高，同时甜菜渣中有较多游离酸，大量饲喂易引起腹泻。无论是鲜甜菜渣还是干甜菜渣，均含有较丰富的营养物质，是一种适口性好、营养较丰富的质优价廉的多汁饲料资源，经干燥处理后是一种廉价的饲料原料。

甜菜渣中中性洗涤纤维占干物质 59％左右，甜菜渣被称为非粗饲料纤维原料，与其他粗饲料相比，甜菜渣纤维的填充性比粗饲料中性洗涤纤维低、长度小，更迅速地被消化，可消化纤维含量高，可以增加采食量，可以有效减少亚急性瘤胃酸中毒引起的蹄叶炎和跛足。对于青年肉牛，甜菜粕还是一种非常重要的优化瘤胃发育的原料。

甜菜渣果胶含量平均为 28％左右，而多数饲料原料果胶含量少（<3％）。果胶属于非淀粉多糖（NSP），国外普遍作为能量饲料用于肉牛的饲养。碳水化合物的消化和发酵对肉牛的瘤胃功能和生产性能有很大的影响。不同种类的碳水化合物发酵速度不同。果胶同淀粉一样属于发酵速度较快的碳水化合物，发酵后为肉牛提供能量。而果胶由于其分子的半乳糖结构，可通过离子交换和结合金属离子的途径等起缓冲作用，当瘤胃 pH 值下降时果胶发酵速度变慢，从而阻止瘤胃

液 pH 值下降和乳酸的生产，保持瘤胃内环境相对稳定。

甜菜中含有甜菜碱、蛋氨酸和胆碱三种甲基供体，它们之间有相互替代作用。甜菜碱是肉牛蛋白质、氨基酸代谢中普遍存在的中间代谢物。如果蛋氨酸供应过量而又缺乏胆碱和甜菜碱，那么大量的高半胱氨酸在体内积蓄，会产生胫骨软骨发育不良和动脉粥样硬化等，日粮中要有足够的胆碱和甜菜碱来满足对不稳定甲基的需要，维持肉牛体的健康。甜菜碱还可以调节脂肪代谢，重新分配体内脂肪。但甜菜碱对犊牛和胎儿有毒害作用，建议围产期奶牛不宜食用甜菜渣。

甜菜渣中富含烟酸。烟酸是机体内的一种必需维生素，是重要辅酶的直接前体，参与脂肪酸、碳水化合物和氨基酸的合成和分解。肉牛饲料中和瘤胃微生物合成的烟酸，一般可以满足需要，不需另外添加，但肉牛在某些条件下需要补充烟酸，如日粮中精料比例增加或亮氨酸和精氨酸过量、饲料加工过程中饲料中烟酸和体内可以合成烟酸的色氨酸的破坏。

2. 甜菜渣的加工

（1）窖贮　可将甜菜渣脱水至 $65\%\sim75\%$ 进行窖贮，也可将甜菜渣与其他青饲料或糖蜜等混合，使含水量降至 $45\%\sim75\%$ 青贮，有条件的地区可添加蛋白质含量高的豆科牧草混贮。经厌氧贮藏的甜菜渣比贮藏前的营养价值高，具有香味，适口性好。在青贮中添加氮源（尿素）和碳源（糖蜜）可使青贮的粗蛋白和粗脂肪显著增加，而无氮浸出物有所减少。由于植物本身含有水解尿素的酶，自然环境中存在的微生物也可分解尿素，因而，在贮存过程中，贮料中添加的尿素经水解而产生氨气，对贮料有氨化作用，结果使消化率有增高的趋势。用 20% 玉米秸秆或 10% 大麦秸与甜菜混合制成的混合青贮，各种碳水化合物含量平衡，干物质含量高，适于直接饲喂肉牛。

（2）干燥　将鲜甜菜渣晒干或自然风干后得到干甜菜渣，利于保存，但营养成分损失大。晒干的甜菜渣比新鲜的甜菜渣粗蛋白减少42%。干甜菜渣饲喂育肥牛，1 天饲喂 5.5 千克，用 2～3 倍的水浸泡，以免干粕被食用后，在瘤胃内大量吸水，破坏瘤胃菌群平衡。

（3）压榨制粒　经压榨处理的鲜甜菜渣，在高温或低温中快速干燥，再经压粒机制成颗粒，每 100 吨甜菜，可生产颗粒粕 6 吨。颗粒粕与鲜甜菜渣相比，干物质、粗脂肪、粗纤维等含量大大增加。运输方便，利于保存，泡水后体积增大 4～5 倍。甜菜颗粒粕喂量可达到精料的 20％。

加糖蜜干甜菜渣块是尿素理想的载体，它质硬、适口性好、消化慢，能使尿素在瘤胃中放慢释放速度，而且其中的糖分又是瘤胃微生物的速效能来源，所以它有利于尿素的吸收利用。但是加糖蜜干甜菜渣含磷少，必须添加一些矿物质。为提高其营养价值，英国糖业公司生产一种三联渣块，即以加糖蜜干甜菜渣为主，再加入 4％磷酸氢钙和 2.8％尿素。该产品含磷 0.72％、粗蛋白质 17％。可用它作矿物质平衡剂，为饲喂谷物及秸秆的肉牛配制全价日粮。

3. 甜菜渣的利用

用湿甜菜渣饲喂时，母牛 1 天建议饲喂 12 千克，青年公牛可饲喂量 24 千克。但由于鲜渣草酸含量高，过量会引起腹泻，而且湿粕的体积大，所以不易多喂。可根据牛粪便的干稀，增减甜菜渣喂量，牛粪干多喂，牛粪稀少喂。直接饲喂时，应适当搭配一些干草、青贮、饼粕、糠麸等，以补充其不足的养分。

四、其他糟渣饲料加工利用技术

1. 红苕渣饲料加工利用技术

红苕渣是红苕（红薯）脱淀粉后剩下的副产物。主要的加工过程包括：清洗、粉碎、过滤。首先用清水将红苕（红薯）表面的泥沙冲洗干净，接着使用粉碎机将洗净的红苕粉碎成粉状，最后通过过滤将红苕渣和淀粉分离开。

红苕渣经脱淀粉后，含水量较高，初水在 70％～95％，一般农户将红苕渣晾晒成干红苕渣，工厂化生产主要靠大型脱水设备脱水，一般不烘干处理。红苕渣的含水量因脱水方法和干燥方法而不同，变异较大。红薯中无氮浸出物含量占干物质的 86.2％～88.0％，而磷、粗脂肪、粗纤维和灰分含量较低。红苕渣经脱淀粉处理后，其中的养分含量会发生变化，可溶于水的淀粉、蛋白质、纤维、维生素和矿物质将被洗脱掉。红苕渣中含有优良的纤维，是良好的纤维来源。对肉牛而言，粗纤维是一种必需营养素，对肉牛生产性能的发挥具有重要作用。故红苕渣中高消化性的粗纤维，使之成为一种优良的肉牛饲料资源。

2. 豆腐渣饲料加工利用技术

豆腐渣是豆腐、腐竹及豆浆等豆制品加工过程中的副产品，由于其水分含量高，易腐败，口感粗糙、不便运储等缺点，一般都当作饲料或废弃物处理。鲜豆腐渣中含有丰富的营养成分，其中的纤维素及半纤维素类等多糖是豆腐渣的主要成分，约占豆腐渣干物质的一半左右，是理想的纤维之一，由于纤维的大量存在，导致豆腐渣的适口性降低。不仅纤维本身，豆腐渣中丰富的蛋白质类（含多肽、氨基酸）、黄酮类、皂角苷及微量元素等营养物质也不能充分得到利用。

3. 果渣饲料加工利用技术

我国每年在果汁加工中耗用水果 10000 万吨，年排出果渣 4000 万吨。目前仅有少量果渣被用于深加工或直接作饲料，绝大部分用于堆肥或被遗弃，造成严重的资源浪费和环境污染。果渣中含一定量的蛋白质、糖分、果胶质、纤维素和半纤维素、维生素和矿质元素等营养成分，是微生物的良好营养基质。

据报道苹果湿渣中含干物质 20.2%，粗蛋白 1.1%，粗纤维 3.4%，粗脂肪 1.2%，无氮浸出物 13.7%，粗灰分 0.8%，钙及磷含量均为 0.02%；微量元素铜、铁、锌、锰、硒分别为 11.8 毫克/千克、158.0 毫克/千克、15.0 毫克/千克、14.0 毫克/千克、0.08 毫克/千克；总糖 15.08%。

第四节　青绿饲料加工利用新技术

青绿饲料主要指天然水分含量高于或等于 60% 的饲料，以富含叶绿素而得名。主要包括天然牧草、栽培牧草、青饲作物、水生植物、菜叶瓜藤类、非淀粉质根茎瓜类等。这类饲料来源广、成本低、采集方便、营养丰富，对促进肉牛生长、提高肉品质等具有重要作用。

一、青绿饲料的特点

青绿饲料不仅营养丰富，而且加入到肉牛日粮中，会提高整个日粮的利用率。青绿饲料含有丰富的蛋白质，在一般禾本科和叶菜类中占 1.5％～3％（干物质中 13％～15％），豆科青饲料中含 3.2％～4.4％（干物质中 18％～24％）。青绿饲料叶片中的叶蛋白，其氨基酸组成接近酪蛋白，能很快转化为乳蛋白。青绿饲料中含有各种必需氨基酸，尤其是赖氨酸、色氨酸和精氨酸较多，所以营养价值很高。

青绿饲料是肉牛多种维生素的主要来源，能为肉牛提供丰富的 B 族维生素和维生素 C、维生素 E、维生素 K、胡萝卜素。肉牛经常喂青饲料就不会患维生素缺乏病，甚至大大超过肉牛在这方面的营养需要量，但维生素 B_{12} 和维生素 D 缺乏。

青绿饲料含有矿物质，特别是钙、磷丰富，比例适宜，尤其是豆科牧草含量较高。青绿饲料中的铁、锰、锌、铜等必需元素含量也较高，粗纤维含量低，而且木质素少，无氮浸出物较高。植物开花前或抽穗前消化率高。肉牛对优质牧草的有机物消化率可达 75％～85％。

青绿饲料的水分含量高，一般在 75％～90％，每千克仅含消化能 1255.0～2510.4 千焦，这对肉牛来说，以青绿饲料作为日粮是不能满足能量需要的，必须配合其他饲料，才能满足能量需要。在肉牛生长期可单一用优良青绿饲料饲喂（或放牧），在育肥期一定要补充谷物、饼粕等能量饲料和蛋白质饲料。青绿饲料是一种营养相对均衡的饲料，是一种理想的粗饲料。在肉牛快速育肥中，必须充分生产和利用青绿饲料。

二、青绿饲料的加工与利用方法

1. 放牧利用方法

青绿饲料是牛放牧的优良草料，是蛋白质和维生素的良好来源。青绿饲料幼嫩时不耐践踏，放牧会影响其生长发育，不宜过早放牧。雨后或有露水时，要根据青草的种类具体情况决定是否放牧，以防破坏草地或由豆科草导致臌胀的发生。应注意每次放牧时间不宜过长。

2. 青饲利用方法

青饲费工较多，成本高，但可避免放牧时的践踏、粪尿污染和干燥贮存时养分的损失。与放牧一样，青饲可使牛采食到新鲜幼嫩的饲草，与干草和青贮相比可提高增重、增加产奶量、生物效应好。青饲时，青饲料的收割和利用时间应根据各种青饲料的适宜刈割期来确定。一般豆科牧草在盛花期收割，禾本科牧草在蜡熟期收割，单位面积产量高，其营养价值也较好。青饲料饲喂量应根据青饲料的营养价值、牛的生长发育阶段等灵活掌握。在不影响牛生长发育、生产性能的基础上，尽量增加喂量，以节省精料、降低生产成本。饲喂方法根据具体情况来选择，可以整株饲喂，也可采用切短、粉碎、揉碎等手段处理。

3. 调制干草方法

调制干草的方法有自然干燥法、人工干燥法、人工化学干燥法和机械干燥法。干草的饲用价值受调制方法或调制技术水平的影响。自然条件下晒制的干草，养分损失大，干物质损失率达到 $10\%\sim30\%$，可消化养分损失达到 50% 以上；人工快速干燥的干草，养分损失不到 5%，对消化率几乎无影响。

4. 调制青贮方法

青贮是青绿饲料在密封条件下，经过物理、化学、微生物等因素的相互作用后在相当长的时间内仍能保持其质量相对不变的一种保鲜技术。能有效保持青绿饲料的营养品质，养分损失少。一般禾本科青绿饲料含糖量高，容易青贮。豆科牧草含糖量低，含蛋白质高，易发生酪酸发酵，使青贮料腐败变质，较难制作青贮，但作为优良的牧草资源，进行豆科青绿饲料的青贮调制对于养牛业的发展有着重要的实践意义。因此，在青贮时可使用青贮添加剂或与含糖量多的饲料混合青贮。

5. 打成草捆

草捆是应用最为广泛的草产品，其他草产品基本上都是在草捆的基础上进一步加工而来的，美国出口的草产品中 80% 以上都是干草捆。草捆加工工艺简单，成本低，主要通过自然干燥法使青绿饲料脱水干燥，然后打捆。

6. 加工草粉和草颗粒

草粉是将适时刈割的青绿饲料经快速干燥后，粉碎而成的青绿状草产品。目前，许多国家都把青草粉作为重要的蛋白质、维生素饲料来源。青草粉加工业已成为一种产业，是把优质牧草经人工快速干燥后，粉碎成草粉或者再加工成草颗粒，或者切成碎段后压制成草块、草饼等。国内外已经把草粉的绝大部分用于配合饲料，使用量一般为 12%～13%。

7. 生产叶蛋白饲料

叶蛋白或称植物浓缩蛋白、绿色蛋白浓缩物，它是以新鲜牧草或青饲料作物茎叶为原料，经改变分子表面电荷致使蛋白质分子变性，溶解度降低，采用磨碎机或压榨机将原料磨碎、压榨过滤后，从纤维物质中分离出浆汁，或加热或溶剂抽提、加酸、加碱而凝集的可溶性蛋白质。叶蛋白饲料比青绿饲料纤维素含量低，生产性能高，蛋白质利用率高。

三、提高青饲效果技术

1. 适时刈割

青饲料的营养价值受土壤、肥料、收获期、气候等因素的影响。收获过早，饲料幼嫩，含水分多，产量低，品质差；收获过晚，粗纤维含量高，消化率下降；多雨地区土壤受冲刷，钙质易流失，饲料中钙含量降低，所以应当适时收割。

2. 更换时注意过渡

当牛的日粮由其他草更换为青草时须有 7～10 天的过渡期，每天逐渐增加青草喂量。突然大幅度更换，易造成牛拉稀，妨碍增重，严重时引起瘤胃胀气，造成死亡。豆科牧草含有皂角素，有抑制酶的作用，牛大量采食后，可在瘤胃内形成大量泡沫样物质，引起膨胀。收割后的牧草应摊开晾晒，厚度小于 20 厘米，以免发热霉败，暂时吃不完的要晒制成干草。

3. 防止亚硝酸盐中毒

在青饲料中，如萝卜叶、芥菜叶、油菜叶中都含有硝酸盐。硝酸盐本身对牛无毒或毒性很低，但当有细菌存在时可将硝酸盐还原为亚硝酸盐，亚硝酸盐则具有毒性。青饲料堆放时间长，发霉腐败、加热或煮后放置过夜均会促进细菌的作用。因此在上述情况下应注意防止亚硝酸盐中毒。亚硝酸盐中毒症状表现为不安、腹痛、呕吐、吐白沫、震颤、呼吸困难、血液呈酱油色等症状，可用 1% 美蓝溶液注射，每千克体重 1～2 毫升解毒。

4. 防止氢氰酸中毒

一些青饲料，如高粱苗、玉米苗、马铃薯幼苗、三叶草、木薯、亚麻叶、南瓜蔓等中含有氰苷配糖体，当这类饲料堆放发霉或霜冻枯萎时则会分解产生氢氰酸。氢氰酸对牛有较强的毒性，中毒症状表现为腹痛、胀痛、呼吸困难，呼出气体有苦杏仁味，站立行走不稳，黏膜呈白色或带紫色，牙关紧闭，最后因呼吸麻痹而死亡。可用 1% 亚硝酸钠或 1% 美蓝溶液肌内注射解毒。

5. 其他中毒症

草木樨和三叶草中含有香豆素，当草木樨霉变或在细菌作用下香豆素即变为双香豆素，后者对维生素 K 有拮抗作用，易造成中毒。草木樨中毒常见症状为血凝时间变慢，皮下出现血肿，鼻流出血样泡沫。出现中毒时可用维生素 K 治疗。此外，还应注意防止用污染了农药的青饲料饲喂肉牛，以免造成农药中毒症的发生。发霉严重的粗料因含有大量霉菌代谢物，会造成对瘤胃微生物抑制，导致消化不良、拉稀、麻酱状粪便，严重影响牛的健康甚至导致死亡。

6. 注意保存方法

青绿饲料含水分高，刈割后细胞并未死亡，继续进行呼吸代谢等作用，并产生热量，所以在气温较高时，堆放时容易发热。通常应摊开，厚度不要超过 20 厘米，并且不宜严密覆盖和挤压。当气温低于零下 5℃，含水分多的青绿饲料容易冻结，牛吃大量冰冻饲料会造成瘤胃温度大幅度下降，消化能力降低，消化紊乱，拉稀，孕牛会导致流产等。

第五节　矿物质饲料利用新技术

矿物质饲料是补充动物矿物质需要的饲料。它包括人工合成的、天然单一的和多种混合的矿物质饲料，以及配合有载体或赋形剂的痕量、微量、常量元素补充料。在国家标准中将牛体中含量超过 0.01％的矿物元素类饲料称为常量矿物质饲料，含量低于0.01％的矿物元素类饲料称为微量矿物质饲料，微量矿物元素也称为微量元素添加剂，微量元素添加剂将在饲料添加剂部分介绍。

一、钠源饲料

1. 食盐

化学名称又叫氯化钠，具有调味和营养的作用。氯化钠能促进唾液分泌，促进消化酶的活动，帮助消化。它能提高饲料适口性，增强肉牛食欲。食盐还是胃液的组成部分，不足会降低饲料利用率，使肉牛被毛粗乱，生长缓慢，啃泥舔墙。植物性饲料中含氯和钠很少，一般不能满足肉牛的需要，所以在肉牛日粮中要补喂食盐。食盐的喂量，可按每 100 千克干饲料里补加 0.3～0.35 千克。喂青贮饲料时要比喂干草时多喂食盐，喂青绿多汁饲料时要比喂干枯饲料时多喂食盐，喂高粗料时要比喂高精料时多喂食盐。

2. 碳酸氢钠

碳酸氢钠又名小苏打，为无色结晶粉末，无味，略具潮解性，其水溶液因水解而呈微碱性，受热易分解放出二氧化碳。碳酸氢钠含钠27％以上，生物利用率高，是优质的钠源性矿物质饲料之一。

碳酸氢钠不仅可以补充钠，更重要的是其具有缓冲作用，能够调节饲粮电解质平衡和胃肠道 pH 值。研究证实，奶牛和肉牛饲粮中添加碳酸氢钠可以调节瘤胃 pH 值，防止精料型饲粮引起的代谢性疾病，提高增重、产奶量和乳脂率，一般添加量为 0.5％～2％。

3. 硫酸钠

硫酸钠又名芒硝，分子式为 Na_2SO_4，为白色粉末，含钠 32％以上，含硫 22％以上，生物利用率高，既可补钠又可补硫，特别是补钠时不会增加氯含量，是优良的钠、硫源之一。

二、钙源饲料

1. 石灰石粉

石灰石粉又称石粉，为天然的碳酸钙，一般含纯钙 35％以上，是补充钙的最廉价、最方便的矿物质原料。按干物质计，石灰石粉的成分与含量为灰分 96.9％，钙 35.89％，氯 0.03％，铁 0.35％，锰 0.027％，镁 2.06％。

2. 贝壳粉

贝壳粉是各种贝类外壳（蚌壳、牡蛎壳、蛤蜊壳、螺蛳壳等）经加工粉碎而成的粉状或粒状产品，多呈灰白色、灰色、灰褐色。主要成分也为碳酸钙，含钙量应不低于 33％。品质好的贝壳粉杂质少，含钙高，呈白色粉状或片状。贝壳粉内常掺杂砂石和泥土等杂质，使用时应注意检查。另外若贝肉未除尽，加之贮存不当，堆积日久易出现发霉、腐臭等情况，这会使其饲料价值显著降低。选购及应用时要特别注意。

3. 蛋壳粉

禽蛋加工厂或孵化厂废弃的蛋壳，经干燥灭菌、粉碎后即得到蛋壳粉。无论蛋品加工后的蛋壳或孵化出雏后的蛋壳，都残留有壳膜和一些蛋白，因此除了含有 34％左右钙外，还含有 7％的蛋白质及 0.09％的磷。蛋壳粉是理想的钙源饲料，利用率高。应注意蛋壳干燥的温度应超过 82℃，以消除传染病源。

4. 其他钙源饲料

大理石、白云石、白垩石、方解石、熟石灰、石灰水等均可作为补钙饲料。至于利用率很高的葡萄糖酸钙、乳酸钙等有机酸钙，因其价格较高，多用于水产饲料，肉牛饲料中应用较少。其他还有甜菜制糖的副产品——滤泥也属于碳酸钙产品。这是由石灰乳清除甜菜糖汁中杂质经二氧化碳中和沉淀而成，成分中除碳酸钙外，还有少量有机酸钙盐和其他微量元素。

三、磷源性饲料

1. 磷酸钙类

磷酸一钙，又称磷酸二氢钙或过磷酸钙，常含有少量碳酸钙及游离磷酸，吸湿性强，且呈酸性，含磷 22% 左右，含钙 15% 左右，利用率比磷酸二钙或磷酸三钙好。由于磷酸二氢钙磷高钙低，在配制饲粮时易于调整钙磷平衡。

磷酸二钙，也叫磷酸氢钙，为白色或灰白色的粉末或粒状产品，又分为无水盐和二水盐两种，后者的钙、磷利用率较高，含磷 18% 以上，含钙 21% 以上。

磷酸三钙，又称磷酸钙，常由磷酸废液制造，为灰色或褐色，并有臭味，经脱氟处理后，称作脱氟磷酸钙，为灰白色或茶褐色粉末，含钙 29% 以上，含磷 15%～18% 以上，含氟 0.12% 以下。

2. 磷酸钾类

磷酸一钾，又称磷酸二氢钾，为无色四方晶或白色结晶性粉末，因其有潮解性，宜保存于干燥处，含磷 22% 以上，含钾 28% 以上。本品水溶性好，易为肉牛吸收利用，可同时提供磷和钾，适当使用有利于肉牛体内的电解质平衡，促进肉牛生长发育和生产性能的提高。

磷酸二钾，也称磷酸氢二钾，呈白色结晶或无定形粉末。一般含磷 13% 以上，含钾 34% 以上，应用同磷酸一钾。

3. 磷酸钠类

磷酸一钠，又称磷酸二氢钠，为白色结晶性粉末，因其有潮解性，宜保存于干燥处。无水物含磷约25％，含钠约19％。因其不含钙，在钙要求低的饲料中可充当磷源，在调整高钙、低磷配方时使用不会改变钙的比例。

磷酸二钠，也称磷酸氢二钠，呈白色无味的细粒状，无水物一般含磷18％～22％，含钠27％～32.5％，应用同磷酸一钠。

4. 其他磷酸盐

磷酸铵，为饲料级磷酸或湿式处理的脱氟磷酸中和后的产品，含氮9％以上，含磷23％以上，含氟量不可超过磷量的1％，含砷量不可超过25毫克/千克，铅等重金属应在30毫克/千克以下。对于肉牛，本品可用来补充磷和氮，但氮量换算成粗蛋白质量后，不可超过饲粮的2％。

磷酸液，为磷酸的水溶液，应保证最低含磷量，含氟量不可超过磷量的1％。本品具有强酸性，使用不方便，可在青贮时喷加，也可以与尿素、糖蜜及微量元素混合制成牛用液体饲料。

磷酸脲，由尿素与磷酸作用生成，呈白色结晶性粉末，易溶于水，其水溶液呈酸性。本品利用率较高，既可为肉牛供磷又能供非蛋白氮，是肉牛良好的饲料添加剂。因其可在牛、羊瘤胃和血液中缓慢释氮，故比使用尿素更为安全。

磷矿石粉，磷矿石粉碎后的产品，常含有超过允许量的氟，并有其他如砷、铅、汞等杂质。用作饲料时，必须脱氟处理使其合乎允许量标准。此外，磷酸盐类还有磷酸氢二铵、磷酸氢镁、三聚磷酸钠、次磷酸盐、焦磷酸盐等，但一般在饲料中应用较少。

骨粉是以动物骨骼为原料加工而成的，由于加工方法的不同，成分含量及名称各不相同，是补充肉牛钙、磷需要的良好来源。骨粉一般为黄褐乃至灰白色的粉末，有肉骨蒸煮过的味道。骨粉的含氟量较低，只要杀菌消毒彻底，便可安全使用。但由于成分变化大，来源不稳定，而且常有异臭，在国外饲料工业上的用量逐渐减少。骨粉按加工方法可分为煮骨粉、蒸制骨粉、脱胶骨粉和焙烧骨粉等，其成分含量见表6-1。

表 6-1　各种骨粉的一般成分　　　　　　　%

类别	干物质	粗蛋白质	粗纤维	粗灰分	粗脂肪	无氮浸出物	钙	磷
蒸制骨粉	93.0	10.0	2.0	78.0	3.0	7.0	32.0	15.0
脱胶骨粉	92.0	6.0	0	92.0	1.0	1.0	32.0	15.0
焙烧骨粉	94.0	0	0	98.0	1.0	1.0	34.0	16.0

四、含硫饲料

　　肉牛所需的硫一般认为是有机硫，如蛋白质中的含硫氨基酸等，因此蛋白质饲料是肉牛的主要硫源。但近年来认为无机硫对肉牛也具有一定的营养意义。同位素试验表明，肉牛瘤胃中的微生物能有效地利用无机含硫化合物如硫酸钠、硫酸钾、硫酸钙等合成含硫氨基酸和维生素。

　　硫的来源有蛋氨酸、胱氨酸、硫酸钠、硫酸钾、硫酸钙、硫酸镁等。就肉牛而言，蛋氨酸的硫利用率为 100%，硫酸钠中硫的利用率为 54%，元素硫的利用率为 31%，且硫的补充量不宜超过饲粮干物质的 0.05%。常见含硫矿物质相对价值见表 6-2。

表 6-2　不同硫源对肉牛的生物学价值　　　　　　%

硫源	相对生物学价值	硫源	相对生物学价值
蛋氨酸	100	硫酸钙	60～80
硫酸钠	68～80	硫酸钾	60～80
元素硫	30～40	硫酸铵	60～80

五、含镁饲料

　　饲料中含镁丰富，一般都在 0.1% 以上，因此不必另外添加。但早春牧草中镁的利用率很低，有时会使放牧肉牛因缺镁而出现"草痉挛"，故对放牧的肉牛以及用玉米作为主要饲料并补加非蛋白氮时，常需要补加镁。多用氧化镁。饲料工业中使用的氧化镁一般为菱镁矿在 800～1000℃ 煅烧的产物，此外还可选用硫酸镁、碳酸镁和磷酸镁等（表 6-3）。

表 6-3　不同镁源对肉牛的生物学价值

镁源	相对生物学价值/%	镁源	相对生物学价值/%
试剂级氧化镁	100	硝酸镁	97
饲料级氧化镁	85	乳酸镁	98
硫酸镁	58～113	磷酸镁	100
氯化镁	98～100	谷物和精料	30～40
醋酸镁	107	饲草	10～25

六、天然矿物质饲料

1. 麦饭石

麦饭石为黄色或灰黄色、黄白色相间，中粗粒结构，刚性差，积聚如一团麦饭，如豆如米，一般粉碎后使用。麦饭石含有多种有益元素，且溶出性较高。麦饭石进入胃肠道中，在酸性条件下溶出无机离子，被机体吸收后参与酶促反应，调节新陈代谢，促进生长；麦饭石能吸附有毒有害物质，还可增强机体的细胞免疫功能，这样能增加饲料养分的吸收，减少机体对营养的消耗。每头肉牛每天可喂 150～250 克，混于饲料中饲喂。

2. 膨润土

膨润土为淡黄色，粉碎后呈干粉末状。群众俗称白黏土、白土。膨润土含有对畜体有益的矿物质元素，可使酶、激素的活性或免疫反应发生有利于畜体的变化，可以吸收体内有害物质，如氨气、硫化氢气体，吸附胃肠中的病菌，抑制其生长。在每 100 千克肉牛精料中，均匀混入 1～3 千克膨润土饲喂。

3. 沸石

沸石为浅灰白或浅褐色，粉碎成细末，在高温加热时呈沸腾状，故名沸石。沸石能吸附胃肠道中有害气体，并将吸附的氨离子缓慢释放，供肉牛利用合成菌体蛋白，并增加牛体蛋白质生成和沉积。对机体酶有催化作用，改善瘤胃环境，瘤胃微生物对纤维素分解能力增强，使饲料消化率提高。可在每 100 千克肉牛精料中加入

4～6千克，混匀饲喂。

第六节 青贮饲料加工利用新技术

青贮饲料是通过控制发酵使饲草保持多汁状态而长期贮存的方法所制作的饲料。青贮饲料被誉为 20 世纪农业最大的发明之一，青贮不仅解决了反刍动物一年四季青饲料供应的问题，而且减少了青饲料资源因季节原因而造成的浪费，目前青贮已成为全世界反刍动物生产共用的技术，青贮饲料也是肉牛快速育肥必备的饲料之一。

一、原料的适时收割

优质青贮原料是调制优良青贮饲料的基础。在适当的时期对青贮原料进行刈割，可以获得最高产量和最佳养分含量。根据饲料的青贮糖差，可将青贮原料分为三类：第一类为易于青贮的原料，如玉米、高粱、禾本科牧草、甘薯藤、南瓜、菊芋、向日葵、芜菁、甘蓝等，这类饲料中含有适量或较多易溶性碳水化合物，具有较大的青贮糖差；第二类是不易于青贮的原料，如苜蓿、三叶草、草木樨、大豆、豌豆、紫云英、马铃薯叶等，含碳水化合物较少，均为负青贮糖差，宜与第一类混贮；第三类是不能单独青贮的原料，如南瓜蔓、西瓜蔓等，这类植物含糖量极低，单独青贮不易成功，只有与其他易于青贮的原料混贮或添加富含碳水化合物，或加酸青贮，才能成功。

选择青贮原料时还需注意其含水量，适时收割的原料含水量通常为 75％～80％或更高，适宜青贮的含水量为 65％～75％。以豆科牧草作原料时，其含水量以 60％～70％为宜。一般来说，将青贮的原料切碎后，握在手里，手中感到湿润，但不滴水，这个时机较为相宜。如果水分偏高，收割后可晾晒一天再贮。含水率不足，可以添加清水。加水数量要根据原料的实际含水多少，计算应加水的数量。玉米带穗青贮是目前利用最多的青贮，也是肉牛快速育肥最适宜的青贮之一，玉米带穗青贮一般在蜡熟期较为适宜(图 6-1、图 6-2)。青贮原料的收割一般有专门的收割机（图 6-3），收割后及时运输（图 6-4）。

图 6-1　熟期整株玉米

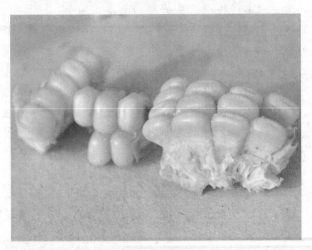

图 6-2　蜡熟期玉米籽实

图 6-3　青贮原料的收割

图 6-4　玉米秸秆收割后及时运输

二、切碎

原料切碎后，使植物细胞渗出汁液润湿饲料表面，有利于乳酸菌的繁殖和青贮饲料品质的提高。便于装填和压实，节约踩压的时间；有利于排除青贮窖内的空气，尽早进入密封状态，阻止植物呼吸，形成厌氧条件，减少养分损失，添加剂能均匀撒在原料中。切碎的程度取决于原料的粗细、软硬程度、含水量铡切的工具等。禾本科和豆科牧草及叶菜类等切成 2～3 厘米，大麦、燕麦、牧草等茎秆柔软，切碎长度为 3～4 厘米（图 6-5）。

图 6-5　青贮玉米的收割与切碎

三、填装与压实

切碎的原料在青贮设施中都要装匀和压实，而且压得越实越好，尤其是靠近窖壁和窖角的地方不能留有空隙，以减少空气，利于乳酸菌的繁殖和抑制好氧微生物的活力。如果是土窖，窖的四周应铺垫塑料薄膜，以避免饲料接触泥土被污染，影响青贮发酵。砖、石、水泥结构的永久窖则不需铺塑料薄膜。小型青贮窖可人力踩踏，大型青贮窖则用履带式拖拉机来压实（图 6-6～图 6-8）。用拖拉机压实要注意不能带进泥土、油垢、金属等污染物，压不到的边角可人力踩压。青贮原料装填过程应尽量缩短时间，小型窖应在 1 天内完成，中型窖 2～3 天，大型窖 3～4 天。

四、密封与管理

原料装填压实之后，应立即密封和覆盖。其目的是隔绝空气与

图 6-6　青贮饲料填装

图 6-7　青贮饲料切碎与填装

原料接触，并防止雨水进入。一般原料装到高出窖口 40～50 厘米，长方形窖形成鱼脊背式（图 6-9），圆形窖成馒头状，然后进行密封和覆盖。密封和覆盖可先盖一层细软的青草，草上再盖一层塑料薄膜，并用泥土堆压靠在青贮窖或壕壁处，然后用适当的盖子将其盖严；也可在青贮料上盖一层塑料膜，然后盖 30～50 厘米的湿土；如果不用塑料薄膜，需在压实的原料上面加盖 3～5 厘米厚的软青

图 6-8　青贮饲料压实

图 6-9　原料装到高出窖口

草一层，再在上面覆盖一层 35～45 厘米厚的湿土（图 6-10）。窖四周要把多余泥土清理好，挖好排水沟，防止雨水流入窖内。封窖后应每天检查盖土下沉的状况，并将下沉时盖顶上所形成的裂缝和孔隙用泥巴抹好，以保证高度密封，在青贮窖无棚的情况下，窖顶的泥土必须高出青贮窖的边缘，并呈圆顶形，以免雨水流入窖内。

图 6-10 青贮窖的密封

五、青贮饲料的品质鉴定

1. 感官鉴定

感官鉴定就是根据青贮料的颜色、气味、口味、质地、结构等指标，通过感官评定其品质好坏的方法（图 6-11）。芳香味重，绿或黄绿色有光泽，湿润，松散柔软，不粘手，茎叶花能辨认清楚，

图 6-11 青贮饲料感官评定

给人以舒适感为良好青贮饲料。可参照表 6-4 进行评分鉴定，总分
16～20 为 1 级（优良）、总分 10～15 为 2 级（尚好）、总分 5～9
为 3 级（中等）、总分 0～4 为 4 级（腐败）。

表 6-4　青贮饲料感官评定标准

项目	评分标准	分数
气味	无丁酸臭味,有芳香果味或明显的面包香味	14
	有微弱的丁酸臭味,或较强的酸味,芳香味弱	10
	丁酸味颇重,或有刺鼻的焦熘臭或霉味	4
	有很强的丁酸臭或氨味,或几乎无酸味	2
结构	茎叶结构保持良好	4
	叶子结构保持较差	2
	茎叶结构保存极差或发现有轻度霉菌或轻度污染	1
	茎叶腐烂或污染严重	0
色泽	与原料相似,烘干后呈淡褐色	2
	略有变色,呈淡黄色或带褐色	1
	变色严重,墨绿色或褪色呈褐色,呈较强的霉味	0

2. 实验室鉴定

实验室鉴定的内容包括青贮料的 pH 值、各种有机酸含量、微
生物种类和数量、营养物质含量变化以及青贮料可消化性及营养价
值等，青贮鉴定时取样要有代表性（图 6-12）。常规青贮，pH 4.2
以下为优、pH 4.2～4.5 为良、pH 4.6～4.8 为可利用、pH 4.8
以上不能利用。半干青贮饲料不以 pH 为标准，而根据感官鉴定结
果来判断。青贮中有机酸包括乳酸、乙酸、丙酸和丁酸。青贮料中
乳酸占总酸的比例越大，说明青贮料的品质越好。氨态氮与总氮的
比例越大，品质越差。标准为 10％以下为优、10％～15％为良、
15％～20％一般、20％以上为劣。

六、青贮饲料的利用

① 饲喂青贮饲料的饲槽要保持清洁卫生。每天必须清扫干净，
以免剩料腐烂变质。

图 6-12　青贮饲料取样示意图

② 青贮饲料是一种优质多汁饲料，第一次饲喂青贮饲料，有些肉牛可能不习惯，可将少量青贮饲料放在食槽底部，上面覆盖一些精饲料，等肉牛慢慢习惯后，再逐渐增加饲喂量。

③ 青贮饲料取出后，应及时密封窖口，以防青贮饲料长期暴露在空气中霉败变质，饲喂后引起中毒或其它疾病。目前多用专门青贮饲料取用器取用，取用面整洁，不透气，因而不易腐烂（图 6-13、图 6-14）。

图 6-13　青贮饲料取用器

图 6-14   青贮饲料取用器取料后的截面

④ 青贮饲料虽然是一种优质饲料，但饲喂时必须按肉牛的营养需要与精料和其他饲料进行合理搭配。刚开始饲喂时，可先喂其他饲料；也可将青贮饲料和其他饲料拌在一起饲喂，以提高饲料利用率。

第七节   青干草饲料加工利用新技术

青干草是将牧草、饲料作物、野草和其他可饲用植物，在质、量兼优的适宜期刈割，经自然干燥或采用人工干燥法，使其脱水，达到能贮藏、不变质的干燥饲草。调制合理的青干草，能较完善地保持青绿饲料的营养成分。干草作为一种贮备形式，调节青饲料供应的季节性，是牛羊等草食动物的重要饲料，在肉牛快速育肥过程，在大量使用精料的情况下，配合使用优质青干草才能保证瘤胃健康，保证快速育肥正常进行和肉品质量。

一、青干草饲料加工基本原则

① 尽量加速牧草的脱水，缩短干燥时间，以减少由于生理、

生化作用和氧化作用造成的营养物质损失。尤其要避免雨水淋溶。

② 在干燥末期应力求植物各部分的含水量均匀。

③ 牧草在干燥过程中，应防止雨露的淋湿，并尽量避免在阳光下长期曝晒。

④ 集草、聚堆、压捆等作业，应在植物细嫩部分尚不易折断时进行。

⑤ 豆科牧草的叶片在叶子含水分 $26\%\sim28\%$、禾本科牧草在 $22\%\sim23\%$ 时开始脱落。即牧草全株的总含水量在 $35\%\sim40\%$ 以下时，叶片开始脱落。为了保存营养价值高的叶片，搂草和集草作业应在此以前进行。

⑥ 由于牧草干燥时间的长短，实际上取决于茎干燥时间的长短。如豆科牧草及一些杂类草当叶片含水量降低到 $15\%\sim20\%$ 时，茎的水分仍为 $35\%\sim40\%$，所以加快茎的干燥速度，就能加快牧草的整个干燥过程。

二、自然干燥技术

1. 地面干燥法

牧草刈割后先就地干燥 $6\sim7$ 小时，尽量摊晒均匀，并及时进行翻晒通风 $1\sim2$ 次或多次。一般早晨割倒的牧草在上午 11 点左右翻草一次，效果比较好；第二次翻草，在下午 2 点左右效果较好。在牧草含水量降低到 50% 左右时，用搂草机搂成草垄继续干燥 $4\sim5$ 小时。当牧草含水量降到 $35\%\sim40\%$ 时，用集草器集成草堆，过迟就会造成牧草叶片脱落，经 $2\sim3$ 天可使水分降低到 20% 以下，达到干草贮藏的要求。

2. 草架干燥法

草架主要有独木架、三脚架、铁丝长架和棚架等。在用草架干燥牧草时，首先把割下的牧草在地面干燥半天或一天，含水量降至 $45\%\sim50\%$ 时用草叉将草上架，遇雨天时应立即把牧草上架，应注意最低一层的牧草高出地面一定高度，不与地表接触；堆放牧草时应自下而上逐层堆放，草的顶端朝里。

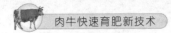

3. 发酵干燥法

在阴雨天气，将新割的鲜草立即堆成草堆，每层踩紧压实，使鲜草在草堆中发酵而干燥。一般要在3～4天后挑开，使水分散发。

4. 加速田间干燥速度法

加速田间干燥速度的方法有翻晒草垄、压裂牧草茎秆和使用化学干燥剂。使用压扁机将牧草茎秆压裂，破坏茎的角质层，使之暴露于空气中，茎内水分散失的速度就大大加快，基本能跟上叶片的干燥速度。这种方法最适于豆科牧草，可以减少叶片脱落，减少日光曝晒时间，养分损失减少，干草质量显著提高，能调制成含胡萝卜素多的绿色芳香干草。现代化的干草生产常将牧草的收割、茎秆压扁和铺成草垄等作业，由机器连续一次完成。另外，施用化学制剂可以加速田间牧草的干燥，有研究对刈割后的苜蓿喷撒碳酸钾溶液和长链脂肪酸酯，破坏植物体表的蜡质层结构，使干燥加快。

三、人工干燥技术

1. 鼓风干燥法

把刈割后的牧草压扁并在田间预干到含水50％时，后就地晾晒、搂草、集草、打捆，然后转移到设有通风道的干草棚内，用鼓风机或电风扇等吹风装置进行常温鼓风干燥。这种方法在牧草收获时期的白天、早晨和晚间的相对湿度低于75％，温度高于15℃时使用。在干草棚中干燥时分层进行，第1层草先堆1.5～2米高，经过3～4天干燥后，再堆上高1.5～2米的第2层草，如果条件允许，可继续堆第3层草，但总高度不超过5米。在无雨时，人工干燥应立即停止，但在持续不良天气条件下，牧草可能发热，此时鼓风降温应继续进行。无论天气如何，每隔6～8小时鼓风降温1小时，草堆的温度不可超过40～42℃。

2. 高温快速干燥法

将鲜草就地晾晒、搂草、切短，将切碎的牧草置于牧草烘干机中，通过高温空气，使牧草迅速干燥的方法。干燥时间的长短，决定于烘干机的种类和型号，从几小时到几分钟，甚至数秒钟。为获取优质干草，干燥机出口温度不宜超过 65℃，干草含水量不低于 9％。

四、青干草质量评定技术

1. 化学分析

通过分析饲料中的化学成分，评定青干草的质量。一般粗蛋白质、胡萝卜素、中性洗涤纤维、酸性洗涤纤维是青干草品质评定的重要测定指标。美国以粗蛋白质等 7 项指标制定了豆科、禾本科、豆科与禾本科混播干草的六个等级，粗蛋白质含量大于 19％ 为一级，17％～19％ 为二级，14％～16％ 为三级，11％～13％ 为四级，8％～10％ 为五级，小于 8％ 为六级。

2. 感官判断

感官判断主要依据下列几个方面粗略地对干草品质做出鉴定。

（1）收割时期　适时收割的青干草一般颜色较青绿，气味芳香，叶量丰富，茎秆质地柔软，营养成分含量高，消化率高。

（2）颜色气味　优质干草呈绿色，绿色越深，其营养物质损失就越小，所含可溶性营养物质、胡萝卜素及其他维生素越多，品质越好。保存不好的牧草可能因为发酵产热，温度过高，颜色发暗或变褐色，甚至黑色，品质较差。优质青干草具有浓厚的芳香味，如果干草有霉味或焦灼的气味，其品质不佳。

（3）叶片含量　干草中的叶量多，品质就好。这是因为干草叶片的营养价值较高，所含的矿物质、蛋白质比茎秆中多 1～1.5 倍，胡萝卜素多 10～15 倍，纤维素少约 50％，消化率高 40％。鉴定时取一束干草，看叶量的多少。优质豆科牧草干草中叶量应占干草总质量的 50％ 以上。

（4）牧草形态　初花期或以前收割的牧草，干草中含有花蕾，未结实花序的枝条也较多，叶量丰富，茎秆质地柔软，品质好；若刈割过迟，干草中叶量少，带有成熟或未成熟种子的枝条的数目多，茎秆坚硬，适口性、消化率都下降，品质变劣。

（5）牧草组分　干草中优质豆科或禾本科牧草占有的比例大

时，品质较好，而杂草数目多时品质差。

（6）含水量　干草含水量应为 15％～17％，超过 20％以上时，不利于贮藏。

（7）病虫害情况　由病虫侵害过的牧草调制成的干草，其营养价值较低，且不利于肉牛健康。鉴定时抓一把干草，检查叶片、穗上是否有病斑出现，是否带有黑色粉末等，如果发现带有病斑，则不能饲喂肉牛。

第八节　农作物秸秆饲料加工利用新技术

农作物秸秆在世界上每年产量有 20 亿～30 亿吨，相当于全世界一年煤产量的一半。在作物秸秆中有 65％～80％的干物质能够给动物提供能量，如秸秆中的可溶性糖类和蛋白质等；另外还有 20％～35％的干物质是不能被动物吸收利用的，如秸秆中的木质素和单宁酸等。对未经处理的秸秆消化率和能量利用率低的原因分析，主要是因为秸秆中的木质素与糖类结合在一起，使得瘤胃中的微生物和酶很难分解这样的糖类，此外，还因为秸秆中的蛋白质含量低和其他必要营养物质缺乏导致秸秆饲料不能被动物高效吸收利用。为此，要想提高秸秆的高效利用率，就必须提高秸秆的消化率和营养吸收率以及动物的适口性。在肉牛快速育肥生产中合理利用秸秆，能够降低生产成本。

一、秸秆饲料的物理加工利用技术

1. 机械加工

机械加工是指利用机械将粗饲料铡碎、粉碎或揉碎，这是粗饲料利用最简便而又常用的方法。尤其是秸秆饲料比较粗硬，加工后便于咀嚼，减少能耗，提高采食量，并减少饲喂过程中的饲料浪费，增加瘤胃微生物对秸秆的接触面积，可提高采食量和通过瘤胃的速度。物理加工对玉米秸和玉米芯很有效。与不加工的玉米秸相比，铡短粉碎后的玉米秸可以提高采食量 25%，提高饲料效率 35%。但这种方法并不是对所有的粗饲料都有效。秸秆粉碎得过细，牛大量吃进以后，会失去粗糙性而影响其瘤胃机能和反刍，或者尚未被微生物充分发酵就通过了瘤胃。若能把秸秆粉碎压制成颗粒再喂牛，其干物质的采食量又可提高 50%，颗粒饲料质地很硬，能满足瘤胃中的机械刺激作用。在瘤胃中碎解后，有利于微生物的发酵和皱胃的消化，能使饲料效果大大提高。如果能够按照营养需要在秸秆料中配入精料，则会得到很好的饲喂效果。

2. 热加工

（1）蒸煮　将切碎的秸秆放在容器内加水蒸煮，以提高秸秆饲料的适口性和消化率。吉林省延边朝鲜族自治州的农民，多年来都有蒸煮稻草的习惯，有时还添加入尿素，以增加饲料中蛋白质的含量。据报道，在压力 2.07×10^6 帕下处理稻草 1.5 分钟，可获得较好的效果。如压力为 $(7.8 \sim 8.8) \times 10^5$ 帕时，需处理 $30 \sim 60$ 分钟。

（2）膨化　膨化是利用高压水蒸气处理后突然降压以破坏纤维结构的方法，对秸秆甚至木材都有效果。膨化可使木质素低分子化和分解结构性碳水化合物，从而增加可溶性成分。麦秸在气压 7.8×10^5 帕处理 10 分钟，喷放压力为 $(1.37 \sim 1.47) \times 10^6$ 帕时，干物质消化率和肉牛增重速度均有显著提高。

（3）高压蒸汽裂解　高压蒸汽裂解是将各种农林副产物，如稻草、蔗渣、刨花、树枝等置入热压器内，通入高压蒸汽，使物料连续发生蒸汽裂解，以破坏纤维素和木质素的紧密结构，并将纤维素和半纤维素分解出来，以利于肉牛消化。

3. 盐化和 γ 射线处理

盐化是将铡碎或粉碎的秸秆饲料，用 1% 的食盐水，与等重量的秸秆充分搅拌后，放入容器内或在水泥地面堆放，用塑料薄膜覆盖，放置 $12 \sim 24$ 小时，使其自然软化，可明显提高适口性和采食量。另外，还有利用射线照射以增加饲料的水溶性部分，提高其饲用价值。有人曾用 γ 射线对低质饲料进行照射，有一定的效果。

二、秸秆饲料的化学加工利用技术

1. 碱化处理

碱化是通过碱类物质的氢氧根离子打断木质素与半纤维素之间的酯键，使大部分木质素（60%～80%）溶于碱中，把镶嵌在木质素与半纤维素复合物中纤维素释放出来，同时，碱类物质还能溶解半纤维素，也有利于肉牛对饲料的消化，提高粗饲料的消化率。碱化处理所用原料，主要是氢氧化钠和石灰水。

氢氧化钠处理可将秸秆放在盛有 1.5% 氢氧化钠溶液池内浸泡 24 小时，然后用水反复冲洗至中性，湿喂或晾干后喂肉牛。或用占秸秆重量 4%～5% 的氢氧化钠，配制成 30%～40% 溶液，喷洒在粉碎的秸秆上，堆放数日，直接饲喂肉牛。

石灰水处理可将 3 千克生石灰，加水 200～300 千克制成石灰乳，将石灰乳均匀喷洒在 100 千克粉碎的秸秆上，堆放在水泥地面上，经 1～2 天后直接饲喂肉牛。

2. 氨化处理

（1）氨化原料处理　先将优质干燥秸秆切成 2～3 厘米，含水在 10% 以下（麦秸、玉米秸必须切成 2～3 厘米，而且要揉碎，稻草为 7 厘米长）。将尿素配成 6%～10% 水溶液，秸秆很干燥可配成 6% 溶液，反之浓度可高些。为了加速溶解，可用 40℃ 的热水搅拌溶解。若用 0.5% 的盐水配制，适口性更好。

（2）氨化饲料制作　每 100 千克秸秆喷洒尿素水溶液 30～40 千克，使尿素含量每 100 千克秸秆中为 2～3 千克，边洒边搅拌，使秸秆与尿素均匀混合，尿素溶液喷洒的均匀度是保证秸秆氨化质量的关键。把拌好的稻草放入氨化池（不漏气的水泥池）、塑料袋、缸、干燥的地窖都可以，压实密封，密封方法与青贮相同。夏季 10 天，春秋季半个月，冬季 30～45 天即可腐熟使用。

（3）氨化秸秆的使用　氨化秸秆在饲喂之前应进行品质检验，以确定能否用于饲喂肉牛。一般氨化好的秸秆柔软蓬松，用手紧握没有明显的扎手感。颜色与原色相比都有一定变化，经氨化的麦秸颜色为杏黄色，未氨化麦秸为灰黄色；氨化的玉米秸为褐色，其原色为黄褐色，如果呈黑色或棕黑色，黏结成块，则为霉败变质；氨化秸秆 pH 8.0 左右，有糊香味和刺鼻的氨味。

氧化秸秆饲喂时，需放氨 1～2 天，消除氨味后，方可饲喂。放氨时，应将刚取出的氨化秸秆放置在远离牛舍的地方，以免释放出的氨气刺激人畜呼吸道和影响肉牛的食欲，若秸秆湿度较小，天气寒冷，通风时间应稍长。每次取用量后，再密封起来，以防放氨后含水量仍很高的氨化秸秆在短期内饲喂不完而发霉变质。氨化秸秆喂牛应由少到多，少给勤添。刚开始饲喂时，可与谷草、青干草等搭配，7 天后即可全部喂氨化秸秆。使用氨化秸秆也要注意合理搭配日粮，喂氨化秸秆适当搭配些精料，可提高育肥效果。

三、秸秆生物发酵技术

1. 适宜的菌种

秸秆饲料的生物学处理主要指微生物的处理。其主要原理是利用某些有益微生物，在适宜培养的条件下，分解秸秆中难以被肉牛利用的纤维素或木质素，并增加菌体蛋白、维生素等有益物质，软化秸秆，改善味道，从而提高秸秆饲料的营养价值。在秸秆饲料微生物的处理方面，国外筛选出一批优良菌种用于发酵秸秆，如层孔菌、裂褶菌、多孔菌、担子菌、酵母菌、木霉等。

2. 秸秆饲料发酵方法

① 将准备发酵的秸秆饲料如秸秆、树叶等切成 20～40 毫米的小段或粉碎。

② 按每 100 千克秸秆饲料加入用温水化开的 1～2 克菌种，搅拌均匀，使菌种均匀分布于秸秆饲料中，边翻搅，边加水，水以 50℃ 的温水为宜。水分掌握以手握紧饲料，指缝有水珠，但不流出为宜。

③ 将搅拌好的饲料，堆积或装入缸中，插入温度计，上面盖好一层干草粉，当温度上升到 35～45℃ 时，翻动一次。最后，堆积或装缸，压实封闭 1～3 天，即可饲喂。

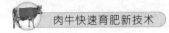

3. 添加其他营养物

制作瘤胃发酵饲料时，也可添加其他营养物。瘤胃微生物必须有一定种类和数量的营养物质，并稳定在 pH 6～8 的环境中，才能正常繁殖。秸秆饲料发酵的碳源由秸秆饲料本身提供；氮可添加尿素替代；加入碱性缓冲剂及酸性磷酸盐类，也可用草木灰替代碱。

4. 发酵饲料的利用

发酵好的饲料，干的浮在上面，稀的沉在下层，表层有一层灰黑色，下面呈黄色。原料不同，色泽也不同，如高粱秸呈黄色、黏、呈酱状，若表层变黑，表明漏进了空气，味道有酸臭味、腐臭味，则为变坏。用手摸，纤维软化，将滤纸装在塑料纱窗布做好的口袋内，置于缸 1/3 处，与饲料一同发酵，经 48 小时后，慢慢拉出，将口袋中的饲料冲掉，滤纸条已断裂，说明纤维分解能力强，否则相反。发酵好的饲料可直接饲喂肉牛。

第七章

肉牛快速育肥饲料添加剂利用新技术

第一节　营养类饲料添加剂利用新技术

一、非蛋白氮类添加剂

1. 非蛋白氮的种类

非蛋白氮（非蛋白氮）是指非蛋白质的，即不具有氨基酸肽键结构的其他含氮化合物，包括尿素、缩二脲、异亚丁基二脲、磷酸脲、脂肪酸脲、液氨、氨水、硫酸铵等。作为简单的纯化合物，非蛋白氮对肉牛不能提供能量，其作用只是供给瘤胃微生物合成蛋白质所需的氮源，节省饲料蛋白质。目前世界各国大都用非蛋白氮作为肉牛蛋白质营养的补充来源，效果显著。

2. 肉牛利用非蛋白氮的原理

肉牛瘤胃内含有大量的微生物，能同时利用饲料中蛋白质和非蛋白氮。饲料中蛋白质进入瘤胃后有 $30\%\sim50\%$ 未被分解通过瘤胃进入后段消化道被消化为氨基酸而吸收，有 $50\%\sim70\%$ 的蛋白质在瘤胃内被微生物降解为氨基酸，部分氨基酸在微生物脱氨基酶的作用下，很快脱氨基产生氨、二氧化碳和有机酸；饲料中的非蛋白氮也被微生物分解产生氨，同时饲料中的碳水化合物被微生物降解为挥发性脂肪酸和酮酸，一部分氨和酮酸被微生物利用合成微生物蛋白质，瘤胃中的氨基酸也被微生物利用合成微生物蛋白质。这些微生物蛋白质随食糜进入后段消化道后被消化为氨基酸而吸收。瘤胃内的氨除了被微生物利用合成蛋白质外，其余部分被吸收经血液循环运至肝，在肝内经鸟氨酸循环转变为尿素，这种内源尿素，一部分经血液分泌于唾液重新进入瘤胃，另一部分通过瘤胃上皮扩散到瘤胃内，其余随尿排出体外。进入瘤胃的尿素又被微生物利用。在低蛋白质日粮的情况下，肉牛依靠尿素再循环节约氮的消耗，保证瘤胃内适宜氨的浓度，以利于微生物合成蛋白质。饲料中含有一定量的非蛋白氮，可降低饲料蛋白质在瘤胃内的降解，有利于优质蛋白质通过瘤胃直接进入真胃。因此饲料中加入非蛋白氮，可提高饲料中蛋白质的利用率。

3. 非蛋白氮饲料的利用方法

① 尿素的饲喂对象为 6 个月以上肉牛，用量不能超过饲粮总氮量的 1/3，或占饲粮总量的 1%，或按照 100 千克体重饲喂 15～20 克/天。美国 NRC（1984）推荐的尿素用量计算公式为：

尿素潜力（克/千克干物质）＝11.78NEm＋6.85－0.0357CP×DE

式中，NEm 为维持净能，兆卡/千克干物质；CP 为饲料粗蛋白含量，%；DE 为饲料中蛋白质在瘤胃的降解率，%。

例如某牛场育肥牛的日粮维持净能为 1.6 兆卡/千克干物质，粗蛋白含量为 12%，蛋白质在瘤胃的降解率为 50%，尿素潜力＝11.78×1.6＋6.85－0.0357×12×50＝4.278 克/千克干物质。

② 饲粮中易被消化吸收的碳水化合物的数量是影响尿素利用效率的最主要的因素。饲喂尿素时要注意日粮中有适当的籽实类饲料。

③ 供给肉牛适量的天然饲料蛋白质，其水平占饲粮的 9%～12%，以促进菌体蛋白的合成。粗饲料中粗纤维含量高，不利于利用尿素的微生物繁殖，也达不到使用尿素的目的。

④ 供给适量的硫、钴、锌、铜、锰等微量元素，可为微生物合成含硫氨基酸和吸收利用氮素提供有利条件。

⑤ 供给适量的维生素，特别是维生素 A、维生素 D，以保证微生物的正常活性。

⑥ 要控制尿素在瘤胃中分解的速度。能使瘤胃微生物最大程度地发挥其利用效率的氨的最适宜量为 100 毫升瘤胃液中含有 20 毫克氨。瘤胃中大量的微生物会迅速利用氨产生大量有机酸，除了

能够缓慢释放氮外，还能为氨基酸的合成提供支链脂肪酸。

⑦ 尿素不宜单一饲喂，应与其他精料合理搭配。豆粕、大豆、南瓜等饲料含有大量脲酶，切不可与尿素一起饲喂，以免引起中毒。浸泡粗饲料投喂或调制成尿素青贮料（0.3%～0.5%）饲喂，与糖浆制成液体尿素精料投喂或做成尿素颗粒料、尿素精料砖等也是有效的利用方式。

⑧ 尿素用量过多可引起氨中毒，主要表现为气喘，走路不稳，运动失调，流涎和产生瘤胃鼓气，甚至导致死亡。氨中毒可通过加酸而得到缓解，将醋酸溶入冷水中，对肉牛进行饲喂可以减少氨的吸收，冷水还具有稀释瘤胃氨浓度，降低尿素转化为氨的速度作用。

4. 影响非蛋白氮利用的因素

日粮中的碳水化合物对非蛋白氮利用有重要影响作用。微生物利用非蛋白氮合成微生物蛋白质时，需要一定数量的能量和碳架，这些养分主要是饲料中的碳水化合物在瘤胃内发酵产生的。当非蛋白氮在瘤胃内分解释放氨的速度与碳水化合物发酵产生的能量和碳架同步时，微生物合成蛋白质的量最大。选择不同的碳水化合物或对非蛋白氮进行加工处理，就可达到这种效果。碳水化合物的种类和数量直接影响非蛋白氮的利用，如果以单一优质干草加非蛋白氮饲喂肉牛时尿素的利用率要比糊化淀粉、淀粉、糖蜜或单糖加非蛋白氮的日粮低。在饲喂低质粗饲料为主的条件下，用尿素补充蛋白质时，再补充一定数量的高淀粉精料可以提高尿素的利用率。不同淀粉来源，对非蛋白氮的利用率也不同，如玉米和小麦淀粉对非蛋白氮的利用率高于马铃薯淀粉。玉米淀粉的溶解度大，发酵快、短时间内产生的能量多，并能保证98%的尿素得到利用。当饲料中分别单用糊化淀粉、淀粉、糖蜜、单糖、粗饲料时，利用非蛋白氮效率的顺序是糊化淀粉＞淀粉＞糖蜜＞单糖＞粗饲料，而淀粉或糖与粗饲料同时饲喂时非蛋白氮的利用率会大大提高。据研究，每100克尿素的利用，至少要有1千克易发酵的糖。日粮中碳水化合物与非蛋白氮之间还存在互相协同的作用，在低质牧草或秸秆饲料中添加非蛋白氮时，可提高瘤胃微生物对粗纤维的分解能力，提高粗饲料的消化率，粗饲料中纤维成分消化率的提高为微生物利用更多的非蛋白氮提供了能量。

日粮中的粗蛋白质水平也影响非蛋白氮的利用，保证瘤胃内最佳的氨的浓度是获得瘤胃微生物蛋白质的关键。瘤胃内氨的浓度取决于日粮粗蛋白质水平、内源尿素再循环、能量及其他养分的水平。当日粮中粗蛋白质满足需要时，微生物首先利用天然饲料中蛋白质，此时添加非蛋白氮仅可增加尿素的排出，而降低非蛋白氮的利用率，造成非蛋白氮饲料的浪费。当日粮中粗蛋白质水平不足时，非蛋白氮会顶替一部分粗蛋白质而被利用，日粮中粗蛋白质水平越低，饲用非蛋白氮的效果越好，但当日粮中的粗蛋白质水平达到一定水平（12％）时，非蛋白氮转化为蛋白质的速度就会下降。因而以非蛋白氮作为肉牛日粮中的部分氮源时，最好与低蛋白质的牧草或秸秆类一起使用。不同非蛋白氮化合物对其本身的利用率影响也很大，如果非蛋白氮含氮化合物进入瘤胃后迅速水解为氨，氨就会大量进入血液而降低利用率，而且会造成氨中毒；如果非蛋白氮进入瘤胃后缓慢释放出氨，其利用率就高，也比较安全。日粮中非蛋白氮用量过大，其利用率也下降，如果降低日粮中蛋白质在瘤胃中的降解度，增加过瘤胃蛋白质，可提高非蛋白氮的利用率。

肉牛利用非蛋白氮合成的微生物蛋白质具有较高的生物价值，但其中缺乏含硫氨基酸，日粮中补充硫酸盐效果比较好。与所有生命的机体一样，瘤胃微生物也需要矿物质和微量元素，如钙、镁、铜、锌、钴、硒等元素可提高瘤胃微生物的活力而提高非蛋白氮的利用。低分子脂肪即是微生物合成氨基酸的基本碳架又是微生物的生长因子，日粮中补充脂肪有利于非蛋白氮的利用。

二、氨基酸添加剂

1. 氨基酸添加剂的利用条件

一般来说，对于牛不必过多考虑必需氨基酸的需要，因为瘤胃微生物蛋白质可提供各种必需氨基酸。瘤胃微生物合成的菌体蛋白通常可以满足中等生产水平肉牛的必需氨基酸需要量，但不能满足生产水平较高的肉牛氨基酸需要量。对高产肉牛，蛋氨酸和赖氨酸通常是日粮的第一、第二限制性氨基酸。但由于瘤胃微生物的降解作用，日粮中添加普通的氨基酸产品不能达到补充限制性氨基酸的目的。近年来，营养学家对氨基酸的过瘤胃保护技术进行了大量研究，目的是使进入小肠的可吸收氨基酸的种类和数量达到理想水平，以满足高产牛的氨基酸需要量，改善蛋白质利用效率，提高生产水平。

2. **过瘤胃氨基酸主要种类**

目前常用的过瘤胃氨基酸主要有如下形式或保护方法：第一，合成氨基酸酯，如蛋氨酸甲酯。第二，合成蛋氨酸类似物，如蛋氨酸羟基类似物及其钙盐。目前应用最多、效果最好的产品是 N-羟甲基蛋氨酸钙。第三，使用氨基酸的金属螯合物，如蛋氨酸锌。第四，包被氨基酸。常用的包被材料是脂肪和脂肪酸类。在这类产品中有时还需加入一些其他原料，如葡萄糖、卵磷脂和高岭土等。据试验，用棕榈油和肉牛油包被蛋氨酸制成的颗粒状过瘤胃蛋氨酸添加剂，在瘤胃中 48 小时的消失率均在 20％以内，在真胃中 3 小时的释放率分别为 67.03％和 79.68％，过瘤胃的保护效果明显。

不管哪种保护氨基酸方式，它们必须是尽可能地防止氨基酸在瘤胃被降解，另一方面又能在瘤胃后消化道中被有效地释放，而且能以生物学可利用的形式被吸收和利用。

3. **常用的蛋氨酸添加剂**

① DL-蛋氨酸羟基类似物，又称羟基蛋氨酸、液态羟基蛋氨酸。羟基蛋氨酸是 L-蛋氨酸的前体，褐色或棕色液体，有含硫基团的特殊气味，易溶于水。虽分子结构中不含氨基，但所特有的碳链可在肉牛体内酶的作用下合成蛋氨酸，所以具有蛋氨酸的生物活性。蛋氨酸羟基类似物的生物学活性为 L-蛋氨酸的 40％～100％。

② DL-蛋氨酸羟基类似物钙盐是羟基蛋氨酸的钙盐，又称蛋氨酸羟基钙，呈浅褐色粉末或颗粒，带有硫化物的特殊气味，溶于水。

③ N-羟甲基蛋氨酸钙，又称保护性蛋氨酸。为自由流动的白色粉末，N-羟甲基蛋氨酸钙的生产是以 DL-蛋氨酸为原料制成的，

商品名称为麦普伦。这种产品在牛的瘤胃中不易降解，所以有益于牛对蛋氨酸的利用。N-羟甲基蛋氨酸钙以蛋氨酸计，含量＞67.6％。

4. 氨基酸添加剂的应用

有试验根据体重、年龄、膘情等将 40 头肉牛分成 4 组，每组 10 头牛，分别为对照组（不添加过瘤胃氨基酸）、试验 1 组在对照组日粮基础上添加 30 克过瘤胃赖氨酸、试验 2 组在对照组日粮基础上添加 30 克过瘤胃蛋氨酸和试验 3 组在对照组日粮基础上添加 30 克过瘤胃氨基酸复合物（赖氨酸和蛋氨酸各占 50 ％）。结果对照组日增重为 1.704 克，试验 1、2、3 组的日增重分别为 1.810 克、1.876 克、1.884 克，试验 2 组和 3 组显著高于对照组。

三、脂肪类添加剂

1. 脂肪的分类

脂肪又称甘油三酯，一个脂肪分子由一个甘油分子和 3 个脂肪酸结合而成。脂肪酸按其碳链长度可分为长链脂肪酸（碳链长度大于或等于 14）、中链脂肪酸（碳链长度在 8～12 之间）和短链脂肪酸（碳链长度小于或等于 6）。按其饱和程度可分为饱和脂肪酸、单不饱和脂肪酸和多不饱和脂肪酸。按其空间构象可分为顺式脂肪酸和反式脂肪酸。营养学上根据脂肪的生理作用，将其分为普通营养性脂肪和功能性脂肪，功能性脂肪除了脂肪的正常营养作用，对肉牛的生理代谢还有调节功能。目前，认为最重要的功能脂肪有 n-3 和 n-6 两类不饱和脂肪酸。n-3 不饱和脂肪酸主要包括 α-亚麻酸（$C_{18:3}$）、EPA（$C_{20:5}$）、DHA（$C_{22:6}$）。n-6 不饱和脂肪酸包括亚油酸（$C_{18:2}$）、亚麻酸（$C_{18:3}$）、花生四烯酸（$C_{20:4}$）。

各类脂肪均可作为肉牛快速育肥添加剂使用，普通营养性脂肪作为饲料添加剂主要是补充能量；而功能性脂肪作为添加剂主要是生产功能性产品和提高免疫力，目前在肉牛快速育肥生产使用较为普遍的是通过加工的对瘤胃发酵影响较小的普通营养学脂肪，一般称为过瘤胃脂肪，或称为瘤胃惰性脂肪。

2. 普通脂肪添加剂的营养生理功能

脂肪是含能最高的营养素，生理条件下脂肪含能是蛋白质和碳水化合物的 2.25 倍左右。直接来自饲料或体内代谢产生的游离脂肪酸、甘油三酯都是肉牛维持和生产的重要能量来源。肉牛生产中常基于脂肪适口性好、含能高的特点补充脂肪，这种高能日粮可以提高生产效率。日粮脂肪作为供能营养素，热增耗最低。消化能或代谢能转变成净能的利用效率比蛋白质和碳水化合物高 5%～10%。肉牛采食日粮的脂肪除直接供能外，多余的转变成体脂肪沉积。肉牛体中沉积脂肪具有特别的营养生理意义，新生犊牛体内贮存的棕色脂肪，在冷环境中是颤抖生热的主要来源。

除中性脂肪外，大多数脂肪，特别是磷脂或糖脂是细胞的重要组成部分。脂肪也参与细胞内某些代谢调节物合成，棕榈酸是合成肺表面活性物质的必需成分，糖脂可能在细胞膜传递信息的活动中起着载体和受体作用。

脂类作为溶剂对脂溶性营养素或脂溶性物质的消化吸收极为重要。一些肉牛日粮含 0.07% 的脂类时，胡萝卜素吸收率仅 20%，日粮脂类增至 4% 时，吸收率提高到 60%。肉牛皮肤中的脂类具有抵抗微生物侵袭、保护机体的作用。

3. 肉牛快速育肥添加剂脂肪的作用和效果

将脂肪添加到饲料中不仅可以降低粉尘，改善适口性，而且也能延长食糜通过消化道的时间，使能量充分吸收，提高饲料利用率，还能给肉牛提供必需脂肪酸，产生额外热效应，改善饲料的营养价值。据报道，在犊牛日粮中添加脂肪，可提高日增量 10%～14%，提高饲料报酬 8%～10%。

4. 肉牛快速育肥添加脂肪的方法

① 肉牛快速育肥添加的脂肪，通常应选择专用的过瘤胃脂肪。以提高动物脂肪的消化率，肉牛饲料脂肪的添加比例为：犊牛 5%～6%，生长肥育肉牛 3%～5%，母肉牛 6%～7%，肉牛饲料添加脂肪时要注意日粮的组成和营养平衡。

② 肉牛对植物性脂肪消化率高于动物性脂肪，而动物脂肪中

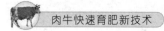

的猪油和禽油的消化率又高于牛油和羊油。因此，在生产上常采取动物性脂肪与植物性脂肪按 1：（0.5～1）的比例混合添加。

③ 由于脂肪黏性大，添加时不易拌匀，应逐级扩大拌料，不要一次性将脂肪加入到大量饲料中简单混合，冬季应先加热使其熔化并冷却后再搅拌。

④ 脂肪容易酸败，特别是夏季，饲料要现拌现用。

⑤ 添加脂肪的饲料，因能值高，肉牛的采食量会下降，应提高饲料中其他营养成分的含量，特别是钙和维生素 B_{12} 的含量，以及氨基酸的含量。

四、微量元素添加剂

1. 微量元素添加剂特点

微量元素是指肉牛体内含量低于 0.01％的元素。微量元素含量虽少，但在肉牛代谢和免疫中有其重要作用，肉牛日粮微量元素含量过低或过高均会引发代谢障碍或者生长减慢，严重的还会引起肉牛中毒。常用的微量元素有铁、锌、锰、铜、碘、硒和钴等。由于在日粮中的添加量少，微量元素添加剂几乎都是用纯度高的化工产品为原料，常用的主要是各元素的无机盐或有机盐以及氧化物、氯化物。近些年来对微量元素络合物，特别是与某些氨基酸、肽或蛋白质、多糖及 EDTA 等的络合物，用作饲料添加剂的研究和产品开发有了很大进展。大量研究结果显示，这些微量元素络合物的生物学效价高，毒性低，加工特性也好，但价格较昂贵。

2. 常用微量元素添加剂

（1）铁源添加剂　用于饲料添加剂的有硫酸亚铁、硫酸铁、碳酸亚铁、氯化亚铁、磷酸铁、柠檬酸铁、柠檬酸铁铵、葡萄糖酸铁、延胡索酸铁、DL-苏氨酸铁、蛋氨酸铁、甘氨酸铁等，常用的为硫酸亚铁。一般认为硫酸亚铁利用率高，成本低。有机铁能很好地被肉牛利用，且毒性低，加工性能优于硫酸亚铁，但价格昂贵，目前只有少量应用于幼畜日粮和疾病治疗等特殊情况下。氧化铁几乎不能被肉牛吸收利用，但在某些预混合饲料产品中用作饲料的着色剂。

硫酸亚铁其产品主要有含 1 个结晶水和 7 个结晶水的硫酸亚铁。7 个结晶水硫酸亚铁为淡绿色结晶或结晶性粉末，易潮解结块，加工前必须进行干燥处理。7 个结晶水硫酸亚铁不稳定，在加工和贮藏过程中易氧化为不易被肉牛利用的三价铁。且由于其吸湿性和还原性，对饲料中的某些维生素等成分易产生破坏作用，目前已有包被 7 个结晶水硫酸亚铁制剂，其有效性、稳定性好，但价格较高。1 个结晶水硫酸亚铁为灰白色粉末，由 7 个结晶水硫酸亚铁加热脱水而得，因其不易吸潮起变化，加工性能好，与其他成分的配伍性好。

（2）铜源添加剂 可作饲料添加剂的铜化合物有碳酸铜、氯化铜、硫酸铜、磷酸铜、焦磷酸铜、氢氧化铜、碘化亚铜、葡萄糖酸铜等。其中最常用的为硫酸铜，其次是氧化铜和碳酸铜。

硫酸铜的生物学效价最好，成本低，饲料中应用最为广泛。市场上销售的产品有两种：5 个结晶水的硫酸铜为蓝色、无味的结晶或结晶性粉末；0～1 个结晶水的硫酸铜为青白色、无味粉末，由 5 个结晶水的硫酸铜脱水所得。5 个结晶水的硫酸铜易吸湿返潮、结块，对饲料中的有些养分有破坏作用，不易加工，加工前应进行脱水处理，而 1 个结晶水的硫酸铜克服了 5 个结晶水的硫酸铜的缺点，使用方便，更受欢迎。

氧化铜为黑色结晶，在有些国家和地区，因其价格较硫酸铜便宜，且对饲料中其他营养成分破坏性较小，加工方便而较其他化合物使用普遍。但在液体饲料或代乳品中，均应使用溶于水的硫酸铜。

（3）锌源添加剂 可用作饲料添加剂的含锌化合物有硫酸锌、氧化锌、碳酸锌、氧化锌、醋酸锌、乳酸锌等。其中常用的为硫酸锌、氧化锌和碳酸锌。一般认为，这三种化合物都能很好地被肉牛所利用，生物学效价基本相同。醋酸锌的有效性与含 7 个结晶水的硫酸锌相同。据近年来的研究，锌与蛋氨酸、色氨酸的络合物有效性提高，是很有前途的锌添加物，目前主要因价格偏高而未能广泛应用。

市场上的硫酸锌有两种产品，即 7 个结晶水硫酸锌和 1 个结晶水硫酸锌。7 个结晶水硫酸锌为无色结晶或白色无味的结晶性粉末，加热、脱水即制成为白色、无味粉末的 1 个结晶水硫酸锌。7 个结晶水硫酸锌易吸湿结块，影响加工及产品质量，加工时需脱水处理。而 1 个结晶水硫酸锌因加工过程无需特殊处理，使用方便，更受欢迎。

氧化锌为白色粉末。它不仅有与硫酸锌相同的效果，而且有效成分的比例高（含锌 80.3％），成本低，稳定性好，贮存时间长，不结块，不变性，在预混料和配合饲料中对其他活性物质无影响，具有良好的加工特性，因此越来越受到欢迎。

（4）锰源添加剂　作为饲料添加剂的含锰化合物有硫酸锰、碳酸锰、氧化锰、氯化锰、磷酸锰、醋酸锰、柠檬酸锰、葡萄糖酸锰等，其中常用的为硫酸锰、氧化锰和碳酸锰，氯化锰因易吸湿使用不多。据研究，有机二价锰生物有效性能比较好，尤其是某些氨基酸络合物，但成本高，未能大量应用。

常用的为 1 个结晶水的硫酸锰，为浅红色粉末。此外还有含 2～7 个结晶水的硫酸锰，都能很好地被肉牛利用。硫酸锰产品随结晶水的减少，其锰的利用率降低，但含结晶水越多，越易吸湿、结块，加工不便，且影响饲料中其他成分的稳定性，故 1 个结晶水的硫酸锰应用比较广泛。

添加于饲料的氧化锰主要是一氧化锰，由于烘焙温度不同，可生产不同含量的产品。氧化锰化学性质稳定，有效成分含量高，相对价格低，许多国家逐渐以氧化锰代替硫酸锰。

（5）碘源添加剂　可作为碘源的化合物有碘化钾、碘化钠、碘酸钠、碘酸钙、碘化亚铜、3,5-二碘水杨酸、乙二胺二氢碘化物、百里酚碘等。其中碘化钾、碘化钠可为肉牛充分利用，但稳定性差，易分解生成碘。碘酸钙、碘酸钾较稳定，其生物学效价与碘化钾相似，故在微量元素预混料中应用最为广泛，但由于溶解度低，故主要用于非液体饲料。乙二胺二氢碘化物也可作为防止腐蹄病的药物。饲料中最常用的为碘化钾、碘酸钙。

碘化钾为无色或白色结晶或结晶性粉末，碘化钠为无色结晶，二者皆无臭或略带碘味,具有苦味及碱味,利用效率高,但其碘不稳定,通常添加柠檬酸铁及硬脂酸钙(一般添加10%)作为保护剂,使之稳定。我国主要用碘化钾。

碘酸钙为白色结晶或结晶性粉末,无味或略带碘味。其产品有无结晶水、1个和6个结晶水化合物。作为饲料添加剂的多为0~1个结晶水的产品,其含碘量为62%~64.2%,基本不吸水,微溶于水,稳定。其生物学效价与碘化钾相似,故逐渐取代碘化钾而广泛添加于非液体饲料。

乙二胺二氢碘化物为白色或乳黄色结晶或结晶性粉末,吸水性很强,较稳定,但在一定湿热条件下能与硫酸铜、硫酸锌和硫酸亚铁等反应,产生金属和碘的化合物并释放出游离碘。乙二胺二氢碘化物生物学效价好,可应用于各种饲料(包括液体饲料)作为碘源,并常以较高剂量添加于饲料中防治"腐蹄病"。

(6)钴源添加剂 可作为饲料添加剂的含钴化合物有氯化钴、碳酸钴、硫酸钴、醋酸钴、氧化钴等。这些钴源都能被肉牛很好地利用,但由于其加工性能与价格,碳酸钴、硫酸钴应用最为广泛,其次是氯化钴。

碳酸钴为血青色粉末,能被肉牛很好地利用。由于碳酸钴不易吸湿,稳定,与其他微量活性成分配伍性好,具有良好的加工特性,故应用最为广泛。

硫酸钴含7个结晶水的硫酸钴为无臭、暗红色透明结晶或桃红色砂状结晶,由于易吸湿返潮结块,影响加工产品质量,故应用时需脱水处理。含1个结晶水的硫酸钴为青色粉末,应用方便,逐渐取代7个结晶水的硫酸钴。

氯化钴一般为含6个结晶水的氯化钴产品,粉红色或紫红色结晶或结晶性粉末,在40~50℃下逐渐失去水分,140℃时不含结晶水变为青色。氯化钴是我国应用最为广泛的钴添加物。

(7)硒源添加剂 硒的补充物主要有硒酸钠、亚硒酸钠。二者效果都很好,亚硒酸钠生物学效价高于硒酸钠。有机硒(如蛋氨酸硒)效果更好,高于二者,但成本高。目前广泛应用的是亚硒酸钠和硒酸钠,而亚硒酸钠应用最为广泛。

亚硒酸钠为无色结晶性粉末，在 500～600℃ 以下时稳定，高于 600℃ 时慢慢氧化成硒酸钠。硒的添加物为剧毒物质，需加强管理，贮存于阴冷通风处，空气中含硒量不能超过 0.1 毫克/立方米。由于肉牛的需要量和中毒量相差不大，生产和使用时应特别小心，不得添加超量。

（8）铬源添加剂 近些年研究表明，三价铬对肉牛具有生理活性的作用，是肉牛所必需的微量元素之一。其主要作用是作为葡萄糖耐受因子的组成部分，通过强化胰岛素功能而影响碳水化合物、脂类及蛋白质的代谢等，对肉牛生产性能、产品品质、免疫力等均有影响。此外，在犊牛断奶、运输、肥牛宰前开始添加 0.2～0.3 毫克/千克活性铬具有抗应激作用。对于快速生长的肉牛或处于应激状态的肉牛每天每头约需要 4 毫克铬。铬在自然界中以多种形式存在，以三价铬最为稳定，且对肉牛毒性小，其他几种形式铬不易为肉牛利用。无机铬吸收率差，有机铬如铬酵母、甲基吡啶酸铬或烟酸铬的生物利用率比无机铬盐高出 8 倍多。

五、维生素添加剂

1. 维生素 A 和胡萝卜素添加剂

（1）维生素 A 的生理作用 青绿饲料和黄玉米含有丰富的胡萝卜素，胡萝卜素也叫维生素 A 原，在肉牛体内可以转化为维生素 A。添加化学合成的维生素 A，可以拌在饲料中，也可以肌内注射。维生素 A 的主要作用是维持正常的视觉功能；保护上皮组织的健全与完整；促进机体健康和生长；维护骨骼细胞正常生长和神经细胞正常功能；提高母牛繁育能力。

维生素 A 在肉牛方面的应用效果以及维生素 A 的添加剂量存在一定的差异性，原因可能是维生素 A 的效价受多种因素的影响，主要包括以下几个方面：维生素 A 及胡萝卜素在热、酸及碱的环境下均比较稳定，但是却极易被空气中的氧所氧化，而脂肪酸败时，脂肪中所含的维生素 A 将被严重破坏；维生素 A 主要在小肠内被绒毛上皮细胞吸收，而当维生素 A 经过肉牛瘤胃时，会被其内部大量的微生物降解，严重影响了维生素 A 的利用效率；日粮中营养不平衡会引起维生素 A 的缺乏，尤其是饲料中蛋白质缺乏或氨基酸不平衡的情况下，因视黄醇结合蛋白质生成减少而影响视黄醇在机体各组织的运输及其在肝脏中的贮备，另外，日粮中饲料原料成分及含量的不同导致维生素 A 的水平不同而影响结果的一致性；维生素 A 与日粮中矿物质元素和维生素 D 及维生素 E 存在相互作用，当其添加水平不合适时会出现拮抗作用；此外，维生素 A 的利用效率受肉牛品种、年龄和生理状况以及其他营养物质含量的影响。

（2）维生素 A 的计量方法和单位　维生素 A 的计量单位有国际单位（IU）和美国药典单位（USP），还可用 1 微克视黄醇作为标准维生素 A 视黄醇当量。世界卫生组织指定 1 国际单位＝0.344 微克维生素 A 醋酸酯。其他不同化学形式的维生素 A 的国际单位与活性成分质量间的换算关系是：

1 国际单位＝0.300 微克结晶维生素 A（视黄醇）；

1 国际单位＝0.358 微克维生素 A 乙酸酯；

1 国际单位＝0.550 微克维生素 A 棕榈酸酯。

（3）维生素 A 和胡萝卜素主要添加剂

① 维生素 A 油　大多从鱼肝中提取，一般是加入抗氧化剂后制成微囊作添加剂，称鱼肝油。其中每克鱼肝油含维生素 A 850 国际单位和维生素 D 65 国际单位。

②维生素 A 乙酸酯　维生素 A 乙酸酯是由 β-紫罗兰酮为原料化学合成的，外观为鲜黄色结晶粉末，易吸湿，遇热或酸性物质、见光或吸潮后易分解。加入抗氧化剂和明胶制成微粒作为饲料添加剂，此微粒为灰黄至淡褐色颗粒，易吸潮，遇热和酸性气体、见光或吸潮后易分解。产品规格有 30 万国际单位/克、40 万国际单位/克和 50 万国际单位/克。

③ 维生素 A 棕榈酸酯　外观为黄色油状或结晶固体，不溶于水，溶于乙醇，易溶于乙醚、三氯甲烷、丙酮和油脂中。经过预处理的维生素 A 酯，在正常贮存条下，如果是在维生素预混料中，每月损失 0.5%～1%；如在维生素矿物质质预混料中，每月损失 2%～5%；在全价配合饲料中温度 23.9～37.8℃ 时，每月损失

5%～10%。维生素 A 乙酸酯和棕榈酸酯都要求存放于密封容器中，置避光、防湿的环境中。温度最好控制在 20℃以下，且温度变化不宜过大。此种条件下贮存的维生素 A 添加剂，一年内活性成分损失得很少。

④ 胡萝卜素　外观呈棕色至深紫色结晶粉末，不溶于水和甘油，难溶于乙醇、脂肪和油中，微溶于乙醚、丙酮、三氯甲烷和苯，对光和氧敏感。1 毫克 β-胡萝卜素相当于 1667 国际单位的维生素 A 生物活性。饲料中多用 10% 的 β-胡萝卜素预混剂，外观为红色至棕红色，流动性好的粉末。

2. 维生素 D 添加剂

(1) 维生素 D 的营养生理作用　维生素 D 与甲状旁腺素一起维持血钙和血磷的正常水平。促进肠道钙磷吸收，提高血浆中钙磷水平，维持钙磷稳定，促进骨骼正常矿物质化和机体其他机能。在肠细胞内可促进钙结合蛋白的形成。这种蛋白质可以主动转运钙，通过肠黏膜细胞进入血液循环，同时也可以促进肠细胞直接吸收钙和磷，使血液中钙和磷保持平衡，保证骨骼钙化过程正常进行，因此对于畜禽的骨骼生长形成非常重要。

维生素 D 作用于肾小管细胞，促进肾小管对钙和磷酸盐的重吸收，减少钙从尿中的损失。维生素 D 缺乏直接影响体内钙磷代谢，可导致骨骼发育异常，犊牛出现佝偻病，成年牛出现软骨症，致使钙和磷在骨中呈负平衡，骨的灰分含量下降，物质代谢紊乱，生长抑制，体重降低，食欲下降，低钙血症或低镁血症；当维生素 D 摄入量过多时，会引起中毒症状，表现为早期骨骼的钙化加速，后期则增大钙和磷自骨骼中的溶出量，使血钙和血磷的水平提高，骨骼变得疏松，容易变形，甚至畸形和断裂，致使血管、尿道和肾脏等多种组织钙化。

(2) 维生素 D 计量方法和单位　维生素 D 的计量单位为国际单位，与结晶维生素 D_3 的关系为：

1 国际单位维生素 D＝1 美国药典单位（USP）维生素 D；

1 国际单位维生素 D＝0.025 微克结晶维生素 D_3 活性。

(3) 维生素 D 主要添加剂

① 维生素 D_2 和维生素 D_3 的干燥粉剂　维生素 D_2 和维生素 D_3 两种干燥粉剂的外观均呈奶油色粉末，含量 50 万国际单位/克或 20 万国际单位/克。

② 维生素 D_3 微粒　维生素 D_3 微粒是饲料工业中使用的主要维生素 D_3 添加剂。维生素 D_3 添加剂是以含量为 130 万国际单位/克以上的维生素 D_3 原油为原料，配以一定量的 2，6-二叔丁基-4-甲基苯酚及乙氧喹啉抗氧化剂作稳定剂，采用明胶和淀粉等辅料，经喷雾法制成的微粒。米黄色或黄棕色，遇热、光或潮湿后易分解、降解，使含量下降，在 40℃水中成乳化状。维生素 D_3 产品规格有 50 万国际单位/克、40 万国际单位/克和 30 万国际单位/克。

③ 维生素 AD_3 微粒　维生素 AD_3 微粒是以维生素 A 乙酸酯原油与含量为 130 万国际单位/克以上的维生素 D_3 原油为原料，配以一定量的 2，6-二叔丁基-4-甲基苯酚及乙氧喹啉抗氧化剂作稳定剂，采用明胶和淀粉等辅料，经喷雾法制成的微粒。黄色或棕色，遇热、光或潮湿后易分解、降解，使含量下降，在 40℃水中成乳化状态。每克含维生素 A 乙酸酯与维生素 D 之比为 5∶1。

3. 维生素 E 添加剂

(1) 营养生理作用　维生素 E 生物抗氧化作用。主要作用是抑制有毒的脂类过氧化物的生成，使不饱和脂肪酸稳定，防止细胞内和细胞膜上的不饱和脂肪酸被氧破坏，从而保护细胞膜的完整，延长细胞的寿命。在胃肠或体组织中，维生素 E 的抗氧化作用可防止类胡萝卜素和维生素 A 等脂溶性维生素以及碳水化合物代谢的中间产物被氧化破坏。另外，维生素 E 还可保护巯基不被氧化，以保持某些酶的活性。

维生素 E 具有刺激垂体前叶分泌性激素，调节性腺的发育和提高生殖机能。促进促甲状腺激素和促肾上腺皮质激素的产生。调节碳水化合物和肌酸的代谢，提高糖和蛋白质的利用率。促进辅酶 Q 和免疫蛋白的生成，提高抗病能力。在细胞代谢中发挥解毒作用，抗癌作用。

维生素 E 以辅酶形式，在体内传递氢系统中作为氢的供体。维生素 E 具有维护骨骼肌和心肌的正常功能，防止肝坏死和肌肉退化。通过影响膜磷脂的结构而影响生物膜的形成。在生物氧化还原中是细胞色素还原酶的辅助因子。与硒有互补作用，但不能完全代偿。

维生素 E 缺乏时，主要表现为肌肉营养不良，犊牛出现白肌病，母牛生殖器官形态、机能发生变化，出现繁殖紊乱，不孕、流产和胎衣不下。

（2）计量方法和单位　维生素 E 的活性单位仍以国际单位表示。其关系如下：

1 毫克 DL-α-生育酚乙酸酯＝1 国际单位维生素 E；

1 毫克 DL-α-生育酚＝1.10 国际单位维生素 E；

1 毫克 D-α-生育酚＝1.49 国际单位维生素 E；

1 毫克 D-α-生育酚乙酸酯＝1.36 国际单位维生素 E。

维生素 E 添加剂的活性也常以百分数表示，如维生素 E 含量为 50%，即含有 50%的有效成分。

（3）维生素 E 主要添加　维生素 E 的主要商品形式有 D-α-生育酚、DL-α-生育酚、D-α-生育酚乙酸酯和 DL-α-生育酚乙酸酯。饲料工业中应用的维生素 E 商品形式有两种：一种是 DL-α-生育酚乙酸酯油剂，为微绿黄色或黄色的黏稠液体，遇光颜色渐渐变深，本品中加入了一定量的抗氧化剂；另一种为维生素 E 粉剂，是由 DL-α-生育酚乙酸酯油剂加入适当的吸附剂制成，一般有效含量为 50%，呈白色或浅黄色粉末，易吸潮。

4. 维生素 K 添加剂

（1）营养生理作用　维生素 K 是一种与血液凝固有关的维生素，具有促进凝血酶原合成的作用。凝血酶原是凝血酶的前身。凝血酶原在肝脏中合成时需要维生素 K 参与。维生素 K 还具有利尿、增强肝脏解毒、降低血压的作用。肉牛体内维生素 K 的合成与代谢受多方面因素的影响。例如，维生素 K 吸收所需要的胆盐不能进入消化道，日粮中的脂肪水平低，长期饲用磺胺类或抗生素等药物，都将影响胃肠道微生物合成维生素 K。饲料中的维生素 K 抑制因子（双羟香豆素、磺胺喹沙啉和丙酮苄羟香豆素等）、饲料霉变及寄生虫病等因素均可妨碍维生素 K 的代谢与合成。维生素 K

不足将导致凝血时间延长，出血不止，即便是轻微的创伤或挫伤也可能引起血管破裂。出现皮下出血以及肌肉、脑、胃肠道、腹腔和泌尿生殖系统等器官或组织的出血或尿血、贫血甚至死亡。

（2）维生素 K 主要添加形式

① 亚硫酸氢钠甲萘醌　亚硫酸氢钠甲萘醌即维生素 K_3，有两种规格，一种含活性成分 94%，未加稳定剂，故稳定性较差；另一种用明胶微囊包被，稳定性好，含活性成分 25% 或 50%，白色或灰褐色结晶性粉末，无臭或微有特异臭味，有吸湿性，遇光易分解，在水中易溶，微溶于乙醇。

② 亚硫酸氢钠甲萘醌复合物　亚硫酸氢钠甲萘醌复合物是甲萘醌和亚硫酸氢钠甲萘醌的复合物。规定含甲萘醌 30% 以上，是一种晶体粉状维生素 K_3 添加剂，可溶于水，水溶液 pH 值为 4.5～7。加工过程已加入稳定剂，50℃ 以下对活性无影响。

③ 亚硫酸嘧啶甲萘醌　亚硫酸嘧啶甲萘醌是近年来维生素 K_3 添加剂的新产品。呈结晶性粉末，系亚硫酸甲萘醌和二甲嘧啶酚的复合体。含活性成分 50%，稳定性优于亚硫酸氢钠甲萘醌复合物，但有一定毒性，应限量使用。

5. 硫胺素（维生素 B_1）添加剂

（1）营养生理作用　硫胺素在肉牛体内以焦磷酸硫胺素形式作为碳水化合物代谢过程中 α-酮酸氧化脱羧酶系的辅酶，参与丙酮酸、α-酮戊二酸的脱羧基反应。因此，维生素 B_1 与糖代谢有密切的关系，可维持糖的正常代谢，提供神经组织所需的能量，加强神经和心血管的紧张度，防止神经组织萎缩退化，维持神经组织和心肌的正常功能。硫胺素维持胆碱酯酶的正常活性，使乙酰胆碱的分解保持适当的速度，从而对胃肠道的蠕动起保护作用，促进肉牛对营养物质的消化和吸收。

缺乏硫胺素，犊牛运动失调，痉挛，体弱，厌食，心率失调，严重腹泻，脱水，典型症状为脑灰质软化，实际为大脑皮层坏死。添加维生素 B_1 可预防运动失调、抽搐、麻痹、头向后仰、生长受阻、采食量下降、腹泻、胃及肠壁出血、水肿和繁殖性能下降等维

生素 B_1 缺乏症。

（2）计量单位　维生素 B_1 添加剂的活性成分含量常以百分数表示，大多数产品的活性成分含量达到 96％。肉牛日粮中以每千克饲料中含有多少毫克表示。

（3）添加形式

① 盐酸硫胺素　盐酸硫胺素为白色结晶或结晶性粉末，有微弱的臭味，味苦。干燥品在空气中迅速吸收约 4％ 的水分。在水中易溶，略溶于乙醇。

② 硝酸硫胺素　硝酸硫胺素为白色或微黄色结晶或结晶性粉末，有微弱的臭味，无苦味。稳定性比盐酸硫胺素好，但水溶性比盐酸硫胺素差，微溶于乙醇或氯仿。

6. 核黄素（维生素 B_2）添加剂

（1）营养生理作用　维生素 B_2 是肉牛体内各种黄酶辅基的组成成分。在组织中参与碳水化合物、蛋白质、核酸和脂肪的代谢，在生物氧化过程中起传递氢原子的作用。维生素 B_2 具有提高蛋白质在体内的沉积和促进正常生长发育的作用，亦具有保护皮肤毛囊黏膜及皮脂腺的功能。核黄素是肉牛生长和组织修复所必需的。核黄素还具有强化肝脏功能、调节肾上腺素分泌和防止毒物侵袭的功能，并影响视力。在冷应激时或饲喂高能量低蛋白饲粮日粮时，维生素 B_2 的需求量增高。维生素 B_2 缺乏时，犊牛口腔黏膜出血、口角溃烂、流涎、流泪、脱毛、厌食、腹泻、口角炎、口周炎等。

（2）主要添加剂形式　维生素 B_2 的主要商品形式为核黄素及其酯类，为黄色至橙黄的结晶性粉末。微臭，味微苦。溶液易变质，在碱性溶液中或遇光，变质更快。在水中微溶，不溶于乙醇和氯仿。维生素 B_2 添加剂常用的是核黄素 96％、55％ 和 50％ 的制剂。

7. 泛酸添加剂

（1）营养生理作用　泛酸是体内辅酶 A 和酰基载体蛋白的组成成分，因此泛酸是通过辅酶 A 的作用发挥其生理功能的。辅酶 A 是机体酰化作用的辅酶，在糖、脂肪和蛋白质等代谢中发挥重要的作用。泛酸与皮肤和黏膜的正常生理功能、毛发的色泽和对疾病的抵抗力等也有着密切的关系。它还具有提高肾上腺皮质机能的功效。泛酸缺乏可使机体的许多器官和组织受损，出现各种不同的症状，包括生长、繁殖、皮肤、毛发、胃肠神经系统等诸多方面障碍。

（2）主要添加剂形式　游离的泛酸是不稳定的，吸湿性极强，所以在实际中常用其钙盐。泛酸钙添加剂的活性成分是泛酸，含量以百分数表示，有98%、66%和55%三种。1毫克D-泛酸钙活性与0.92毫克泛酸相当；而1毫克DL-泛酸钙活性则仅相当于0.45毫克泛酸。

泛酸钙为白色粉末。无臭，味微苦，有吸湿性。单独贮放，其稳定性好，但不耐酸、碱，也不耐高温。若在pH值8的环境条件下损失加快。在35℃条件下贮存2年，损失高达70%，在多维预混料中，与烟酸是配伍禁忌，切勿直接接触，同时要注意防潮。

8. 胆碱（维生素B$_4$）添加剂

（1）营养生理作用　胆碱与其他B族维生素的差别是胆碱在代谢过程中不作催化剂。若体内供给足够的甲基，肉牛自身能合成胆碱来满足其需要。胆碱在体内的功能主要是防止脂肪肝，构成乙酰胆碱的主要成分，在神经递质传递过程中起作用，胆碱是机体内甲基的供体。

（2）主要添加剂形式　胆碱的商品形式主要为氯化胆碱，是胆碱与盐酸反应得到的白色结晶。易溶于水和乙醇，不溶于乙醚和苯。有液态和固态2种形式。液态氯化胆碱添加剂的有效成分含70%，为无色透明的黏稠液体，具有特异的臭味，有很强的吸湿性。固态粉粒的氯化胆碱添加剂含有效成分50%或60%，是以70%氯化胆碱水溶液为原料加入脱脂米糠、玉米芯粉、稻壳粉、麸皮和无水硅酸等赋形剂制成，也具有特殊的臭味，吸湿性很强。氯化胆碱本身稳定，未开封的氯化胆碱至少可贮存2年以上。在氯化胆碱的使用中，最值得注意的是胆碱对其他维生素有极强的破坏作用，特别是在有金属元素存在时，对维生素A、维生素D、维生素

K 的破坏较快。氯化胆碱一般应单独使用，不宜添加在含有微量元素的预混料中，特别不能在用量为 1％ 及以下的预混料中添加。有效含量为 50％ 的氯化胆碱产品在配合饲料中的添加量为 0.1％～0.2％。此添加量可以保证混合均匀，不必再稀释。

9. 烟酸（维生素 B_5）添加剂

（1）营养生理作用　烟酸在体内转化成烟酰胺之后，与核糖、磷酸和腺嘌呤一起组成脱氢酶的辅酶，在细胞呼吸的酶系统中起着重要作用，与碳水化合物、脂肪和蛋白质代谢有关。辅酶参与葡萄糖的氧化、甘油的合成与分解、脂肪酸的氧化与合成、甾类化合物（类固醇）的合成、氨基酸的降解与合成、视紫红质的合成等重要代谢过程。日粮中维生素 B_5 缺乏引起的糙皮病、皮肤生痂、黑舌病、皮肤鳞状皮炎、关节肿大、胃和小肠黏膜充血、结肠和盲肠坏死状肠炎等症状。

（2）主要添加剂形式

① 烟酸　烟酸为白色至微黄色结晶性粉末，无臭或有微臭，味微酸，水溶液呈酸性，较稳定，在沸水和沸乙醇中溶解，在水中微溶。但水不能与泛酸直接接触，它们之间很容易发生反应，影响其活性。市售商品的有效含量为 98％～99.5％。

② 烟酰胺　烟酰胺为白色至微黄色结晶性粉末，无臭，味苦。在水和乙醇中易溶。饲料工业中使用的烟酰胺含量在 98％ 左右。

10. 吡哆醇（维生素 B_6）添加剂

（1）营养生理作用　维生素 B_6 在体内经磷酸化作用，转变为相应的具有活性形式的磷酸吡哆醛和磷酸吡哆胺。其主要功能一是转氨基作用，二是脱羧作用，三是转硫作用，是半胱氨基脱硫酶的辅酶。维生素 B_6 在氨基酸的代谢中起主要作用。若缺乏犊牛食欲低下，生长缓慢，被毛粗糙，血红细胞异常，贫血，四肢运动失调，癫痫性痉挛，骨髓增生，肝脂肪浸润。日粮中补充维生素 B_6 可预防因其缺乏引起的氨基酸代谢紊乱、蛋白质合成受阻、被毛粗糙、皮炎、生长迟缓、神经中枢及末梢病变和肝脏等器官的损伤等症状。

（2）主要添加剂形式　饲料工业中一般使用盐酸吡哆醇，外观为白色至微黄色结晶粉末，无臭，味酸苦。易溶于水，微溶于乙醇，不溶于氯仿和乙醚，对热敏感，遇光和紫外线照射易分解。维生素 B_6 稳定性好，宜贮存于阴凉、干燥处。

11. 生物素添加剂

（1）营养生理作用　在肉牛体内，生物素以多种羧化酶的辅酶形式，直接或间接地参与蛋白质、脂肪和碳水化合物的代谢过程。在碳水化合物的代谢中，生物素是中间代谢过程中所必需的羧化酶的辅酶。生物素酶催化羧化和脱羧反应；在蛋白质代谢中，生物素在蛋白质合成、氨基酸的脱氨基、嘌呤合成以及亮氨酸和色氨酸的分解代谢中起重要作用；在脂类代谢中，生物素直接参与体内长链脂肪酸的生物合成。

（2）主要添加剂形式　生物素的商品形式为 D-生物素。纯品干燥后含生物素 98% 以上，商品可含有相当于标示量的 90%～120%。饲料添加剂所用剂型常为用淀粉、脱脂米糠等稀释的粉末状产品，含生物素一般为 1% 或 2%。外观为白色至淡黄色粉末，无臭无味。原装保存期至少 1 年以上，置阴凉干燥处即可，一旦开封应尽快用完。

12. 叶酸（维生素 B_{11}）添加剂

（1）营养生理作用　叶酸进入机体后被分解为谷氨酸和游离叶酸，在小肠前段吸收，叶酸在还原酶作用下变为四氢叶酸具有生物活性。四氢叶酸是叶酸在体内的活性形式，传递一碳基团如甲酰、亚胺甲酰、亚甲基或甲基的辅酶。四氢叶酸参与的一碳基团反应主要包括丝氨酸和甘氨酸相互转化、苯丙氨酸形成酪氨酸、丝氨酸形成谷氨酸、半胱氨酸形成蛋氨酸、乙醇胺合成胆碱、组氨酸降解以及嘌呤、嘧啶的合成。四氢叶酸与维生素 B_{12} 和维生素 C 共同参与红细胞蛋白和血红蛋白的生成，促进免疫球蛋白的生成，保护肝脏并具解毒作用等。

（2）主要添加剂形式　纯的叶酸为黄色或橙黄色结晶粉末，无臭无味，对空气和温度非常不敏感，但对光照尤其是紫外线、酸碱、氧化剂和还原剂等则不稳定。不溶于水、乙醇、氯仿或乙醚。叶酸产品有效成分在98％以上。但因具有黏性，一般加入稀释剂降低浓度，以克服其黏性而有利于预混料的加工。叶酸添加剂商品活性成分含量仅有3％或4％。

13. 钴胺素（维生素B$_{12}$）添加剂

（1）营养生理作用　维生素B$_{12}$在肉牛体内主要功能：一是以脱氧腺苷钴胺素和甲钴胺素2种辅酶形式参与机体代谢，在甲基的合成和代谢中与叶酸协同起辅酶作用，参与一碳单位的代谢，如丝氨酸和甘氨酸的互变，由半胱氨酸形成甲硫氨酸，从乙醇胺形成胆碱；二是甲基丙二酰辅酶A异构酶的辅酶，在糖和丙酸代谢中起重要作用；三是参与髓磷脂的合成，在维护神经组织中起重要作用；四是参与血红蛋白的合成，控制恶性贫血病。缺乏时，瘤胃发酵产物丙酸代谢障碍。犊牛生长停止，食欲差，动作不协调。

（2）主要添加剂形式　主要商品形式有氰钴胺和羟基钴胺。外观为浅红色至红褐色细粉，具有吸湿性。作为饲料添加剂有2％、1％和0.1％等剂型。

14. 维生素C添加剂

（1）营养生理作用　维生素C的主要营养生理作用是参与氧化还原反应和羟基化作用。维生素C可改善病理状况，提高心肌功能，减轻维生素A、维生素E、维生素B$_1$、维生素B$_{12}$及泛酸等不足所引起的缺乏症。维生素C还能使机体增强抗病力和防御机能，增强抗应激作用。

（2）添加形式　维生素C的商品形式为抗坏血酸、抗坏血酸钠、抗坏血酸钙以及包被抗坏血酸。有100％的结晶、50％的脂质包被产品以及97.5％的乙基纤维素包被产品。其中包被的产品比未包被的结晶稳定性高。由于维生素C的稳定性差，目前饲料工业中使用的产品一般为稳定型维生素C。主要产品有：抗坏血酸聚磷酸盐、抗坏血酸单磷酸盐、抗坏血酸硫酸盐、乙基纤维包被维生素C。

第二节　瘤胃发酵调控类饲料添加剂利用新技术

一、瘤胃缓冲剂

1. 缓冲剂的利用条件

日粮中添加缓冲剂可避免瘤胃 pH 值的下降，维持正常瘤胃 pH 值环境，增加干物质采食量，提高生产性能，在日粮中精料占 $50\%\sim60\%$ 时；长期饲喂青贮饲料的，或粗料几乎全是糟渣饲料的；夏季牛食欲下降，进食干物质明显减少时；日粮从粗料型转换到精料型时需要使用缓冲剂。

2. 缓冲剂种类及利用

（1）碳酸氢钠　碳酸氢钠用量按日粮干物质进食量计算为 $0.5\%\sim0.6\%$；按精料用量的 $1.0\%\sim1.2\%$。单独使用时，会随着时间的延长效果下降。

（2）氧化镁　氧化镁用量为精料量的 $0.2\%\sim0.4\%$。氧化镁有味苦，除非从幼牛开添加，否则影响食欲。

（3）混合物缓冲剂　混合物缓冲剂是利用碳酸氢钠中加入氧化镁或膨润土等混合而成的制剂。一般用 2～3 份碳酸氢钠与 1 份氧化镁混合，其用量为日粮干物质的 $0.6\%\sim0.8\%$，或精料量的 $1.0\%\sim1.5\%$。

二、脲酶抑制剂

1. 脲酶抑制剂的作用机制

脲酶抑制剂可通过抑制肠道的脲酶活性减缓尿素等外源氨的生成量，从而达到控制肉牛瘤胃内氨浓度过高的目的。脲酶抑制剂种类不同，作用机制也不相同，大体分为两个途径：一是使结构发生变化变性失活，此类抑制剂包括重金属盐类和多聚甲醛；二是与脲酶的活性中心相结合使之失活，这类物质包括异位酸类化合物及丝兰提取物沙皂素等。

2. 脲酶抑制剂种类

（1）氧肟酸类化合物　常用的有乙酰氧肟酸和辛酰氧肟酸。乙酰氧肟酸是目前认为最有效的一种脲酶抑制剂。能抑制肉牛瘤胃微生物脲酶活性，调节瘤胃微生物代谢，提高微生物蛋白质合成量（25%）和纤维素消化率，降低瘤胃内尿素分解速度，从而起到提高氨的利用率（16.7%），避免氨中毒，提高日增重，降低饲养成本，提高经济效益的作用，粉剂用量5%只需直接加入饲料中拌匀即可。

（2）二胺、三胺类化合物　二胺、三胺类化合物主要有苯磷酸二酰胺、N-丁基-硫代磷酸三酰胺和环己磷酰三胺，这类物质化学结构与尿素相似，可竞争性抑制脲酶活性。

（3）丝兰提取物　丝兰提取物沙皂素中富含皂苷基和糖基，其中皂苷基可与氨结合。瘤胃氨浓度很高时，少量的皂苷可结合大量氨，氨浓度低时又可缓慢释放出氨。

（4）醌类化合物　醌类化合物常用的有氢醌和对苯醌。氢醌可将脲酶中的巯基氧化成二硫键，降低脲酶的活性，它是国内外普遍应用的土壤脲酶抑制剂，近年来用作饲料的脲酶抑制剂逐渐增多。

（5）异位酸类化合物　异位酸类化合物包括异丁酸、异戊酸和异己酸等支链脂肪酸，此类物质对瘤胃微生物脲酶有强烈的抑制作用，而不影响瘤胃内有机物的消化和挥发性脂肪酸的浓度与比例。

（6）多聚甲醛　多聚甲醛是在肉牛中使用较普遍的一种瘤胃脲酶抑制剂，可使瘤胃脲酶失活而使尿素等含氮化合物分解速度减缓。

三、甲烷抑制剂

1. 甲烷的产生

甲烷是肉牛正常消化过程中的产物，瘤胃内甲烷主要是由甲烷菌通过二氧化碳和氢进行还原反应产生的，是以暖气的方式经口排出体外。通常，饲料的消化率越低，动物的生产力水平越低，甲烷排放量也越大。甲烷的排放意味着能量的损失和生产性能的降低。甲烷损失的能量占摄入总能量的2%～15%。甲烷抑制剂降低饲料甲烷生成量，提高饲料利用率。

2. 甲烷抑制剂

（1）离子载体化合物 阴离子载体如莫能菌素、拉沙里菌素和盐霉素等能抑制甲酸脱氢酶的活性，减少甲烷产生所需要的氢源，从而可显著抑制细菌产生氢和甲酸，能减少 25% 的甲烷生成。

（2）多卤素化合物 多卤素化合物抑制剂如氯化甲烷、三氯乙炔、溴氯甲烷和氯化的脂肪酸等对甲烷生成菌均有毒害作用。可抑制 20%～80% 的甲烷产生。其中以碘代甲烷的作用最强，但由于卤代甲烷的挥发性较强而不能作为饲料添加剂使用。目前使用较多的有水合氯醛、卤代醇和卤代酰胺等，在瘤胃中可以转变成为卤代甲烷而发挥作用。

（3）有机酸 有机酸可提高除甲烷菌外的其他细菌对氢和甲酸的利用。瘤胃中有多种细菌可以利用氢和甲酸，都是用来作为电子供体，甲烷的产量会随加入容易被此细菌利用的电子受体而降低。研究发现，延胡索酸对减少甲烷合成的效果最明显。

（4）丝兰皂苷 丝兰皂苷具有提高厌氧微生物发酵能力的功效，对原虫有一定的抑制作用。原虫是瘤胃内主要的产甲烷微生物。20～60 克的丝兰皂苷可使瘤胃纤毛虫数量明显减少。

（5）蒽醌 蒽醌能直接作用于甲烷菌，阻断电子传递链，并在电子传递和与细胞色素有关的 ATP 合成的偶联反应中起解偶联作用，从而阻止生成烷。

四、促瘤胃微生物生长剂

1. 异位酸

异位酸是由异丁酸、异戊酸和 2-甲基丁酸等含 4 个或 5 个碳原子的支链脂肪酸组成。瘤胃中异位酸主要来源于蛋白质降解后氨基酸（缬氨酸、亮氨酸和异亮氨酸）经氧化脱氨基或脱羧基后的产物。它是瘤胃内纤维分解菌的生长因子，可提高纤维分解菌的数量，促进纤维消化。在草原或牧场放牧的肉牛随着牧草的成熟，瘤胃支链脂肪酸浓度下降。当牛采食劣质牧草时，瘤胃支链脂肪酸含量在检测限以下，在劣质牧草日粮中添加异位酸是有益的。支链脂肪酸可用于合成相应的支链氨基酸（缬氨酸、亮氨酸和异亮氨酸）。当饲料中这3种必需氨基酸含量不足时，添加支链脂肪酸有利于微生物蛋白质的合成。已有研究表明添加异位酸可增加乙酸产量，而丙酸产量不受影响。

2. 苹果酸

添加苹果酸会促进肉牛瘤胃单胞菌的生长，提高乳酸利用，缓解酸中毒。肉牛瘤胃单胞菌利用逆柠檬酸循环的琥珀酸-丙酸途径，可以把乳酸转化为琥珀酸和丙酸，作为能量合成的前体，苹果酸则是肉牛瘤胃单胞菌利用这一途径代谢的关键中间体。

有研究发现，饲喂苹果酸提高了肉牛日增重和饲料效率，但对血清成分的影响不明显。也有报道阉公牛进行舍饲试验。添加40～80克/（头·天）的苹果酸，饲料效率提高8.1%，肉牛增重随苹果酸的增加呈线性增加。

第三节　促生长添加剂利用新技术

一、药物促生长添加剂

1. 饲料药物添加剂的使用要求

饲料药物添加剂是一种抑制微生物生长或破坏微生物生命活动的物质。主要用于犊牛和肉牛育肥阶段。从20世纪60年代开始，世界各国对抗生素作为饲料添加剂的使用一直存在着争议，争论的焦点主要在于两个方面：一是对病原菌产生耐药性的问题；二是抗生素在动物体内及其产品中的残留问题。尽管上述两方面问题目前尚缺乏直接的证据，但从保护人类健康和食品安全的角度出发，目前世界上有许多国家已限制或禁止在饲料中使用抗生素作为添加剂。对允许使用的抗生素，特别是人畜共用的抗生素，也有严格的限制措施，主要包括批准和限制本国饲用抗生素的品种、应用对象、使用剂量、停药期，畜产品中抗生素的最大允许残留标准，制定相关法律条文，并设立监察机制监督执行。我国允许在牛饲料中使用的有莫能菌素、杆菌肽锌、盐霉素、黄霉素等。

2. 常用药物促生长添加剂

（1）莫能菌素　莫能菌素又称瘤胃素，其作用主要是减少甲烷气体能量损失和饲料蛋白质降解脱氨损失，控制和提高瘤胃发酵效率，提高增重速度及饲料转化率。放牧肉牛和以粗饲料为主的舍饲肉牛，每日每头添加 $150\sim200$ 毫克瘤胃素，舍饲日增重比对照牛提高 $13.5\%\sim15\%$，放牧肉牛日增重提高 $23\%\sim45\%$。高精料强度育肥肉牛比对照组提高 16%；饲料转化率提高 10% 左右。国内有研究报道在舍饲肉牛日粮中添加瘤胃素，日增重提高 17.1%，增重减少饲料消耗约 15%，估计与我国农村拴系饲养，并非自由采食的特殊育肥方式有关。瘤胃素的用量，肉牛每千克日粮 30 毫克或每千克精料混合料 $40\sim60$ 毫克。

（2）杆菌肽锌　杆菌肽锌毒性小，耐药性小。杆菌肽锌作为饲料添加剂具有抑制病原菌的细胞壁形成，影响其蛋白质合成，从而杀灭病原菌；能使肠壁变薄，从而有利于营养物质吸收。肉牛采食含杆菌肽锌饲料后，氨和有毒胺的生成明显减少，有利于肉牛生长和改善饲料报酬；能够预防疾病并能将因病原菌引起的碱性磷酸酶浓度降低恢复到正常水平。3 月龄以内犊牛每吨饲料添加 $10\sim100$ 克，$3\sim6$ 月龄犊牛吨饲料添加 $4\sim40$ 克。

（3）硫酸黏杆菌素　硫酸黏杆菌素又称硫酸抗敌素。作为饲料添加剂使用时，可促进生长和提高饲料利用率，对沙门氏菌、大肠杆菌、绿脓杆菌等引起的菌痢具有良好的防治作用，但大量使用可导致肾中毒。硫酸黏杆菌素如果与抗革兰氏阳性菌的抗生素配伍，具有协同作用。不能与氯霉素、土霉素、喹乙醇同时使用。我国批准进口的"万能肥素"即为硫酸黏杆菌素与杆菌肽锌复合制剂。集杆菌肽锌和黏杆菌素优点为一体，具有抗菌谱广、饲养效果好的特点。硫酸黏杆菌作为饲料添加剂用量为：每吨饲料不超过 200 克，停药期 7 天。

（4）黄霉素　黄霉素又名黄磷脂霉素。它干扰细胞壁结构物质肽聚糖的生物合成而抑制细菌繁殖，为畜禽专用抗菌促长药物。作为饲料添加剂不仅可防治疾病，还可降低肠壁厚度、减轻肠壁重量，从而促进营养物质在肠道的吸收，促进动物生长，提高饲料利用率。肉牛添加量为 30～50 毫克/(头·天)。

二、诱导采食添加剂

诱食剂又称引诱剂、食欲增进剂，是一类为了改善饲料适口性、增强食欲、提高采食量、促进饲料消化吸收利用而添加于饲料中的特殊添加物。诱食剂种类很多，主要包括香味剂（风味剂和增香剂）和调味剂。

1. 香味剂

主要用于育肥牛饲料和犊牛人工乳或代乳品中。其目的是增加采食，牛喜欢柠檬、甘草、茴香和甜味等香型；肉牛快速育肥生产中，在饲料中加入一些人类喜欢的香料，可改善牛肉质量，主要增加风味。选择香味剂时除考虑香味剂本身的味道是否适用动物及饲料成本外，还应注意其稳定性、调和性、均匀度、一致性、分散性和吸湿性是否正常及用量效力、耐热程度和安全性。

（1）柠檬醛　柠檬醛是人工合成香料，有强烈的类似于无萜柠檬油的香气。饲料中添加量一般不超过 170 毫克/千克。

（2）香兰素（香草粉）　香兰素是人工合成香料，呈白色至微黄色结晶粉末，具有香荚豆特有的气味。适用于牛代乳饲料香味的调配。在体内经肝脏代谢转化为芳香酸和乙酸类产物，由尿排出体外。但高剂量使用可抑制生长及使肝、脾和肾肿大。

（3）乙酸异戊酸（香蕉水）　乙酸异戊酸是人工合成的香料，呈无色至淡黄色透明液体，具有类似香蕉及生梨的香气，毒性很小，安全性好，添加量为 60～700 毫克/千克。

（4）L-薄荷醇　L-薄荷醇是一种天然香精，为五色针状或棱柱状结晶，具有薄荷油特有的清凉香气，在允许剂量范围内，对增重、生长和发育等无不良影响。配合饲料中的用量一般 50～100 毫克/千克

（5）甜橙油　由芸香科植物甜橙的果皮提取而来，呈黄色、橙

色或深橙色的油状液体，有清甜的橙子果香和温和的芳香味。配合饲料中的用量一般不超过 50 毫克/千克。

（6）桉叶油 由桉树、樟树的枝叶提取而来。外观呈黄色油状液体，具有桉叶油的清凉气味。主要成分是桉叶素，用量一般不超过 190 毫克/千克。

（7）其他香料添加剂 除上述香味剂外，一般粗饲料调香用叶醇、己醛等具有青草香味的香味剂，用量 1～3 毫克/千克，或者用甜玉米香精按 0.01% 添加。奶油香精、鲜奶香精用于人工代乳调香，一般按照 0.01%～0.02% 添加。

2. 甜味剂

（1）甜味剂分类 甜味剂按其来源可分为天然甜味剂和人工合成甜味剂；按其化学结构和性质可分为糖类和非糖类甜味剂；按营养价值可分为营养型和非营养型甜味剂。常用的天然甜味剂主要有蔗糖、麦芽糖、果糖、半乳糖、甘草和甘草酸二钠等，而人工合成甜味剂主要有糖精、糖精钠、甜蜜素和甜菊糖苷等。

① 乙酰磺胺酸钾 乙酰磺胺酸钾又名安赛蜜。可单独添加于饲料中，与天冬酰苯丙氨酸甲酯（1∶4）或环己氨基磺酸钠（1∶5）混合使用时，效果更佳。

② 环己氨基磺酸钠 环己氨基磺酸钠又名甜蜜素。甜度为蔗糖的 30～50 倍，与天冬酰苯丙氨酸甲酯混合使用，有增强甜度、改善味质的效果。

③ 糖精钠 糖精钠又名水溶性糖精。甜度为蔗糖的 200～300 倍，是目前常用的甜味剂成分，常与其他甜味剂及增效剂复合使用。

④ 三氯蔗糖 三氯蔗糖又名三氯半乳蔗糖。甜味与蔗糖相似，甜度为蔗糖的 400～800 倍。本品为蔗糖的衍生物，稳定性高，不被机体利用，风味近似蔗糖，因此是较理想的甜味剂。

⑤ 二氢查耳酮类 二氢查耳酮类似水果甜味，甜度高，口感好，且对其他甜味剂或香味剂有增效作用，也是目前常用的甜味剂成分。

⑥ 甘草 甘草有微弱的特异臭味，味甜稍后带有苦味，甜味

的主要成分是甘草苷。

⑦ 甜味菊苷　甜味菊苷又名甜菊糖。甜味似蔗糖，甜度为蔗糖的 200 倍。

⑧ 托马丁多肽　托马丁多肽甜度是蔗糖的 1500～2500 倍，还具有很强的风味强化作用，延长甜味，遮盖其他甜味剂的不良余味。

（2）使用甜味剂的注意事项

① 要注意添加量，正常情况下，越接近甜味剂最佳添加量，肉牛采食量越高，但添加过量反而会影响动物采食量。

② 甜味剂颗粒的一致性、均匀性及微粒化是保证产品中每个饲料颗粒均含有甜味剂的前提，也是各组分间比例一致的基础。

③ 在优质配合饲料中要显著提高采食量是很困难的。是否采用某一种甜味剂，需要进行生产试验。

3. 辣味剂

主要辣味剂产品有大蒜粉，呈白色或淡黄色，有蒜辣味，其主要成分有蛋白质、脂肪、糖、粗纤维、维生素 A、维生素 B、钙、磷和铁等。大蒜素可抑制肠道有害微生物的增殖，刺激口腔中味蕾，能增强牛提高胃肠道消化吸收的功能，加速血液循环，改善机体代谢，促进生长。牛按每千克体重 0.02～0.05 克添加。

三、益生素添加剂

1. 益生素极其作用机理

益生素是指可以直接饲喂动物并通过调节动物肠道微生态平衡达到预防疾病、促进动物生长和提高饲料利用率的活性微生物或其培养物，我国又称为微生态制剂或饲用微生物添加剂。目前的益生素可分为活菌制剂和化合物制剂。活菌制剂用于生产益生素的菌种主要有乳酸杆菌属、粪链球菌属、芽孢杆菌属和酵母菌属等，牛偏重于真菌、酵母类，并以曲霉菌效果较好。化合物制剂益生素是一种非消化性食物成分，到后肠后有选择性地为大肠内的有益菌所降解利用，却不为有害菌所利用，从而具有促进有益菌增殖、抑制有害菌的效果，现在应用较多的是寡糖类物质。用于牛的主要作用为补充有益菌群，维持消化道微生物区系平衡，产生有机酸、过氧化氢和抗菌素等，抑制有害微生物生长，使消化道功能正常化；刺激机体免疫系统，强化非特异性免疫反应，提高机体免疫力；改善机体代谢，提高牛生产性能，防止有毒物质的积累。

2. 益生素制剂

（1）乳酸菌及其制剂　乳酸菌是一种可以分解糖类产生乳酸的革兰氏阳性菌，厌氧或兼性厌氧。不耐高温，经80℃处理5分钟，损失70%～80%。但耐酸，在pH值为3.0～4.5时仍可生长，对胃中的酸性环境有一定的耐受性。活菌体内和代谢产物中含有较高的过氧化物歧化酶（SOD），能增强体液免疫和细胞免疫。目前应用较多的有乳酸杆菌、粪链球菌和双歧杆菌等。乳酸杆菌制剂为孢子培养物，分泌乳酸及短链脂肪酸，在体内能增加血液中蛋白态氮，改善蛋白质代谢和促进饲料消化的作用。双歧杆菌制剂无孢子，能产生乳酸，合成维生素等，能促进消化、提高抗感染能力，但稳定性较低，肠道内繁殖速度较慢。乳酸链球菌制剂在消化道分泌大量的乳酸、其他短链脂肪酸和类杀菌素，具有抑制有害菌，促进有益菌生长和帮助消化的能力，稳定性也很好。

（2）芽孢杆菌制剂　芽孢杆菌是好氧菌，在一定条件下产生芽孢，耐酸碱、耐高温和挤压，在肠道酸性环境中具有高度的稳定性，可使肠道pH值及氨浓度降低，能产生较强活性的蛋白酶及淀粉酶。目前使用的菌株有枯草芽孢杆菌、地衣芽孢杆菌、蜡样芽孢杆菌和东洋芽孢杆菌等。东洋芽孢杆菌制剂属孢子型杆菌培养物，在肠道内和门静脉血液中有降低氨产量的作用，还有增加瘤胃液中丙酸等挥发性脂肪酸，维持胃液正常pH值、瘤胃正常机能等作用。

（3）光合细菌制剂　光合细菌能在厌氧光照条件下同化二氧化碳，有些菌还有固氮作用。光合细菌的细胞成分优于酵母菌和其他种类的微生物，菌体蛋白中多种必需氨基酸的含量高于酵母菌。光合细菌不仅为生物体宿主提供丰富的蛋白质、维生素、矿物质和核酸等营养物质，而且可以产生辅酶Q等生物活性物质，提高宿主

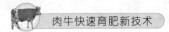

的免疫力。

(4) 寡糖 寡糖亦称低聚糖，是指由 2～10 个单糖经脱水缩合，以糖苷键连接形成的具有直链或支链的低度聚合糖类的总称。寡糖甜度一般只有蔗糖的 30％～50％，有少数寡糖有苦味，如龙胆寡糖。根据寡糖的生物学功能分为功能性寡糖和普通寡糖两大类，普通寡糖可被消化吸收和产生能量，主要包括蔗糖、麦芽糖、海藻糖、环糊精及麦芽寡糖；功能性寡糖则指不被人和动物肠道吸收，但能够促进双歧杆菌的增殖而有益于肠道健康的一类寡糖，也称为双歧因子。用作饲料添加剂的化学益生素主要指功能性寡糖。主要有甘露寡糖和果寡糖等。

3. 益生素的应用

有研究表明，犊牛日粮中使用益生素可提高日增重，降低腹泻发病率和死亡率，减轻病情。益生素的菌株在体内依靠数量优势抑制病原菌和维持微生物的区系平衡，用量相对较大。用作饲料添加剂以促生长为目的的益生素用量一般在 0.02％～0.20％之间，但如果用量过大，反而会破坏微生物的区系平衡。饲养条件较差时饲喂益生素，其效果要明显优于饲养条件较好时的效果。

四、酵母培养物添加剂

1. 酵母培养物种类

酵母是单细胞真菌，属于子囊菌亚门中的酵母菌科和半知菌亚门中的芽孢纲，以出芽方式进行无性繁殖，适宜生长温度为 25～28℃。酵母菌主要有面包酵母、食用酵母、药用酵母和饲料酵母等几类。酵母培养物通常指用固体或液体培养基经发酵菌发酵后所形成的微生态制品。它由酵母细胞代谢产物和经过发酵后变异的培养基及少量已无活性的酵母细胞所构成。酵母培养物含有氨基酸、B族维生素、矿物质、消化酶和未知促生长因子。

2. 酵母培养物的作用

酵母及酵母培养物促进瘤胃中纤维分解菌和乳酸菌等有益微生物的生长繁殖，增加胃肠道中酵母菌、乳酸菌和纤维分解菌数量，提高纤维的消化消化能力，增加乳酸的利用，稳定胃肠道 pH 值，提高氨的利用率，增加蛋白质的合成，改善挥发性脂肪酸和甲烷的产生，调控胃肠发酵，从而促进牛对营养物质的消化吸收和利用，增加采食量，改善饲料利用率，提高生产性能。

酵母培养物作为活细菌的前体，进入胃肠道后其繁殖和活力加强，能有效抑制病原微生物繁殖，或参与病原微生物菌群的生存竞争，或排斥病原菌在肠黏膜表面的吸附定植，或协助机体消除毒素及其代谢产物，防止毒素和废物的吸收，增强机体免疫力和抗病力，对防治牛消化道系统疾病起到有益作用。

3. 酵母培养物的利用

酵母菌株间对瘤胃微生物的影响存在明显差异。酵母培养物的刺激作用与酵母细胞在瘤胃中的生长与代谢活性有关，经辐射失去繁殖能力但有代谢活性的酵母有促进瘤胃菌生长的能力。在 39℃的瘤胃液中添加酵母，6 小时后仍然能保持代谢活性。经热钝化的酵母培养物制剂对瘤胃细菌的生长没有影响。

日粮营养水平越低，品质越差，添加酵母后，日粮消化率提高幅度越大，使用效果越显著，但过高或过低都不利于酵母培养物作用的发挥。

五、饲用酶添加剂

1. 饲用酶添加剂的作用

饲用酶添加剂主要是采用微生物发酵法从细菌、真菌、酵母菌等微生物中提取或从植物中提取酶类添加物，习惯称为酶制剂。酶制剂的作用是通过参与生化反应，提高其反应速度而促进蛋白质、脂肪、淀粉和纤维素的水解，具有促进饲料的消化吸收、提高饲料利用率和促进牛生产性能等作用。在制剂类型上，既有单一酶制剂，又有复合酶制剂。牛使用的酶制剂，目前主要是纤维素降解酶类和瘤胃粗酶制剂。作用主要是破坏植物细胞壁，提高养分消化率；降低消化道食糜黏性，减少疾病的发生；消除抗营养因子和补充内源酶的不足，激活内源酶的分泌。

2. 主要饲用酶制剂

（1）淀粉酶　包括α-淀粉酶、β-淀粉酶、糖化酶、支链淀粉酶和异淀粉酶。α-淀粉酶作用于α-1,4-糖苷键，将淀粉水解为双糖、寡糖和糊精，其只能分解直链淀粉和支链淀粉的直链部分。β-淀粉酶作用于淀粉的β-1,6-糖苷键，将淀粉水解为双糖、寡糖和糊精。糖化酶水解底物为双糖、寡糖和糊精，生成葡萄糖和果糖，并从淀粉的非还原末端依次水解α-1,4-糖苷键生成葡萄糖。饲料中添加的淀粉酶多用β-淀粉酶，使用时应加少量的碳酸氢钠或碳酸钠以中和胃酸，以利于淀粉酶的活化，防止该酶在胃肠道失活。

（2）半纤维素酶　半纤维素酶包括木聚糖酶、甘露聚糖酶、阿拉伯聚糖酶和半乳聚糖酶等，半纤维素酶主要是将植物细胞中的半纤维素水解为多种五碳糖，并降低半纤维素溶于水后的黏度。

（3）纤维素酶　纤维素酶包括 Cl、Cx 酶和β-1,4-葡聚糖酶。其中 Cl 酶将结晶纤维素分解为活性纤维素，降低结晶度，然后经 Cx 酶的作用，将纤维分解为纤维二糖和纤维寡聚糖，再经β-1,4-葡聚糖酶的作用生成肉牛机体可利用的葡萄糖。纤维素酶可破坏富含纤维素的细胞壁，一方面使其包围的淀粉、蛋白质和矿物质等内含物释放并消化利用；另一方面将纤维素部分降解为可消化吸收的还原糖，从而提高动物对饲料干物质、粗纤维和淀粉等的消化率。

（4）果胶酶　果胶酶可裂解单糖之间的糖苷键，并脱去水分子，分解包裹在植物表皮的果胶，促进植物组织的分解，降低肠内容物的黏度。

（5）植酸酶　植酸酶又称为肌醇六磷酸水解酶，是一种可使植酸磷复合物中的磷变成可利用磷的酸性磷酸酯酶。植酸酶广泛存在于植物组织中，也存在于细菌、真菌和酵母等微生物中。目前作商品生产的植酸酶主要是来源于真菌的发酵产物，也有部分是用生物技术生产的。

3. 酶制剂的应用

（1）直接添加　酶制剂可用于生产全价配合饲料和浓缩料，一般在配合饲料中添加量为 0.1%～0.3%。考虑到酶在加工，尤其是制粒过程中的损失，一般应多加 10%～50%。

（2）制粒后添加　使用液态酶制剂，采用喷雾涂抹工艺，可以避免酶制剂在饲料制粒过程中的损失，但在贮藏过程中容易受到外界因素的影响而失去活性。

六、中草药添加剂

1. 健运脾胃，消积导滞，行气消胀类

常用的有神曲、麦芽、山楂、陈皮、香附、芒硝、青皮、枳壳、元明粉等，用它们作添加剂，消食导滞，理气健脾，能维持脾胃运化功能，促进消化，提高饲料利用率。

2. 调整畜体气血阴阳类

常用的有黄芪、刺五加、杜仲、白芍、山药、山茱萸、党参、枸杞、淫羊藿、阳起石、巴戟大等。这些药物壮气壮阳、养血滋阴，能增强体质，促进新陈代谢，提高生产力。

3. 清热、涩肠、止痢、驱虫消积类

常用的有黄连、黄柏、金银花，马齿苋、苦参、仙鹤草、地榆、常山等，这些药物可除邪清热，驱虫消积，预防疾病，提高生产性能，促进生长发育。

第八章

育肥肉牛营养需要与饲料配制新技术

第一节 肉牛快速育肥营养需要

一、肉牛快速育肥对干物质的需要

肉牛干物质进食量受体重、增重速度、饲料能量浓度、日粮类型、饲料加工、饲养方式和气候因素的影响。根据国内的各方面试验和测定资料汇总得出，日粮代谢能浓度在 8.4～10.5 兆焦/千克干物质（MJ/kg DM）时，生长育肥牛的干物质需要量（DMI）计算公式为：

$$\text{DMI（千克）} = 0.062W^{0.75} + (1.5296 + 0.00371 \times W) \times G$$

式中，$W^{0.75}$ 为代谢体重，即体重的 0.75 次方，千克；W 为体重，千克；G 为日增重，千克。

二、肉牛快速育肥对粗纤维的需要

为了保证肉牛的日增重和瘤胃正常发酵功能，日粮中粗饲料应占 40%～60%，含有 15%～17% 的粗纤维（CF）、19%～21% 的酸性洗涤纤维（ADF）、25%～28% 的中性洗涤纤维，并且日粮中中性洗涤纤维（NDF）总量的 75% 必须由粗饲料提供。

三、肉牛快速育肥对能量的需要

1. 饲料中净能的表示方法

（1）维持净能 饲料维持净能（NEm）的评定是根据饲料消

化能乘以饲料消化能转化为维持净能的效率（Km）计算得到的，测算公式为：

$$NEm＝DE×Km$$
$$Km＝0.1875×(DE/GE)＋0.4579$$

式中，NEm 为维持净能，千焦/千克；DE 为饲料消化能，千焦/千克；Km 为饲料消化能转化为维持净能的效率；GE 为饲料总能，千焦/千克。

（2）增重净能　饲料增重净能（NEg）的评定是根据饲料消化能乘以饲料消化能转化为增重净能的效率（Kf）计算得到的，具体测算公式为：

$$NEg＝DE×Kf$$
$$Kf＝0.523×(DE/GE)＋0.00589$$

式中，NEg 为增重净能，千焦/千克；DE 为饲料消化能，千焦/千克；Kf 为饲料消化能转化为增重净能的效率；GE 为饲料总能，千焦/千克。

（3）综合净能　饲料消化能同时转化为维持净能和增重净能的综合效率（Kmf），因日粮饲养水平不同而存在很大的差异。饲料综合净能（NEmf）的评定是根据饲料消化能乘以饲料消化能转化为净能的综合效率计算得到的，测算公式为：

$$NEmf＝DE×Kmf$$
$$Kmf＝Km×Kf×1.5/(Km＋Kf×0.5)$$

式中，NEmf 为饲料综合净能，千焦/千克；DE 为饲料消化能，千焦/千克；Kmf 为饲料消化能转化为净能的效率；1.5 为饲养水平值；Km 为饲料消化能转化为维持净能的效率；Kf 为饲料消化能转化为增重净能的效率。

（4）肉牛能量单位　我国肉牛标准采用相当于 1 千克中等玉米（二级饲料用玉米，干物质 88.5%、粗蛋白 8.6%、粗纤维 2.0%、粗灰分 1.4%、消化能 16.40 兆焦/千克干物质，Km＝0.6214，Kf＝0.4619，Kmf＝0.5573，NEmf＝9.13 兆焦/千克干物质），所含的综合净能值 8.08 兆焦（MJ）为一个"肉牛能量单位"（RND）。

2. 生长育肥牛的能量需要

（1）维持净能需要　全舍饲、中立温度、有轻微活动和无应激的环境条件下，维持净能需要为：

$$NEm = 322 \times LBW^{0.75}$$

式中，NEm 为维持净能，千焦/千克；LBW 为活重，千克。

当气温低于 12℃时，每降低 1℃，维持净能需要增加 1%。

（2）增重的净能需要　增重净能需要为：

$$NEg = (2092 + 25.1 \times LBW) \times [ADG \div (1 - 0.3 \times ADG)]$$

式中，NEg 为增重净能，千焦/千克；LBW 为活重，千克；ADG 为日增重，千克/天。

（3）生长育肥肉牛的综合净能需要　生长育肥肉牛的综合净能需要为：

$$NEmf = \{322 \times LBW^{0.75} + [(2092 + 25.1 \times LBW) \times \\ ADG \div (1 - 0.3 \times ADG)]\} \times F$$

式中，NEmf 为综合净能，千焦/千克；LBW 为活重，千克；ADG 为日增重，千克/天；F 为不同体重和日增重的肉牛综合净能需要的校正系数，见表 8-1。

表 8-1　不同体重和日增重的肉牛综合净能需要的校正系数（F）

体重 /千克	日增重/（千克/天）											
	0	0.3	0.4	0.5	0.6	0.7	0.8	0.9	1	1.1	1.2	1.3
150～200	0.850	0.960	0.965	0.970	0.975	0.978	0.988	1.000	1.020	1.040	1.060	1.080
225	0.864	0.974	0.979	0.984	0.989	0.992	1.002	1.014	1.034	1.054	1.074	1.094
250	0.877	0.987	0.992	0.997	1.002	1.005	1.015	1.027	1.047	1.067	1.087	1.107
275	0.891	1.001	1.006	1.011	1.016	1.019	1.029	1.041	1.061	1.081	1.101	1.121
300	0.904	1.014	1.012	1.024	1.029	1.032	1.042	1.054	1.074	1.094	1.114	1.134
325	0.910	1.020	1.025	1.030	1.035	1.038	1.048	1.060	1.080	1.100	1.120	1.140
350	0.915	1.025	1.030	1.035	1.040	1.043	1.053	1.065	1.085	1.105	1.125	1.145
375	0.921	1.031	1.036	1.041	1.046	1.049	1.059	1.071	1.091	1.111	1.131	1.151
400	0.927	1.037	1.042	1.047	1.052	1.055	1.065	1.077	1.097	1.117	1.137	1.157
425	0.930	1.040	1.045	1.050	1.055	1.058	1.068	1.082	1.100	1.120	1.140	1.160
450	0.932	1.042	1.047	1.052	1.057	1.060	1.070	1.084	1.102	1.122	1.142	1.162
475	0.935	1.045	1.050	1.055	1.060	1.063	1.073	1.085	1.105	1.125	1.145	1.165
500	0.937	1.047	1.052	1.057	1.062	1.065	1.075	1.087	1.107	1.127	1.147	1.167

四、肉牛快速育肥对蛋白质的需要

1. 维持需要

粗蛋白质［克/（头·天）］＝$5.5 \times LBW^{0.75}$。其中 LBW 为活重，单位为千克。

2. 增重需要

粗蛋白质［克/（头·天）］＝$G \times (168.07 - 0.16869\ LBW + 0.0001633\ LBW^2) \times (1.12 - 0.1233G) \div 0.34$。其中 G 为日增重，单位为千克；LBW 为活重，单位为千克。

3. 生长育肥牛的粗蛋白质需要＝维持需要＋增重需要

即：$5.5 \times LBW^{0.75} + G \times (168.07 - 0.16869\ LBW + 0.0001633\ LBW^2) \times (1.12 - 0.1233\ G) \div 0.34$。

五、肉牛快速育肥对矿物质的需要

肉牛对常量元素需要量较大，体组织内含量高。包括钙、磷、钠、氯、钾、镁和硫。在计量时多用克来表示，计算日粮结构时用百分比。肉牛对微量元素的需要量小，但为机体生理功能所必需。微量元素通常以毫克/千克来表示。微量元素包括铁、铜、钴、锰、锌、碘、硒、钼、铬等元素，具体需要参考营养标准。

六、肉牛快速育肥对维生素的需要

维生素分脂溶性和水溶性两大类。脂溶性维生素包括维生素A、维生素 D、维生素 E 和维生素 K。水溶性维生素包括 B 族维生素和维生素 C。生产中维生素严重缺乏会造成肉牛死亡，中等程度缺乏，表现症状不明显，但影响生长和育肥速度，造成巨大的经济损失。瘤胃微生物能合成 B 族维生素和维生素 K，体组织可合成维生素 C。一般情况下，成年肉牛仅需补维生素 A、维生素 D 和维生素 E。肉牛快速育肥一般每千克日粮干物质需要 2200 国际单位维生素 A、275 国际单位维生素 D 和 50 国际单位维生素 E。而对于犊牛需要补充各种维生素。青绿饲料、酵母、胡萝卜可提供各类维生素。

七、肉牛对水的需要

肉牛失掉体重 1%～2% 的水，即出现干渴感，食欲减退、采食量下降，随着缺水时间的延长，干渴感觉日渐严重，可导致食欲废绝，消化机能迟缓直至完全丧失，机体免疫力和抗病力下降。失水达 8%～10%，则引起机体代谢紊乱，达 20% 时致死。

肉牛需水量与干物质采食量呈一定比例，一般每千克干物质需要水 2～5 千克。日粮成分，尤其是矿物质、蛋白质和纤维含量均影响需水量。矿物盐类的溶解、吸收和多余部分的排泄，蛋白质代谢终产物的排出，纤维的发酵和未消化残渣的排泄等均需一定量的水参加。当日粮中蛋白质、矿物质、纤维物质浓度加大时，需水量增加。初生犊牛单位体重需水量比成年牛高，活动会增加需要量，紧张时比安静需要量大，高产肉牛需要量大。环境温度与饮水量呈明显正相关，气温升高时，蒸发散热增加，对水的需要量就多；当气温低于 10℃ 时，需水量明显减少；气温高于 30℃，需水量明显增加，见表 8-2。

表 8-2 育肥肉牛每天需水量　　　　　单位：千克

体重/千克	环境温度/℃					
	5	10	15	20	25	30
270	23	25	28	32	37	54
360	28	29	25	40	46	65
450	33	35	41	47	54	78

第二节 肉牛快速育肥饲养标准

一、营养需要和饲养标准的关系

肉牛的营养需要是指肉牛在最适宜环境条件下，正常、健康生长或达到理想生产成绩对各种营养物质种类和数量的最低要求，简称"需要"。营养需要量是一个群体平均值，不包括一切可能增加需要量而设定的保险系数。对营养物质需要的数量而言，一般是指每头每天需要能量、蛋白质、矿物质和维生素等营养指标的数量。按照肉牛生长发育的规律、特点及其影响因素，在研究和制定生长肉牛的营养需要过程中，一般分阶段进行。我国及世界很多国家的饲养标准对生长肉牛的营养需要量都是按阶段规定。确定需要量的方法有析因法和综合法两种。其区别在于，前者将肉牛的需要剖分为维持与生产（生长、妊娠）分别研究考虑，后者则是综合试验考察。

饲养标准是根据大量饲养试验结果和肉牛生产实践的经验总结，对各种特定肉牛所需要的各种营养物质的定额做出的规定，这种系统的营养定额及有关资料统称为饲养标准。简言之，即特定肉牛系统成套的营养定额就是饲养标准，简称"标准"。

饲养标准具有先进性。饲养标准高度反映了肉牛生存和生产对饲养及营养物质的客观要求，具体体现了本领域科学研究的最新进展和生产实践的最新总结。纳入饲养标准或营养需要中的营养、饲养原理和数据资料，都是以可信度很高的重复实验资料为基础，对重复实验资料不多的部分营养指标均有说明。随着科学技术不断发展、实验方法不断进步、肉牛营养研究不断深入和定量实验研究更加精确，饲养标准或营养需要也更接近肉牛对营养物质摄入的实际需要。

饲养标准具有权威性。标准内容科学先进，制定程序严格，制定人员为该领域学术专家，颁布机构为权威组织。我国研究制定的饲养标准，均由农业部颁布。世界各国的饲养标准或营养需要均由该国的有关权威部门颁布。其中有较大影响的饲养标准有美国国家科学研究委员会（NRC）制定的动物营养需要，英国农业科学研究委员会（ARC）制定的畜禽营养需要，日本的畜禽饲养标准等。这些标准都是国内外研究者和生产者参考学习和应用的依据。

饲养标准具有针对性。饲养标准的制定过程都是在特定条件下完成的，它是以特定饲养动物为对象，在特定环境条件下研制的满足其特定生理阶段或生理状态的营养物质需要的数量定额。在肉牛生产实际中，影响饲养和营养需要的因素很多，诸如同品种肉牛之间的个体差异，各种饲料的不同适口性及其物理特性，不同的环境条件，甚至市场经济形势的变化等。所以任何饲养标准都只在一定条件下、一定范围内适用。在利用饲养标准中的营养定额配制饲粮、设计饲料配方、制订饲养计划等工作中，要根据实际情况进行适当调整，才能提高利用效果。

二、肉牛小肠可消化氨基酸理想模式

我国根据国内采用安装有瘤胃、十二指肠前端和回肠末端瘘管的阉牛进行的消化代谢试验研究结果，经反复验证后，制定肉牛小肠理想氨基酸模式如表 8-3。

表 8-3　肉牛小肠可消化蛋白质（IDCP）中各种
必需氨基酸的理想化学评分

氨基酸	体蛋白质/(克/100 克)	理想模式/%
赖氨酸	6.4	100
蛋氨酸	2.2	34
精氨酸	3.3	52
组氨酸	2.5	39
亮氨酸	6.7	105
异亮氨酸	2.8	44
苯丙氨酸	3.5	55
苏氨酸	3.9	61
缬氨酸	4.0	63

三、肉牛微量矿物元素的饲养标准

我国肉牛快速育肥微量元素营养需要标准是参照美国 NRC 制定的，美国 NRC 肉牛矿物质营养需要标准见表 8-4。

表 8-4 矿物质营养需要标准（NRC，1996）

矿物元素	需要量（以日粮干物质计）			最大耐受浓度
	生长肥育牛	妊娠母牛	泌乳早期母牛	
钾/%	0.60	0.60	0.70	3
钠/%	0.06～0.08	0.06～0.08	0.10	—
氯/%	—	—	—	—
镁/%	0.10	0.12	0.20	0.40
硫/%	0.15	0.15	0.15	0.4
铁/（毫克/千克）	50	50	50	500
铜/（毫克/千克）	10	10	10	100
锰/（毫克/千克）	20	40	40	1000
锌/（毫克/千克）	30	30	30	500
碘/（毫克/千克）	0.50	0.50	0.50	50
硒/（毫克/千克）	0.10	0.10	0.10	2
铬/（毫克/千克）	—	—	—	1000
钴/（毫克/千克）	0.10	0.10	0.10	10
钼/（毫克/千克）	—	—	—	5
镍/（毫克/千克）	—	—	—	50

四、150～225 千克体重肉牛的营养需要标准

我国 2004 年颁布的肉牛饲养标准中，150～225 千克体重牛营养需要标准见表 8-5。

表 8-5 我国（2004 年）生长肥育 150～225 千克体重
牛营养需要标准

体重/千克	150										
日增重/（千克/天）	0	0.3	0.4	0.5	0.6	0.7	0.8	0.9	1	1.1	1.2
干物质采食量/（千克/天）	2.66	3.29	3.49	3.7	3.91	4.12	4.33	4.54	4.75	4.95	5.16
肉牛能量单位/RND	1.46	1.87	1.97	2.07	2.19	2.3	2.45	2.61	2.8	3.02	3.25

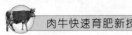

续表

体重/千克	150										
粗蛋白/(克/天)	236	377	421	465	507	548	589	627	665	704	739
钙/(克/天)	5	14	17	19	22	25	28	31	34	37	40
磷/(克/天)	5	8	9	10	11	12	13	14	15	16	16
体重/千克	175										
日增重/(千克/天)	0	0.3	0.4	0.5	0.6	0.7	0.8	0.9	1	1.1	1.2
干物质采食量/(千克/天)	2.98	3.63	3.85	4.07	4.29	4.51	4.72	4.94	5.16	5.38	5.59
肉牛能量单位/RND	1.63	2.09	2.2	2.32	2.44	2.57	2.79	2.91	3.12	3.37	3.63
粗蛋白/(克/天)	265	403	447	489	530	571	609	650	686	724	749
钙/(克/天)	6	14	17	20	23	26	28	31	34	37	40
磷/(克/天)	6	9	9	10	11	12	13	14	15	16	17
体重/千克	200										
日增重/(千克/天)	0	0.3	0.4	0.5	0.6	0.7	0.8	0.9	1	1.1	1.2
干物质采食量/(千克/天)	3.3	3.98	4.21	4.44	4.66	4.89	5.12	5.34	5.57	5.8	6.03
肉牛能量单位/RND	1.8	2.32	2.43	2.56	2.69	2.83	3.01	3.21	3.45	3.71	4
粗蛋白/(克/天)	293	428	472	514	555	593	631	669	708	743	778
钙/(克/天)	7	15	17	20	23	26	29	31	34	37	40
磷/(克/天)	7	9	10	11	12	13	14	15	16	17	17
体重/千克	225										
日增重/(千克/天)	0	0.3	0.4	0.5	0.6	0.7	0.8	0.9	1	1.1	1.2
干物质采食量/(千克/天)	3.6	4.31	4.55	4.78	5.02	5.26	5.49	5.73	5.96	6.2	6.44

续表

体重/千克	225										
肉牛能量单位/RND	1.87	2.56	2.69	2.83	2.98	3.14	3.33	3.55	3.81	4.1	4.42
粗蛋白/(克/天)	320	452	494	535	576	614	652	691	726	761	796
钙/(克/天)	7	15	18	20	23	26	29	31	34	37	39
磷/(克/天)	7	10	11	12	13	14	14	15	16	17	18

五、250～325 千克体重肉牛的营养需要标准

我国 2004 年颁布的肉牛饲养标准中，250～325 千克体重牛营养需要标准见表 8-6。

表 8-6 我国（2004 年）生长肥育 250～325 千克
体重牛营养需要标准

体重/千克	250										
日增重/(千克/天)	0	0.3	0.4	0.5	0.6	0.7	0.8	0.9	1	1.1	1.2
干物质采食量/(千克/天)	3.9	4.64	4.88	5.13	5.37	5.62	5.87	6.11	6.36	6.6	6.85
肉牛能量单位/RND	2.2	2.81	2.95	3.11	3.27	3.45	3.65	3.89	4.18	4.49	4.84
粗蛋白/(克/天)	346	475	517	558	599	637	672	711	746	781	814
钙/(克/天)	8	16	18	21	23	26	29	31	34	36	39
磷/(克/天)	8	11	12	12	13	14	15	16	17	18	18
体重/千克	275										
日增重/(千克/天)	0	0.3	0.4	0.5	0.6	0.7	0.8	0.9	1	1.1	1.2
干物质采食量/(千克/天)	4.19	4.96	5.21	5.47	5.72	5.98	6.23	6.49	6.74	7	7.25
肉牛能量单位/RND	2.4	3.07	3.22	3.39	3.57	3.75	3.98	4.23	4.55	4.89	5.6

体重/千克	275										
粗蛋白/(克/天)	372	501	543	581	619	657	696	731	766	798	834
钙/(克/天)	9	16	19	21	24	26	29	31	34	36	39
磷/(克/天)	9	12	12	13	14	15	16	16	17	18	18
体重/千克	300										
日增重/(千克/天)	0	0.3	0.4	0.5	0.6	0.7	0.8	0.9	1	1.1	1.2
干物质采食量/(千克/天)	4.46	5.26	5.53	5.79	6.06	6.32	6.58	6.85	7.11	7.38	7.64
肉牛能量单位/RND	2.6	3.32	3.48	3.66	3.86	4.06	4.31	4.58	4.92	5.29	5.69
粗蛋白/(克/天)	397	523	565	603	641	679	715	750	785	818	850
钙/(克/天)	10	17	19	21	24	26	29	31	34	36	38
磷/(克/天)	10	12	13	14	15	15	16	17	18	19	19
体重/千克	325										
日增重/(千克/天)	0	0.3	0.4	0.5	0.6	0.7	0.8	0.9	1	1.1	1.2
干物质采食量/(千克/天)	4.75	5.57	5.84	6.12	6.39	6.66	6.94	7.21	7.49	7.76	8.03
肉牛能量单位/RND	2.78	3.54	3.72	3.91	4.12	4.36	4.6	4.9	5.25	5.65	6.08
粗蛋白/(克/天)	421	547	586	624	662	700	736	771	803	839	868
钙/(克/天)	11	17	19	22	24	26	29	31	33	36	38
磷/(克/天)	11	13	14	14	15	16	17	18	18	19	20

六、350～425千克体重肉牛的营养需要标准

我国2004年颁布的肉牛饲养标准中，350～425千克体重牛营

养需要标准见表8-7。

表8-7 我国（2004年）生长肥育350～425千克
体重牛营养需要标准

体重/千克	350										
日增重/（千克/天）	0	0.3	0.4	0.5	0.6	0.7	0.8	0.9	1	1.1	1.2
干物质采食量/（千克/天）	5.02	5.87	6.15	6.43	6.72	7	7.28	7.57	7.85	8.13	8.41
肉牛能量单位/RND	2.98	3.76	3.95	4.16	4.38	4.61	4.89	5.21	5.59	6.01	6.47
粗蛋白/（克/天）	445	569	607	645	683	719	757	789	824	857	889
钙/（克/天）	12	18	20	22	24	27	29	31	33	36	38
磷/（克/天）	12	14	14	15	16	17	17	18	19	20	20
体重/千克	375										
日增重/（千克/天）	0	0.3	0.4	0.5	0.6	0.7	0.8	0.9	1	1.1	1.2
干物质采食量/（千克/天）	5.28	6.16	6.45	6.74	7.03	7.32	7.62	7.91	8.2	8.49	8.79
肉牛能量单位/RND	3.13	3.99	4.19	4.41	4.65	4.89	5.19	5.52	5.93	6.26	6.75
粗蛋白/（克/天）	469	593	631	669	704	743	778	810	845	878	907
钙/（克/天）	12	18	20	22	25	27	29	31	33	35	38
磷/（克/天）	12	14	15	16	17	17	18	19	19	20	20
体重/千克	400										
日增重/（千克/天）	0	0.3	0.4	0.5	0.6	0.7	0.8	0.9	1	1.1	1.2
干物质采食量/（千克/天）	5.55	6.45	6.76	7.06	7.36	7.66	7.96	8.26	8.56	8.87	9.17
肉牛能量单位/RND	3.31	4.22	4.43	4.66	4.91	5.17	5.49	5.64	6.27	6.74	7.26

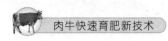

续表

体重/千克	400										
粗蛋白/(克/天)	492	613	651	689	727	763	798	830	866	895	927
钙/(克/天)	13	19	21	23	25	27	29	31	33	35	37
磷/(克/天)	13	15	16	17	17	18	19	19	20	21	21
体重/千克	425										
日增重/(千克/天)	0	0.3	0.4	0.5	0.6	0.7	0.8	0.9	1	1.1	1.2
干物质采食量/(千克/天)	5.8	6.73	7.04	7.35	7.66	7.97	8.29	8.6	8.91	9.22	9.53
肉牛能量单位/RND	3.48	4.43	4.65	4.9	5.16	5.44	5.77	6.14	6.59	7.09	7.64
粗蛋白/(克/天)	515	636	674	712	747	783	818	850	886	918	947
钙/(克/天)	14	19	21	23	25	27	29	31	33	35	37
磷/(克/天)	14	16	17	17	18	18	19	20	20	21	22

七、450千克以上体重肉牛的营养需要标准

我国2004年颁布的肉牛饲养标准中，450千克以上体重牛营养需要标准见表8-8。

表8-8　我国（2004年）生长肥育450千克以上
体重牛营养需要标准

体重/千克	450										
日增重/(千克/天)	0	0.3	0.4	0.5	0.6	0.7	0.8	0.9	1	1.1	1.2
干物质采食量/(千克/天)	6.06	7.02	7.34	7.66	7.98	8.3	8.62	8.94	9.26	9.58	9.9
肉牛能量单位/RND	3.36	4.63	4.87	5.12	5.4	5.69	6.03	6.43	6.9	7.42	8
粗蛋白/(克/天)	538	659	697	732	770	806	841	873	906	938	967

续表

体重/千克					450						
钙/(克/天)	15	20	21	23	25	27	29	31	33	35	37
磷/(克/天)	15	17	17	18	19	19	20	20	21	22	22
体重/千克					475						
日增重/(千克/天)	0	0.3	0.4	0.5	0.6	0.7	0.8	0.9	1	1.1	1.2
干物质采食量/(千克/天)	6.31	7.3	7.63	7.96	8.29	8.61	8.94	9.27	9.6	9.93	10.26
肉牛能量单位/RND	3.79	4.84	5.09	5.35	5.64	5.94	6.31	6.72	7.22	7.77	8.37
粗蛋白/(克/天)	560	681	719	754	789	825	860	892	928	957	989
钙/(克/天)	16	20	22	24	25	27	29	31	33	35	36
磷/(克/天)	16	17	18	19	19	20	20	21	21	22	23
体重/千克					500						
日增重/(千克/天)	0	0.3	0.4	0.5	0.6	0.7	0.8	0.9	1	1.1	1.2
干物质采食量/(千克/天)	6.56	7.58	7.91	8.25	8.59	8.93	9.27	9.61	9.94	10.28	10.62
肉牛能量单位/RND	3.95	5.04	5.3	5.58	5.88	6.2	6.58	7.01	7.53	8.1	8.73
粗蛋白/(克/天)	582	700	738	776	811	847	882	912	947	979	1011
钙/(克/天)	16	21	22	24	26	27	29	31	33	34	36
磷/(克/天)	16	18	19	19	20	20	21	21	22	23	23

第三节　肉牛常用饲料及营养价值

一、常用青绿多汁饲料的营养价值

肉牛快速育肥生产常用青绿多汁饲料的营养价值见表8-9。

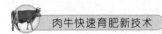

表 8-9　常用青绿多汁饲料的营养价值

原料	干物质 /%	综合净能 /(RND/千克)	粗蛋白质 /%	钙 /%	磷 /%	可发酵有机物 %
大麦苗	15.7	0.11	2.0	0.12	0.29	38.91
甘薯藤	13.0	0.08	2.1	0.20	0.05	30.21
黑麦草	18.0	0.14	3.3	0.13	0.05	42.90
苜蓿	26.2	0.13	3.8	0.34	0.01	34.60
沙打旺	14.9	0.10	3.5	0.20	0.05	39.68
象草	20.0	0.13	2.0	0.15	0.02	37.66
野草	18.9	0.12	3.2	0.24	0.03	35.70
甘薯	25.0	0.26	1.0	0.13	0.05	33.80
胡萝卜	12.0	0.13	0.3	0.15	0.09	55.69
马铃薯	22.0	0.23	1.6	0.02	0.03	55.69
甜菜	15.0	0.12	2.0	0.06	0.04	46.71
甜菜丝干	88.6	0.80	7.3	0.66	0.07	32.70
芜菁甘蓝	10.0	0.11	1.0	0.06	0.02	33.87

二、能量饲料的营养价值

肉牛快速育肥生产常用能量饲料营养价值见表 8-10。

表 8-10　常用能量饲料营养价值

原料	干物质 /%	综合净能 /(RND/千克)	粗蛋白质 /%	钙 /%	磷 /%	可发酵有机物 /%
玉米	88.4	1.00	8.6	0.08	0.21	59.31
高粱	89.3	0.88	8.7	0.29	0.31	54.78
大麦	88.8	0.89	10.8	0.29	0.31	54.30
籼稻谷	90.6	0.86	8.3	0.13	0.28	48.94
燕麦	90.3	0.86	11.6	0.15	0.33	53.18
小麦	91.8	1.03	12.1	0.11	0.36	55.55
油脂	99.5	2.85	—	—	—	—

续表

原料	干物质/%	综合净能/（RND/千克）	粗蛋白质/%	钙/%	磷/%	可发酵有机物/%
小麦麸	88.6	0.73	14.4	0.20	0.78	52.90
玉米皮	87.9	0.57	10.2	0.28	0.35	37.03
米糠	90.2	0.89	12.1	0.14	1.04	55.83
高粱糠	91.1	0.92	9.6	0.07	0.81	38.56
次粉	87.2	1.00	9.5	0.08	0.44	58.75
大豆皮	91.0	0.67	18.8	0.50	0.35	40.72

三、蛋白质补充料的营养价值

肉牛快速育肥生产常用蛋白质饲料营养价值见表8-11。

表8-11　常用蛋白质饲料营养价值

原料	干物质/%	综合净能/（RND/千克）	粗蛋白质/%	钙/%	磷/%	可发酵有机物/%
豆饼	91.1	0.97	37.4	0.32	0.50	59.00
豆粕	89.0	0.90	44.6	0.30	0.63	53.52
红麻饼	92.0	0.91	33.1	0.58	0.77	55.62
棉籽饼	89.1	0.75	31.2	0.52	0.59	47.54
棉仁饼	89.6	0.82	32.5	0.27	0.81	32.38
棉仁粕	91.0	0.76	41.2	0.17	1.10	26.75
带壳向日葵饼	92.9	0.45	24.8	0.35	0.89	40.05
去壳向日葵饼	93.6	0.61	46.1	0.53	0.35	37.10
菜籽饼	92.4	0.84	36.2	0.74	1.01	40.50
菜籽粕	91.0	0.67	37.0	0.61	0.95	37.87
花生饼	89.0	0.91	46.4	0.24	0.52	57.36
玉米胚芽饼	93.0	0.93	17.5	0.05	0.49	54.30
米糠饼	90.7	0.71	15.2	0.20	0.89	44.27
芝麻饼	92.0	0.87	39.2	2.24	1.19	52.97

四、常用糟渣饲料的营养价值

肉牛快速育肥生产常用糟渣类饲料的营养价值见表8-12。

表 8-12　糟渣类饲料的营养价值

原料	干物质/%	综合净能/(RND/千克)	粗蛋白质/%	钙/%	磷/%	可发酵有机物/%
豆腐渣	10.8	0.11	3.3	0.05	0.03	54.45
玉米粉渣	15.0	0.16	1.8	0.02	0.02	50.00
土豆粉渣	15.0	0.12	1.0	0.06	0.04	43.79
豌豆粉渣	12.0	0.09	2.5	0.09	0.02	38.98
绿豆粉渣	14.0	0.02	2.1	0.06	0.03	45.25
木薯粉渣	91.0	0.85	3.0	0.32	0.02	52.77
酱油渣	23.4	0.21	7.1	0.11	0.03	61.90
玉米酒糟	35.0	0.26	6.4	0.09	0.07	53.11
红薯干酒糟	35.0	0.18	5.7	0.36	0.07	28.40
谷糠酒糟	30.0	0.11	3.8	0.13	0.14	20.88
大米酒糟	20.3	0.22	6.0	0.16	0.10	60.21
高粱酒糟	37.7	0.36	9.3	0.23	0.09	53.11
啤酒糟	23.4	0.17	8.8	0.09	0.18	42.08
甜菜渣	11.9	0.08	1.2	0.10	0.03	39.82
橘子渣	89.2	0.81	5.6	0.63	0.10	51.37
苹果渣	89.0	0.68	4.6	0.45	0.21	43.02

五、常用青贮饲料的营养价值

肉牛快速育肥生产常用青贮饲料的营养价值见表8-13。

表 8-13　常用青贮饲料的营养价值

原料	干物质/%	综合净能/(RND/千克)	粗蛋白质/%	钙/%	磷/%	可发酵有机物/%
玉米青贮	22.7	0.12	1.6	0.10	0.06	31.60
苜蓿青贮	33.7	0.16	5.3	0.50	0.10	40.10
甜菜叶青贮	37.5	0.26	4.6	0.39	0.10	34.50

六、常用青干草的营养价值

肉牛快速育肥生产常用青干草的营养价值见表 8-14。

表 8-14　常用青干草的营养价值

原料	干物质 /%	综合净能 /(RND/千克)	粗蛋白质 /%	钙 /%	磷 /%	可发酵有机物 /%
羊草	91.6	0.46	7.4	0.37	0.18	28.40
苜蓿干草	92.4	0.56	16.8	1.95	0.28	39.50
野干草	87.9	0.44	9.3	0.33	0.31	32.70
黑麦草	87.8	0.62	17.0	0.39	0.24	38.77
碱草	91.7	0.29	7.4	0.42	0.13	28.26

七、常用秸秆类饲料的营养价值

肉牛快速育肥生产常用秸秆类饲料的营养价值见表 8-15。

表 8-15　常用秸秆类饲料的营养价值

原料	干物质 /%	综合净能 /(RND/千克)	粗蛋白质 /%	钙 /%	磷 /%	可发酵有机物 /%
玉米秸	90.0	0.31	5.9	0.39	0.23	31.30
小麦秸	89.6	0.24	5.6	0.05	0.06	21.02
稻草	89.4	0.24	2.5	0.07	0.05	19.77
谷草	90.7	0.34	4.5	0.34	0.03	27.84
甘薯秧	88.0	0.41	8.1	1.55	0.11	35.40
花生秧	91.3	0.53	11.0	1.29	0.03	31.95

八、常用矿物元素饲料添加剂

肉牛快速育肥常用矿物元素饲料添加剂及元素含量见表 8-16、表 8-17。

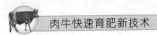
表 8-16　常用微量元素饲料添加剂及元素含量

化合物名称	化学式	提供的微量元素	微量元素含量/%
硫酸铜	$CuSO_4 \cdot 5H_2O$	铜	25.5
	$CuSO_4 \cdot H_2O$		38.8
碳酸铜	$CuCO_3$		51.4
硫酸锌	$ZnSO_4 \cdot 7H_2O$	锌	22.7
	$ZnSO_4 \cdot H_2O$		36.5
氧化锌	ZnO		80.3
碳酸锌	$ZnCO_3$		52.2
硫酸锰	$MnSO_4 \cdot 4H_2O$	锰	22.8
	$MnSO_4 \cdot H_2O$		32.5
氧化锰	MnO		27.4
碳酸锰	$MnCO_3$		47.8
硫酸亚铁	$FeSO_4 \cdot 7H_2O$	铁	20.1
	$FeSO_4 \cdot H_2O$		32.9
碳酸亚铁	$FeCO_3 \cdot H_2O$		41.7
亚硒酸钠	Na_2SeO_3	硒	45.6
硒酸钠	Na_2SeO_4		41.8
碘化钾	KI	碘	76.5
氯化钴	$CoCl_2$	钴	45.4

表 8-17　常用矿物质饲料中矿物元素的含量　　　　　%

饲料名称	化学分子式	钙	磷	钠	氯	钾	镁	硫	铁	锰
碳酸钙	$CaCO_3$	38.42	0.02	0.08	0.02	0.08	1.61	0.08	0.06	0.02
磷酸氢钙	$CaHPO_4$	29.6	22.77	0.18	0.47	0.15	0.8	0.8	0.79	0.14
	$CaHPO_4 \cdot 2H_2O$	23.29	18	—	—	—	—	—	—	—
磷酸二氢钙	$Ca(H_2PO_4)_2 \cdot H_2O$	15.9	24.58	0.2	—	0.16	0.9	0.8	0.75	0.01
磷酸三钙 （磷酸钙）	$Ca_3(PO_4)_2$	38.76	20	—	—	—	—	—	—	—

续表

饲料名称	化学分子式	钙	磷	钠	氯	钾	镁	硫	铁	锰
石粉、石灰石、方解石等	—	35.84	0.01	0.06	0.02	0.11	2.06	0.04	0.35	0.02
脱脂骨粉	—	29.8	12.5	0.04	—	0.2	0.3	2.4	—	0.03
贝壳粉	—	32-35								
蛋壳粉	—	30-40	0.1-0.4	—	—	—	—	—	—	—
磷酸氢铵	$(NH_4)_2HPO_4$	0.35	23.48	0.2		0.16	0.75	1.5	0.41	
磷酸氢二铵	$NH_4H_2PO_4$	—	26.93	31.04						0.01
磷酸氢二钠	Na_2HPO_4	0.09	21.82	19.17						
磷酸二氢钠	NaH_2PO_4	—	25.81	43.3	0.02	0.01	0.01			
碳酸钠	Na_2CO_3	—		27						
碳酸氢钠	$NaHCO_3$	0.01	—	39.5	—	0.01				
氯化钠	$NaCl$	0.3			59		0.005	0.2	0.01	
氯化镁	$MgCl_2 \cdot 6H_2O$	—	—	—			11.95			
碳酸镁	$MgCO_3 Mg(OH)_2$	0.02					34			0.01
氧化镁	MgO	1.69	—	—		0.02	55	0.1	1.06	
硫酸镁	$MgSO_4 \cdot 7H_2O$	0.02			0.01		9.86	13.01		
氯化钾	KCl	0.05	—	1	47.56	52.44	0.23	0.32	0.06	0.001
硫酸钾	K_2SO_4	0.15		0.09	1.5	44.87	0.6	18.4	0.07	0.001

第四节　肉牛快速育肥的饲料配方设计

一、肉牛配合饲料

肉牛日粮是指 1 头牛一昼夜所采食的各种饲料的总量。根据肉牛饲养标准和饲料营养价值表，选取几种饲料，按一定比例相互搭配而成日粮。要求日粮中含有的能量、蛋白质等各种营养物质的数量及比例能够满足一定体重、一定阶段、一定增重的需要量，称为全价日粮或平衡日粮。为了使用方便，饲喂前将日粮的所有或部分原料配合在一起，称为配合饲料。配合饲料按营养成分和用途可分为全价配合饲料、混合饲料、浓缩饲料、精料混合料、预混合饲料等。肉牛配合饲料中各种原料所占的比例就称为配方。肉牛主要配合饲料组成中所含饲料原料见表8-18。

表8-18　肉牛饲料分类及特点

配合饲料类型	所含饲料原料	备注
肉牛全价饲粮	粗饲料＋青饲料＋青贮饲料＋能量饲料＋蛋白质饲料＋矿物质饲料＋维生素饲料＋添加剂＋载体或稀释剂	精粗混合饲喂用量：100％
混合饲料	青饲料＋能量饲料＋蛋白质饲料＋矿物质饲料	用量：100％
肉牛精料补充料	能量饲料＋蛋白质饲料＋矿物质饲料＋维生素饲料＋添加剂＋载体或稀释剂	用量占全饲粮干物质：15％～40％
浓缩饲料	蛋白质饲料＋矿物质饲料＋维生素饲料＋添加剂＋载体或稀释剂	用量占肉牛精料补充料：20％～40％
超级浓缩料	少量蛋白质饲料＋矿物质饲料＋维生素饲料＋添加剂＋氨基酸＋载体或稀释剂	用量占肉牛精料补充料：10％～20％
基础预混料	矿物质饲料＋维生素饲料＋添加剂＋氨基酸＋载体或稀释剂	用量占肉牛精料补充料：2％～6％
添加剂预混料	微量矿物元素＋维生素饲料＋添加剂＋载体或稀释剂	用量占肉牛精料补充料：≤1％

二、肉牛快速育肥饲料配方的设计要求

1. 经济原则

① 要求所选用的饲料原料价格适宜，选择时要因地制宜，就近取材。

② 在肉牛生产中，由于饲料费用占饲养成本的70％左右，配合日粮时，必须因地制宜，巧用饲料，尽量选用营养丰富、质量稳

定、价格低廉、资源充足、当地产的饲料，增加农副产品比例，充分利用当地的农作物秸秆和饲草资源。

③ 可建立饲料饲草基地，全部或部分解决饲料供给，形成稳定的肉牛快速育肥生产系统。

④ 饲料中的成分在肉牛产品中的残留与排泄应对环境和人类没有毒害作用或潜在威胁。

⑤ 要保证配合饲料的饲用安全性，对那些可能对肉牛机体产生伤害的饲料原料，除采用特殊的脱毒处理措施外，不可用于配方设计。

⑥ 对于允许添加的添加剂应严格按规定添加，防止这些添加成分通过肉牛排泄物或肉牛产品危害生态环境和人类的健康。

⑦ 对禁止使用的，应严禁添加，确保产品安全。

2. 营养生理原则

① 肉牛快速育肥场应根据长期饲养实践中肉牛生长和生产性能所反映的情况，结合肉牛营养需要量标准制定饲料配方，以满足肉牛对各种营养物质的需要。实际生产中应做到首先满足肉牛对能量的要求，其次考虑蛋白质、矿物质和维生素等的需要。

② 注意能量与蛋白质的比例。在保持一定蛋白质水平的条件下，可提供非蛋白氮饲料，以节省饲料蛋白质。重视能量与氨基酸、矿物质和维生素等营养物质的相互关系，重视营养物质之间的平衡。

③ 应了解所用饲料原料中的营养成分及含量变化。能量进食量可控制为肉牛标准需要量的 $100\%\sim105\%$，蛋白质进食量可控制为需要量的 $100\%\sim110\%$，干物质进食量可控制为标准需要量的 $100\%\sim110\%$。

④ 营养物质的进食量均不宜低于肉牛最低需要量的 97%。粗纤维控制在干物质采食量的 $15\%\sim20\%$ 为宜。

⑤ 考虑肉牛的采食量与饲料营养浓度之间的关系，既要保证肉牛每天饲料量能够吃进去，而且还要保证所提供的养分满足其对各种营养物质的需要。饲料的体积，一般按采食量每 100 千克体重 2~3 千克供给。

⑥ 饲料的组成应多样化，适口性好，易消化。一般饲料组成中除提供的矿物质元素、维生素及其他添加剂外，含有的精饲料种类不应少于 3～5 种，粗饲料种类不应少于 2～3 种。饲料组成应保持相对稳定，如果必须更换饲料时，应遵循逐渐更换，过渡期 10 天左右。

3. 科学与时俱进原则

① 正确理解和应用饲养标准。在没有充分理由时，标准规定的养分需要量或饲粮养分浓度不应随意变动。然而饲养标准是在一定条件下提出来的，不可能在任何条件下都适用。事实上，饲粮类型、肉牛品种、环境因素、饲养方式、研究方法等均会影响肉牛的营养需要，因此，饲养标准具有局限性。这在日粮配制中有两点指导意义：第一，要选用适当的饲养标准，该标准的研制条件最接近实际应用条件，不能无条件地采用任何标准；第二，标准规定的饲粮养分浓度并非一成不变，应根据所掌握的材料，决定数值的合理性，必要时对一些数值加以调整。

② 由于饲料标准和饲料营养成分表均具有局限性，它们总是落后于科研成果，因此，了解并合理吸收关于肉牛的营养需要和饲料营养价值的最新研究成果，是克服上述局限性的必要措施，必须经常注意国内外各种有关文献的新情报。

③ 日粮的适口性和消化率。日粮的适口性和消化率都是在一定条件下测定的结果，在配合日粮时，通过计算，配合饲料的营养成分可以满足牛的营养需要，如果牛对这种配合饲料不喜欢采食或采食太少，仍不能认为配合饲料合格，要不断观察牛的采食和粪便，及时总结，改进日粮配方。

三、肉牛快速育肥饲料配方设计方法

1. 饲料配方设计方法

设计饲料配方是根据肉牛营养需要和饲料营养价值为肉牛设计口粮供给方案的过程，有多种计算方法可以设计饲料配方，例如试差法、对角线法和联立方程组法。由于设计饲料配方过程精确度越高，计算量越大，目前多用计算机设计，可以节省配方设计计算过程。

2. 饲料配方设计的基本步骤

（1）获取肉牛信息　弄清肉牛的年龄、体重、生理状态、生产水平和所处环境，选用适当的饲养标准，查阅并计算重要养分的需要量。由于养殖场的情况千差万别，肉牛的生产性能各异，加上环境条件的不同，在选择饲养标准时不应照搬，而是在参考标准的同时，根据当地的实际情况，进行必要的调整，稳妥的方法是先进行试验，在有了一定的把握的情况下再大面积推广。肉牛采食量是决定营养供给量的重要因素，虽然对采食量的预测及控制难度较大，季节变化及饲料中能量水平、粗纤维含量、饲料适口性等是影响采食量的主要因素，供给量的确定一般不能忽略这些方面的影响。

（2）获取当地资源信息　根据当地生产资源，选择饲料原料。选择可利用的原料并确定其养分含量和对肉牛的利用率。原料的选择应是适合肉牛的习性并考虑其生物学效价。

（3）设计饲料配方　将所获取的肉牛信息和饲料资源综合处理，形成配方配制饲粮，可以用手工计算，也可以采用专门的计算机优化配方软件。肉牛日粮配方计算的特点是：① 配方计算过程不是以百分含量为依据，而是以肉牛对各种养分每天需要量（绝对量）为基础。② 配方计算项目和顺序是：采食干物质量（千克/天）→能量（千焦/天）→粗蛋白（克/天）→总磷（克/天）→钙（克/天）→食盐（克/天）→胡萝卜素（克/天）→矿物质（前5项不可颠倒）。肉牛首先考虑的是干物质进食量，而对氨基酸、大部分维生素不用考虑。

（4）配方质量评定　饲料配制出来以后，想弄清配制的饲粮质量情况必须取样进行化学分析，并将分析结果和预期值进行对比。如果所得结果在允许误差的范围内，说明达到饲料配制的目的。反之，如果结果在这个范围以外，说明存在问题，问题可能是出在加工过程、取样混合或配方，也可能是出在实验室。为此，送往实验室的样品应保存好，供以后参考用。

配方产品的实际饲养效果是评价配制质量的最好标准，条件较好的企业均以实际饲养效果和生产的畜产品品质作为配方质量的最终评价手段。随着社会的进步，配方产品安全性、最终的环境和生态效应也将作为衡量配方质量的尺度之一。

四、饲料配方设计实例

1. 对角线法

在饲料种类不多及营养指标少的情况下，采用此法，较为简便。在采用多种类饲料及复合营养指标的情况下，亦可采用本法。但由于计算要反复进行两两组合，比较麻烦，而且不能使配合饲粮同时满足多项营养指标，故一般用试差法或联立方程法。

例1：为体重300千克的生长肥育牛配制日粮，饲粮含精料70%、粗料30%，要求每头牛日增重1.2千克，饲料原料选玉米、棉籽饼和小麦秸粉。步骤如下。

第一步，从营养标准的生长育肥牛的营养需要（表8-6）中查出300千克体重肉牛日增重1.2千克所需的各种养分。

干物质7.64千克/天、肉牛能量单位（RND）5.69 RND/天、粗蛋白（克）850克/天。

第二步，分别从肉牛常用饲料营养价值表中查出玉米（表8-10）、棉籽饼（表8-11）、小麦秸粉（表8-15）的营养成分含量并换算为干物质中营养物质含量（表8-19）。

表8-19　饲料原料营养价值

饲料原料	干物质/%	肉牛能量单位/ RND	粗蛋白/%	换算为干物质中营养物质含量	
				肉牛能量单位/RND	粗蛋白/%
玉米	88.4	1	8.6	1.13	9.73
小麦秸	89.6	0.24	5.6	0.27	6.25
棉籽饼	89.1	0.75	31.2	0.84	35.02

第三步，计算出小麦秸提供的蛋白质含量。精粗比7：3计，则小麦秸提供的蛋白质含量为：

$$30\% \times 6.25\% = 1.88\%$$

第四步，计算日粮中玉米和棉籽饼的比例。

日粮需要的蛋白质量为：$0.85 \div 7.64 = 11.13\%$。

粗饲料（小麦秸）提供的蛋白质为 1.88%。

精料（玉米和棉籽饼）应提供的蛋白质为 $(11.13\% - 1.88\%) \div 70\% = 13.21\%$。

用对角线法计算玉米和棉籽饼的比例。

由于日粮中精料只占 70%，所以玉米在日粮中的比例应为 $70\% \times 86.3\% = 60.41\%$，棉籽饼的比例为 $70\% \times 13.7\% = 9.59\%$。

第五步，把配成的日粮营养成分与营养需要比较，检查是否符合要求（表 8-20）。

表 8-20　日粮营养成分与营养需要比较

饲料名称	干物质/千克	粗蛋白/克	肉牛能量单位/RND
玉米	$7.64 \times 60.41\% = 4.62$	$4.62 \times 9.73\% \times 1000 = 449.5$	$4.62 \times 1.13 = 5.22$
棉籽饼	$7.64 \times 9.59\% = 0.73$	$0.73 \times 35.02\% \times 1000 = 256.5$	$0.73 \times 0.84 = 0.61$
小麦秸	$7.64 \times 30\% = 2.29$	$2.29 \times 6.25\% \times 1000 = 143.13$	$2.29 \times 0.27 = 0.62$
合计	7.64	849	6.45
营养需要	7.64	850	5.69
差额	0	-1	$+0.76$

此配方为：小麦秸 2.29 千克（占 30%），玉米 4.97 千克（占 65.08%），棉籽饼 0.38 千克（占 4.92%）。

通过上面计算，该配方粗蛋白基本满足需要，而能量偏高 0.76 RND，基本上符合要求。如果需要降低能量含量，可以增加低能饲料小麦秸的含量重新计算。

通过上述可知，用对角线法只能计算用两种饲料（精料）配制某一养分符合要求的混合料，但通过连续多次运算也可由多种原料（精料）配制两种以上养分符合要求的混合料。

例2：如例1中精料再增加一种小麦麸，查表8-10小麦麸的各养分，并换算为干物质100%的含量时，粗蛋白质16.3%和0.82RND。配方计算如下。

第一步，计算出小麦秸提供的蛋白质含量和RND。此配方按精粗比6：4计算。

粗蛋白为 $40\% \times 6.25\% = 2.5\%$

肉牛能量单位为 $7.64 \times 40\% \times 0.27 = 0.83$（RND）

第二步，计算精料应提供的蛋白质和肉牛能量单位（表8-21）及混合物1（玉米与麸皮）的比例、混合物2（玉米与棉籽饼）的比例。

表8-21　精料应提供的蛋白质和肉牛能量单位

项　　目	粗蛋白/%	肉牛能量单位/RND
营养需要量	$0.85 \div 7.64 \times 100 = 11.13$	5.69
小麦秸提供的	2.5	0.83
精料应提供的	$8.63 \div 0.6 = 14.38$	4.86

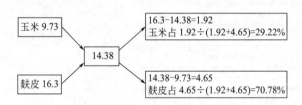

混合物1的比例为玉米占29.22%、麸皮占70.78%。其中1千克混合物1提供的能量为：

$1.13 \times 29.22\% + 0.82 \times 70.78\% = 0.91$（RND）

混合物2的比例为玉米占81.5%、棉籽饼占18.5%。其中1千克混合物1提供的能量为：

$1.13 \times 81.5\% + 0.84 \times 18.5\% = 1.07$（RND）

1千克精料应提供的能量为：$4.68 \div (7.64 \times 60\%) = 1.06$（RND）

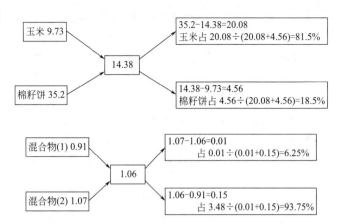

混合物 1 占 6.25％，混合物 2 占 93.75％。可计算出

玉米占比例为：（29.22％×6.25％＋81.5％×93.75％）×60％＝46.94％

小麦麸占比例为：70.78％×6.25％×60％＝2.65％

棉籽饼占比例为：18.5％×93.75％×60％＝10.41％

第三步，把配成的日粮营养成分与营养需要比较，检查是否符合要求（表8-22）。

表 8-22　日粮营养成分与营养需要比较

饲料名称	干物质/千克	粗蛋白/克	肉牛能量单位/RND
玉米	7.64×46.94％＝3.59	3.93×9.73％×1000＝348.9	3.93×1.13＝4.05
小麦麸	7.64×2.65％＝0.20	0.2×16.3％×1000＝330	0.2×0.82＝0.17
棉籽饼	7.64×10.41％＝0.80	0.8×35.02％×1000＝278.5	0.8×0.84＝0.67
小麦秸	7.64×40％＝3.06	3.06×6.25％×1000＝191	3.06×0.27＝0.83
合计	7.64	850	5.69
营养需要	7.64	850	5.69
差额	0	0	0

2. 试差法

试差法又称为凑数法。试差法是根据肉牛饲养标准有关营养指标，根据经验，初步拟出各种饲料原料的大致比例，首先粗略地配制一个日粮，然后按照营养成分表计算每种饲料中各种养分的含量。最后把各种养分的总量与饲养标准相比较，看是否符合或接近饲养标准要求。若每种养分比饲养标准的要求过高或过低，则对日粮进行调整，直至所有的营养指标都基本上满足要求为止。此方法简单，可用于各种配料技术，应用面广。缺点是计算量大，十分繁琐，盲目性较大，不易筛选出最佳配方，具体配制方法举例说明。

例3：养1头150千克体重的生长肉用公牛，要求日增重0.7千克。

第一步，查生长肥育牛营养需要标准（表8-5），得知需肉牛能量单位2.3RND、干物质4.12千克、粗蛋白548克、钙25克、磷12克。

第二步，根据当地草料资源，当地有大量青贮玉米和羊草，配合日粮时首先选用这些青粗饲料。查饲料营养价值（表8-13和表8-14），明确其养分含量见表8-23。

表8-23　青贮玉米及羊草营养成分

名称	干物质/%	肉牛能量单位/RND	粗蛋白/%	钙/%	磷/%
青贮玉米	22.7	0.12	1.6	0.1	0.06
羊草	91.6	0.46	7.4	0.37	0.18

第三步，初步计划喂给青贮玉米秸8千克、羊草1.6千克。计算初配日粮养分，并与营养需要相比较，如表8-24。

表8-24　初配日粮养分

饲料	给量（原样）/千克	干物质/千克	肉牛能量单位/RND	粗蛋白/克	钙/克	磷/克
青贮玉米	8.0	1.82	0.96	128	8	4.8
羊草	1.6	1.47	0.74	118.4	5.92	2.88
合计	9.6	3.29	1.70	246.4	13.92	7.68
需要量		4.12	2.3	584	25	12
差额1		−0.83	−0.6	−337.6	−11.08	−4.32

第四步，各营养物质均不足，应搭配富含能量、蛋白质的精料，并补充钙磷和食盐。选择玉米、向日葵饼、尿素、磷酸氢钙组成混合精料，并查表8-10、表8-11和矿物质饲料得其营养价值（表8-17），列于表8-25。

表8-25　精料营养成分

名称	干物质/%	肉牛能量单位/RND	粗蛋白/%	钙/%	磷/%
玉米	88.4	1.00	8.4	0.08	0.06
向日葵饼	93.6	0.61	46.1	0.53	0.35
尿素	100.0	0	280	0	0
磷酸氢钙	100.0	0	0	21	18
食盐	100	0	0	0	0

第五步，计算混合精料的营养，并与青粗料共同组成日粮，再与营养需要量差额1比较，列于表8-26。

表8-26　精料混合料

饲料	给量/千克	干物质/千克	肉牛能量单位/RND	粗蛋白/克	钙/克	磷/克
玉米	0.57	0.50	0.57	47.88	0.46	0.34
向日葵饼	0.42	0.39	0.26	193.62	2.23	1.47
尿素	0.04	0.04	0.00	112.00	0.00	0.00
磷酸氢钙	0.04	0.04	0.00	0.00	8.40	7.20
食盐	0.02	0.02	0.00	0.00	0.00	0.00
合计	0.98	1.00	0.83	353.50	11.08	9.01
差额1		−0.84	−0.60	−337.60	−11.08	−4.32
与差额1差额		0.16	0.22	15.90	0.00	4.69

汇总结果，已达到营养要求，所求确定日粮组成为：玉米青贮8千克，羊草1.6千克，玉米0.57千克，向日葵饼0.42千克，尿素40克，磷酸氢钙40克，食盐20克。

3. 电脑法

目前国外较大型肉牛场或饲料加工厂都广泛采用计算机进行饲粮配合的计算，具有方便、快速和准确的特点，能充分利用各种饲料资源，降低配方成本。在此，介绍一种利用 Excel 表格进行试差法设计饲料配方的方法，只要会使用 Excel 表格的都会用。下面以养一头 350 千克体重的生长肥育牛，要求日增重 0.9 千克为例介绍。

第一步，查阅肉牛营养需要表 8-7 和饲料营养价值表 8-13、表 8-15、表 8-10、表 8-11、表 8-17，建立 Excel 运算表数据库（图 8-1）。

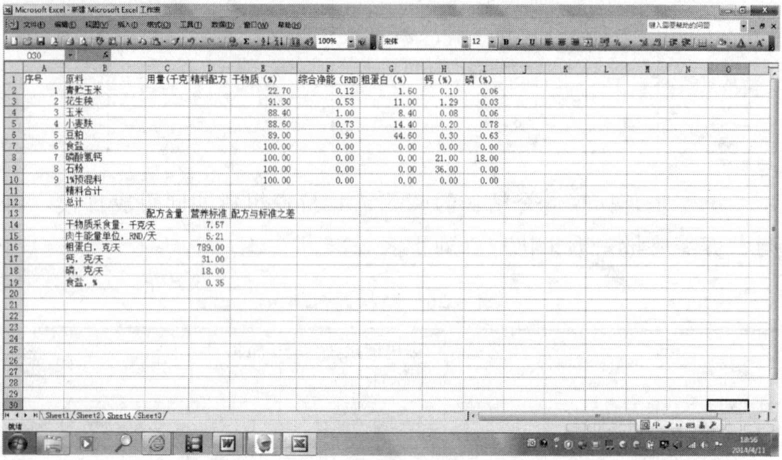

	A	B	C	D	E	F	G	H	I
1	序号	原料	用量(千克	精料配方	干物质（%）	综合净能（RND	粗蛋白（%）	钙（%）	磷（%）
2	1	青贮玉米			22.70	0.12	1.60	0.10	0.06
3	2	花生秧			91.30	0.53	11.00	1.29	0.03
4	3	玉米			88.40	1.00	8.40	0.08	0.06
5	4	小麦麸			88.60	0.73	14.40	0.20	0.78
6	5	豆粕			89.00	0.90	44.60	0.30	0.63
7	6	食盐			100.00	0.00	0.00	0.00	0.00
8	7	磷酸氢钙			100.00	0.00	0.00	21.00	18.00
9	8	石粉			100.00	0.00	0.00	36.00	0.00
10	9	1%预混料			100.00	0.00	0.00	0.00	0.00
11		精料合计							
12		总计							
13			配方含量	营养标准	配方与标准之差				
14		干物质采食量，千克/天		7.57					
15		肉牛能量单位，RND/天		5.21					
16		粗蛋白，克/天		789.00					
17		钙，克/天		31.00					
18		磷，克/天		18.00					
19		食盐，%		0.35					

图 8-1 营养需要与饲料营养价值 Excel 表

第二步，设置运算公式，令单元格

精料用量：C11＝SUM（C4：C10）；

总计：C12＝SUM（C2：C10）；

配方含量的干物质（千克）：C14＝SUMPRODUCT（C2：C10，E2：E10）/100；

配方含量的综合净能（RND）：C15＝SUMPRODUCT（C2：C10，F2：F10）；

配方含量的粗蛋白（克/天）：C16＝SUMPRODUCT（C2：C10，G2：G10）*10；

配方含量的钙（克/天）：C17＝SUMPRODUCT（C2：C10，

H2：H10）＊10；

　　配方含量的磷（克/天）：C18＝SUMPRODUCT（C2：C10，I2：I10）＊10；

　　配方含量的食盐（％）：C19＝C7/C14 ＊ 100；

　　精料配方的玉米：D4＝C4/＄C＄11；

　　精料配方的小麦麸：D5＝C5/＄C＄11；

　　精料配方的豆粕：D6＝C6/＄C＄11；

　　精料配方的食盐：D7＝C7/＄C＄11；

　　精料配方的磷酸氢钙：D8＝C8/＄C＄11；

　　精料配方的石粉：D9＝C9/＄C＄11；

　　精料配方的预混料：D10＝C10/＄C＄11；

　　精料配方合计：D11＝SUM（D4：D10）；

　　配方与标准之差干物质采食量：E14＝C14－D14；

　　配方与标准之差肉牛能量单位：E15＝C15－D15；

　　配方与标准之差粗蛋白：E16＝C16－D16；

　　配方与标准之差钙：E17＝C17－D17；

　　配方与标准之差磷：E18＝C18－D18；

　　配方与标准之差食盐：E19＝C19－D19；

　　设置完成以后，Excel 表格如图 8-2 所示。

　　第三步，在用量一栏里面输入经验配方的组成，则配方含量就会自动显示干物质（千克）、综合净能（RND）、粗蛋白（克）、钙（克）、磷（克）、食盐（％）的含量，精料配方就会自动显示精料配方的百分含量组成。调整原料用量直至配方含量显示的干物质（千克）、综合净能（RND）、粗蛋白（克）、钙（克）、磷（克）、食盐（％）与对应营养标准接近即可（图 8-3）。

　　第四步，打出配方设计结果。设计的日粮配方为：玉米青贮15.00 千克、花生秧 1.75 千克、玉米 1.71 千克、小麦麸 0.77 千克、豆粕 0.23 千克、食盐 0.027 千克、预混料 0.028 千克。或者为玉米青贮 15.00 千克、花生秧 1.75 千克、精料补充料 2.765 千克，其中精料补充料的配方为：玉米 61.84％、小麦麸 27.85％、豆粕 8.32％、食盐 0.98％、预混料 1.00％。

图 8-2　设置运算程序后的 Excel 表

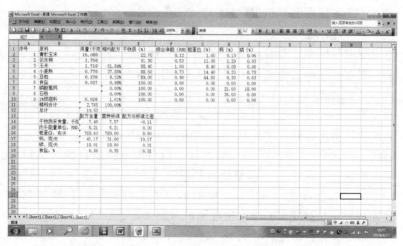

图 8-3　日粮配制的结果

4. 经验配方实例

（1）以青贮饲料为主的架子牛快速育肥饲料配方实例见表 8-27。

表 8-27　架子牛快速育肥饲料配方实例

原料	育肥前期		育肥中期		育肥后期	
	干基配比/%	用量/(千克/天)	干基配比/%	用量/(千克/天)	干基配比/%	用量/(千克/天)
青贮玉米	35.0	10.00	31.1	10.00	30.1	10.00
小麦秸	16.9	1.50	15.0	1.50	9.7	1.00
花生秧	16.3	1.50	14.5	1.50	9.4	1.00
玉米	16.9	1.57	27.3	2.86	36.6	3.96
玉米蛋白	5.7	0.50	5.0	0.50		
麸皮					9.4	1.00
豆粕	4.6	0.41	3.0	0.30	1.0	0.10
棉粕	3.4	0.30	3.0	0.30	2.9	0.30
预混料	1.2	0.10	1.1	0.10	1.1	0.10
配方营养指标	千克干物质中含量	日采食量	千克干物质中含量	日采食量	千克干物质中含量	日采食量
干物质/千克		8.0		9.0		9.3
肉牛能量单位/RND	1.78	14.3	1.88	16.9	1.98	18.4
粗蛋白/克	136.64	1093.1	126.76	1140.9	104.33	970.3
NDF/克	336.72	2693.8	308.83	2779.5	311.59	2897.8
ADF/克	221.16	1769.3	199.02	1791.2	180.25	1676.3
Ca/克	7.55	60.4	6.70	60.3	5.67	52.7
P/克	3.42	27.4	3.35	30.1	4.10	38.1

（2）青年牛持续快速育肥饲料配方实例见表8-28。

表 8-28　青年牛持续快速育肥饲料配方实例　　　　　克

原料	配方1	配方2	配方3	配方4	配方5	配方6	配方7	配方8
菜籽粕	20	20	20	20	20	20	20	20
苜蓿草粉	96	0	0	0	192	0	0	0

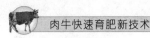

续表

原料	配方1	配方2	配方3	配方4	配方5	配方6	配方7	配方8
苏丹草粉	0	61	0	0	0	122	0	0
稻草粉	0	0	51	0	0	0	102	0
稻草粒	0	0	0	51	0	0	0	102
蒸汽压片玉米	759	794	804	804	663	733	753	753
油脂	40	40	40	40	40	40	40	40
蔗糖蜜	50	50	50	50	50	50	50	50
尿素	10	10	10	10	10	10	10	10
微量矿物盐	4	4	4	4	4	4	4	4
石粉	13.5	13.5	13.5	13.5	13.5	13.5	13.5	13.5
磷酸氢钙	6	6	6	6	6	6	6	6
氧化镁	1.5	1.5	1.5	1.5	1.5	1.5	1.5	1.5
合计	1000	1000	1000	1000	1000	1000	1000	1000
营养组成/(克/千克)								
粗蛋白	130.5	119.6	117.4	117.4	140.4	118.6	114.3	114.3
粗脂肪	75.8	75.6	75.9	75.9	74.5	74	74.7	74.7
NDF	114	117.1	118	118	145.7	151.9	153.6	153.6
草中NDF	40.3	40.3	40.2	40.2	80.6	80.5	80.5	80.5
钙	8.6	7.3	7.1	7.1	10.1	10.1	7.6	7.6
磷	4	4.1	3.9	3.9	3.9	3.9	4.1	4.1
钾	7.3	6.3	5.8	5.8	9.4	9.4	7.3	7.3
镁	2.5	2.6	2.4	2.4	2.6	2.6	2.7	2.7
硫	2.1	1.7	1.7	1.7	2.5	2.5	1.6	1.6
维持净能/(兆焦/千克)	9.58	9.67	9.62	9.62	9.16	9.16	9.37	9.37
增重净能/(兆焦/千克)	6.78	6.86	6.78	6.78	6.4	6.4	6.57	6.57

第九章

肉牛快速育肥饲养管理新技术

第一节　肉牛快速育肥日常管理新技术

一、牛源的选购技术

1. 稳定的牛源基地

育肥牛场的经营中有一个很重要的问题是牛源。首先，要有相对稳定的牛源基地，能源源不断地供应小牛和架子牛。第二，进入育肥场的牛要具有较快的生长发育潜力，因为育肥是在满足牛的维持需要的基础上，提供超过正常生长所需要的营养物质，用来生长肌肉、沉积脂肪。基础体重相同的牛，生长快、增重多，比生长慢、增重少的牛饲料利用效率高，经济效益好。选择具有这种潜力的牛，才能保证育肥成功。

2. 品种

通常选择两个或两个以上肉牛品种交配所生杂交后代，具有杂交优势。例如，地方母黄牛与引进的纯种公牛交配，具有不同遗传性状的基因结合，往往表现出良种公牛的优秀性状。母本黄牛有点凹背的，杂交牛犊背线平直；原来母本臀部较窄的，杂交后代臀部加宽。如果母本是杂交一代则与另一个肉牛品种公牛交配，由于这两个牛种遗传性状上有差异，新生牛犊为杂交二代，还会表现出一些新的优秀性状，如胸部加深、脖颈增粗等，都是有利于多产肉的性状。除杂交牛以外，奶牛场的公牛，具有生长发育快的特点，这也是较好的育肥牛来源。我国地方良种黄牛的公犊，肉质优良，虽生长速度比杂交牛慢一些，仍然具有育肥的价值，其效益可能略低于杂交牛。

3. 年龄

牛具有早期发育的潜力，1 岁以前，生长发育的速度最快。因为骨骼和肌肉在生命的初期就开始发育，持续到 1.5 岁左右。根据牛的生长规律，1 岁以后，提高饲料能量水平供脂肪沉积需要，可以提高饲料利用率，降低饲养成本。年龄小的牛，肌肉中筋膜、韧带也在发育期，此时生产的牛肉质地柔嫩，故通常都选择 3 岁以下的牛进行育肥。美国牛肉分级标准中，特优级牛肉除大理石纹等条件外，其中年龄要求是 30 月龄以下的牛。为了充分利用资源，有些淘汰牛，也能育肥，但生产的牛肉等级低一些。

4. 健康状况良好

首先牛源基地不能有疫情，尤其是传染病，必须每年检测，防止随着牛群的流动传播疾病；其次选牛时要有兽医指导，以便挑除有隐性疾患的牛，如瘤网胃炎、口腔炎或性格怪僻的牛。

5. 身体发育正常

选择胸腹宽深、背腰平直而舒展、四肢端正结实、能支撑 500~600 千克的体重、唇宽嘴大、眼光明亮有神的牛，容易育肥。

6. 适应性好

引进的牛能适应当地气候条件、饲草料条件等环境，不能到气候条件反差太大或饲料种类差别很大的地区引牛。

7. 性别

多数选择公牛育肥，因为除留作种用，其余公牛不能再生产，经过育肥是提高公牛价值的最好办法。另一方面公牛在雄性激素的影响下，生长发育和新陈代谢作用高于母牛。公牛去势后为阉牛，代谢作用发生变化，沉积脂肪的能力比公牛强，在相同饲养条件下，公牛胴体中脂肪所占比重低于阉牛。当市场需要含脂肪较高的牛肉时，例如餐馆用作火锅和铁板烧烤肉，要用阉牛育肥生产的牛肉。母牛具有繁殖和再生产的能力，生长速度低于公牛和去势公牛，育肥后皮下脂肪和内脏脂肪较多，肉的风味不如公牛。淘汰的小母牛宜用快速育肥，配制高营养水平饲料，使其尽快长肥，有可能抑制发情。

二、肉牛运输技术

我国肉牛快速育肥生产经常从外地购入牛源，这些牛源都存在运输的问题，运输过程牛只产生很大的应激，轻者出现食欲下降和减重，重者出现发烧、流涎、咳嗽，甚至虚脱死亡。因此合理的运输，能降低运输应激，提高肉牛快速育肥效果。

1. 运输证件

在运输之前，应当备齐各种证件，主要有畜主产权证、车辆消毒证、兽医卫生健康证、准运证等。

① 兽医卫生健康证件。包括非疫区证明、防疫证和检疫证明，铁路运输时必须要有检疫证明，可由各级铁路兽医检疫站进行检疫出证。

② 车辆消毒证件。证明车辆进行过消毒，不存在传播疫病的风险。

③ 畜主产权证主要是自产证件，用于证明畜主产权。

④ 出境证明。包括准运证和税收证据。准运证由县（市）级工商局签发，持此证可通行全国；税收证明包括各种完税手续和工商管理费手续等。

⑤ 以上各种证件，赶运时由赶运人员持证；汽车运输时由押运人员持证；火车运输时交车站货运处，以保证肉牛运输畅通，减少途中不必要的麻烦。

2. 运输方式

（1）人工赶运 在对肉牛进行人工赶运时，赶运前要将牛只合群饲养 1～2 天，使其相互适应，一般情况下是头一天集中，第二天赶运。根据牛只的多少，选有经验的人员 2～3 人赶运。赶运时，有一人走在牛群的前面领路，一人走在牛群后面，注意前后照应；

牛只多时牛群侧面应有一人，防止牛只进入庄稼地里或遇到车辆干扰，尽量少走村庄街道，并要防止跨越深沟。赶运速度要慢，每小时 3.5～4 千米的速度为好，每天行走 25～30 千米；途中要注意饮水，夜晚要休息好，不要喂得太饱，要让牛有反刍时间；夏季应避开中午炎热天气，在早晚天气凉爽时赶运，以防中暑。

（2）铁路运输　在用铁路运输时，装车前应备好草料（每天每头 5～6 千克）及盛饮水的容器，将车厢打扫干净，清除异物并铺垫褥草，打开车厢小窗通风。押运员随身携带各种证件，以备查验。装车时，可用诱导法，即在通往车厢的路上和车厢内都撒上牛爱吃的干草，这样牛一边吃草一边就进了车厢。也可用引导栏装车，引导栏实际上就是一个与车厢门连接的围栏过道，装车时简便省力。装车过程中切忌用鞭抽打牛，将大小强弱牛分开。装车完毕及时关闭车门。押运员严格遵守铁路运输有关规定，途中细心照看牛只，随时与守车员联系，以便了解列车停（靠）站，及时补给和取水，防止掉车，到站后立即与接牛单位联系，尽快卸车。

（3）汽车运输　用汽车运牛时，车架捆绑必须牢固，车厢底部垫褥草，根据汽车车厢的大小，确定装牛头数。用一木杆横拴在车厢中部，把车分成前后两段。牛只在装车前不要喂得太饱，从专用装卸台牵上汽车，把牛只逐头并排拴于车栏杆上，缰绳要拴牢。司机开车要稳，慢启动，行进中不能急刹车、猛拐弯。途中有个别牛卧下时，要防止其他牛踩踏。卸车时要从专用台上将牛只一个一个牵下。

3. 降低牛运输应激反应新技术

（1）提高日粮中钾含量　长途运输过程牛体发生应激反应，牛对钾的需要量提高 20%～30% 。因此在运输牛的过程中应提高日粮中钾的含量，一般可使日粮中含钾量达到 1.27%～1.41%。常用的方法是每天每 100 千克体重供给牛氯化钾 20～30 克。

（2）提高日粮蛋白质浓度　研究发现，在运输过程中，提高牛日粮中蛋白质浓度，可提高牛的食欲，防止牛的摄食量降低，从而保证运输过程牛体营养需求，可以减少牛体失重和发病。在运输过程，一般要提高牛日粮蛋白质浓度 2～3 个百分点。其具体做法是在精料中增加 10%～15%的豆粕。

（3）日粮中补充维生素 C　在运输过程，牛体发生应激反应，合成维生素 C 的能力降低，而机体的需要量却增加，必须补充维生素 C 方能满足生理需要。同时，补充维生素 C 还具有抑制应激过程的体温升高、促进食欲、提高抗病力的作用。运输过程一般可在牛的日粮中添加 0.06%～0.1%的维生素 C，或饮水中添加 0.02%～0.05%的维生素 C。

（4）添加抗生素　国外一些研究证明运输过程给牛添饲抗生素，可降低牛的应激反应。于起运前几天在日粮中添加土霉素增效剂，可减少运输过程牛呼吸系统的发病率，明显降低肉牛运输过程的死亡率。一般在运输前 5～10 天，每天每头牛饲喂 5 克土霉素，宰前几天的肉牛不宜使用这种方法。

（5）使用镇静类药物　使用镇静类药物可以降低牛对外界刺激的敏感性，减轻应激反应。有报道，在运输之前给牛肌内注射氯丙嗪，用量为每千克体重 1.7 毫克，结果运输过程牛的体温平均少升 1.7℃，心率少增加 15.6 次/分，呼吸少增加 13.6 次/分，活重少损失 4.4%；肉牛宰后，胴体少损失 6.6%，并且肉品质提高，肉在贮藏中的损失减少。氯丙嗪在运输中的用量为每千克体重 2 毫克。

三、肉牛育肥的饲养技术

1. 育肥的饲养方式

（1）放牧育肥方式　放牧育肥是指从犊牛育肥到出栏为止，完全采用草地放牧的育肥方式（图 9-1）。这种育肥方式适合于人口较少、土地充足、草地广阔、降雨量充沛、牧草丰盛的牧区和半农半牧区。例如新西兰肉牛育肥基本上以这种方式为主，一般自出生到饲养至 18 个月龄，体重达 400 千克便可出栏。如果有较大面积的草山草坡可以种植牧草，在夏天青草期除供放牧外，还可保留一部分草地，收割调制干草或青贮料作为越冬饲用，较为经济，但饲养周期长。这种方式也可称为放牧育肥。

（2）半舍饲半放牧育肥方式　夏季青草期牛群采取放牧育肥，

图 9-1 放牧育肥方式

寒冷干旱枯草期把牛群于舍内圈养，这种半集约的育肥方式称为半舍饲半放牧育肥。采用这种育肥方式，不但可利用最廉价的草地放牧，节约成本，而且犊牛断奶后可以低营养过冬，在第二年青草期放牧能获得较理想的补偿增长。采用此种方式育肥，还可在屠宰前有 3～4 个月的舍饲育肥，从而达到最佳的育肥效果。

（3）舍饲育肥方式　肉牛从育肥开始到出栏为止全部实行圈养的育肥方式称为舍饲育肥。舍饲育肥又可采用两种方式，即拴饲和群饲（图 9-2）。拴饲即将每头牛分别拴系给料，给料量一定，效果较好。群饲一般是指将 5～6 头牛分为一群进行饲养，每头所占面积为 4 平方米左右。

2. 育肥饲料模式

（1）放牧及放牧加补饲育肥　此法简单易行，便于广大养牛户掌握使用，适宜山区、半农半牧区和牧区采用。由于以本地资源为主，花钱少，见效快。1～3 月龄，犊牛以哺乳为主；4～6 月龄，除哺乳外，每日补给 0.1～0.3 千克精料，自由采食，随母牛放牧，至 6 月龄强制断奶；7～12 月龄，半放牧半舍饲，每天补玉米 500克、瘤胃素 20 克、人工盐 25 克、尿素 25 克，补饲时间在晚 8 时以后；13～15 月龄放牧吃草；16～18 月龄经驱虫后，实行后期短

图 9-2 舍饲育肥方式

期快速育肥，即整日放牧，每天分 3 次补饲玉米 2.5 千克、尿素 50 克、促生长添加剂 40 克、人工盐 25 克。一般育肥前期每头每日喂精料 2 千克。

（2）青贮料舍饲育肥　青贮玉米是育肥肉牛的优质饲料，如同时补喂一些混合精料，可达到较高的日增重。据试验：体重 375 千克的荷斯坦杂种公牛，每日每头饲喂青贮玉 12.5 千克，混合精料 6 千克（棉籽饼 25.7%，玉米面 43.9%，麸皮 29.2%，骨粉 1.2%），另加食盐 30 克，在 104 天的育肥期内，平均日增重 1645 克。据用 1.5～2 岁、体重 342.5 千克的鲁西黄牛进行试验，青贮玉米自由采食，精料（玉米 53.03%，麸皮 28.14%，棉籽饼 16.1%，骨粉 1.51%，食盐 0.95%）每日每头喂 5 千克，在 60 天的试验期内平均日增重 1.36 千克，最高的个体达 1.5 千克。

（3）高能日粮强度育肥　对 2.5～3 岁、体重 300 千克的架子牛，可采用高能量（每千克含 10.88 兆焦以上代谢能）混合料或精料型（70%）日粮进行强度育肥，以达到快速增重、提早出栏的目的。在由粗饲料型日粮向精料型日粮转变时，要有 15～20 天的过渡期。可采用 1～20 天，日粮粗料比例为 45%，粗蛋白 12% 左右，每头日采食量干物质 7.6 千克；21～60 天，日粮中粗料比例为

25％，粗蛋白 10％，每头日采食干物质 8.5 千克；61～150 天，日粮中粗料比例为 20％～15％，粗蛋白 10％，每头日采食干物质 10.2 千克。应注意的是要经常观察反刍情况，发现异常及时治疗，保证充足饮水。

3. 育肥方案和饲料供给

（1）育肥方案　由于购入的牛体重、年龄、性别、健康、品种不同，育肥方案也不同，通常开始育肥的体重越大，育肥时间越短。一般根据育肥前牛的体重情况，可参照表 9-1 确定育肥期。

表 9-1　育肥前牛的体重与参考育肥期

育肥前牛体重/千克	过渡期			育肥期			催肥期			总饲养期/天	育肥后牛体重/千克
	饲养期/天	日增重/克	增重/千克	饲养期/天	日增重/克	增重/千克	饲养期/天	日增重/克	增重/千克		
150	10	700	7	200	1050	210	120	1200	144	330	511
200	10	700	7	160	1100	176	100	1250	125	270	508
250	10	800	8	120	1100	132	100	1250	125	230	515
300	10	900	9	90	1200	108	85	1200	102	185	519
350	10	900	9	35	1200	42	50	1300	65	95	466
400	10	900	9				55	1350	74	65	483

（2）饲料供给要求　通常情况下，快速育肥需要饲喂高精料日粮，一般根据育肥前牛的体重情况，可参照表 9-2 确定育肥期精粗饲料比例。

表 9-2　育肥牛的体重与参考精粗饲料比例

育肥前牛体重/千克	过渡期			育肥期			催肥期		
	饲养期/天	精料比例/%	粗料比例/%	饲养期/天	精料比例/%	粗料比例/%	饲养期/天	精料比例/%	粗料比例/%
150	10	30	70	200	50～60	50～40	120	70～80	20～30
200	10	30	70	160	50～60	50～40	100	70～80	20～30

续表

育肥前牛体重 /千克	过渡期			育肥期			催肥期		
	饲养期 /天	精料比例 /%	粗料比例 /%	饲养期 /天	精料比例 /%	粗料比例 /%	饲养期 /天	精料比例 /%	粗料比例 /%
250	10	30	70	120	60～70	40～30	100	75～85	25～15
300	10	40	60	90	70	30	85	80～85	20～15
350	10	40	60	35	70	30	50	80～85	20～15
400	10	40	60				55	85	15

4. 肉牛育肥饲料配制要求

① 对育肥肉牛的育肥目标要有非常明确的了解。高档型肉牛、优质型肉牛、普通型肉牛，不同类型肉牛需要有不同的饲料配方。

② 严格掌握育肥肉牛的体重。随时调整饲料配方和饲喂量。育肥肉牛的不同生产目的、育肥肉牛的不同生产水平都有相应的营养需要量，只有满足了育肥牛的要求，才能获取最大限度的饲养利益。

③ 要高度重视配合饲料的适口性。育肥肉牛对饲料的色、香、味反应敏捷，色、香、味好的饲料采食量大，达到多吃多长的目的。

④ 要经常注意配合饲料料价的变动。在育肥牛的实践中饲料消耗占饲养成本的70%以上，因此要降低饲养总成本，饲料费占有重要地位。

⑤ 要注意配合饲料原料的品质。配合饲料原料的品质包括外表品质和内部品质，外表品质指颜色、籽粒饱满度、杂质含量；内部品质指营养物含量、含水量、可消化性、有无毒害物质等。

⑥ 要注意配合饲料营养的全价性。配合饲料有了较好的适口性、较低的成本、适宜的含水量，还应注意营养的全价性、营养是否平衡、有无颉颃等。

⑦ 要掌握配合饲料原料的消化率。育肥牛对各种饲料的消化吸收率有很大的差别，选择牛容易消化吸收的饲料。

⑧ 要注意当地原料在配合饲料的占有量。饲料原料运输费是增加饲料成本的主要因素，要最大限度地利用当地饲料资源，尤其是粗饲料，体积大、重量轻，给运输带来诸多不便，增加饲养成本。

⑨ 要注意日粮的含水量。日粮含水量以 50% 较好，日粮含水量指经过计算能满足育肥牛生长需要，按比例的各种饲料混合物，这种混合物的含水量 50% 较好，水分含量高会影响牛的采食量，水分少也会影响牛的采食量。

⑩ 配合饲料要做到现场配制，当日使用。由于配合饲料含水量较高，易发酵发热，产生异味，造成肉牛采食量的下降，尤其在夏天。

⑪ 在配制饲喂高档、优质肉牛配合饲料时，必须注意饲料原料中叶黄素的含量，当叶黄素量积聚到一定量时，会使肉牛脂肪颜色变黄，降低牛肉的销售价格，造成育肥户的直接经济损失。在高档、优质肉牛的配合饲料配方中，尤其在最后 100 天左右时要减少叶黄素含量高的饲料，如干草、青贮饲料、黄玉米。

⑫ 对饲料原料产地土壤中各种微量元素的含量进行测定，如有些地区土壤中不含硒元素或者含量极少，这些地区生产的玉米（或大麦、小麦）籽粒及其秸秆中也缺少硒。肉牛在育肥期内对硒元素在饲料中含量的多少，反应非常敏感，饲料中硒元素缺少时，育肥牛的生长下降；饲料中硒元素超量时，育肥牛还会发生中毒。

5. 出栏时间的确定

（1）适时出栏的意义　确定肉牛育肥的最佳结束期，不仅对养牛者节约投入、降低生产成本有利，而且对提高牛肉质量也有重要意义。因为育肥时间的长短和出栏体重的高低不仅与总的采食量和饲料利用率相关，而且对牛肉的嫩度、多汁性、肌纤维粗细、大理石花纹丰富程度及牛肉中脂肪含量等有重要影响。

肥育肉牛出栏体重大小的确定既受牛肉市场的影响，也受饲养者技术和生产资金等的影响。出栏体重不同，饲料消耗量和利用效率也不同。牛体重的生长强度，总体来说是随着年龄的增大而减小，且年龄小的牛维持需要少，体重的增加主要是肌肉、骨骼和内脏器官；而年龄大的牛体重增加时脂肪增加比例高。因此，一般的规律是：牛的出栏体重越大，饲料利用效率越低。

在同一品种内，牛肉品质与出栏体重的关系往往是，在 2.5～3 岁以内的牛出栏体重小的牛，牛肉品质不如出栏体重大的牛。超过 3 岁后，肉的品质一般是随着年龄的增加而下降。这是因为牛肉大理石花纹的形成在 12 月龄以前很少，12～24 月龄期间增长较快，而 30 月龄以后则变化很小。胴体脂肪的增加也在 14 月龄以后加快。24 月龄时，脂肪占胴体的比例比 8 月龄时增加 2 倍；超过 3 岁时，牛肉肌纤维的老化速度和皮下脂肪含量增速，与 9～30 月龄牛相比加快。

（2）确定适时出栏的方法

① 根据采食量变化确定出栏时间。肉牛对饲料的采食量与其体重有关。绝对采食量随着育肥期的延长而增加，出现采食量下降的势头，说明育肥牛即将到达育肥结束期；如果采食量下降为正常采食量的 1/3 或更少时，应该结束育肥；或者按活重计算，即日采食量（干物质）下降至只有活重的 1％～1.5％或更少时，应结束育肥。

② 根据肥育度指数确定出栏时间。育肥指数是利用活牛体重和体高的比值。根据日本的研究认为，阉牛的育肥指数以 526 为最佳。也有报道公牛的育肥度指数以 475 为最佳。生产者可根据生产实际，总结适宜的育肥指数。

③ 根据体形外貌确定出栏时间。利用肉牛各个部位脂肪沉积程度进行确定。主要是看牛的腭部、胸垂部、腹肋部、腰部、坐骨部、下腆部、阴囊等部位的脂肪沉积度。当皮下、胸垂部的脂肪量较多，肋腹部、坐骨端、腰角部沉积的脂肪较厚实时，即已达到育肥最佳结束期。

④ 根据牛肉市场确定出栏时间。如果牛的育肥已有一段较长的时间，或接近预定的育肥结束期，而又赶上节假日，牛肉需求旺盛，价格较高，可果断结束育肥，及时出栏。

四、肉牛育肥的一般管理技术

1. 大小分群

分群是育肥牛的首要管理措施，引进牛舍的牛，必须按体重大小、性别分群，在实行统槽喂料时，体形大的牛群添加次数多些。分栏散养时，同一栏的牛，体重接近，避免互相欺侮，使体重增长比较整齐。如不分群，体重小的牛、胆小的牛采食常受排挤，增重受影响，育肥一段时间后，出现体形大小差异加大，影响全群牛的增重水平。

2. 修蹄

舍饲育肥之前，对蹄形异常的牛，都要削、修、整理，使蹄底平齐，随着体重增加，四肢支撑的重量不断增加，蹄形不正，会减低腿部的承重能力，甚至影响腿骨的生长发育，产生疼痛直接影响肥育增重。

3. 驱虫

驱虫是育肥前的重要准备工作，牛感染内外寄生虫，会降低饲料消化吸收率，引起腹痛、腹泻，外寄生虫如疥癣等症，使牛休息不好，都会干扰牛的肥育与增重。常用的驱虫药有丙硫咪唑、阿维菌素、伊维菌素、敌百虫等。注意驱虫药的使用方法，严格按照说明书操作。尤其经过放牧的牛，育肥前必须按兽医规定进行驱虫。

4. 刷拭

刷拭能促进牛的皮肤健康，促进血液循环，每当给牛刷拭时，牛表现十分安静，说明牛感觉非常舒服。刷拭由头颈开始，顺腹、背、四肢至臀部，工具有商店出售的毛刷、铁丝刷，也可用废钢锯条自己加工，刷拭可选择晴天无风日，最好在户外进行。刷拭需占用较多劳力，也可购置自动刷拭机。

5. 制定管理规范并认真落实

育肥牛饲养管理规范包括管理日程，喂料、打扫时间，保持环境安静，禁止非工作人员进入生产区等等。

6. 牛有足够采食时间

喂牛是育肥的中心环节，提高牛的采食量是增重的保证。由于牛的个体差异，有的采食快、有的慢，必须保证每次喂料有足够时间，尤其喂全混合日粮及粗饲料比重高的日粮时，牛采食较慢，使吃料时间延长。分栏散养时，除炎热季节外，可以在下顿喂料前再清扫食槽。

7. 安排育肥的季节

肉牛由于采食量大，身体肥胖，怕热，因此安排计划时，避开在炎热季节出栏，此时牛消化不好、增重降低，出栏肥牛有很大风险。北方只在 0℃ 以下时才用塑料暖棚或挂帘帐挡风，其余时间（0℃ 以上）都以通风为好。测量时以牛舍内小气候的温度为主。

8. 做好过渡饲养

新购入的牛，必须安排过渡饲养，也称适应期饲养，因为饲料种类和饲养条件发生变化，牛可能感觉生疏，拒绝采食；也可因为一直放牧吃草，精料味道好，猛吃猛喝。这两种情况会引起掉膘减重，后者还会出现消化紊乱而致病。过渡期先喂粗料，2～3 天后逐渐增加精料，直至达到标准喂量。

9. 肉牛瘤胃取铁

牛瘤胃异物的摄入，一般引不起人们的注意，直到引起前胃弛缓，饮食欲减退或停止，才引起人们的重视。有些屠宰的健康牛，瘤胃和网胃发现有大量的金属异物，对于平时健康，但在使役或分娩当中突然死亡的牛，剖解一般都有尖锐的金属异物通过瘤胃和网胃壁穿透纵隔扎入心脏或穿透心肺等情况。

瘤胃取铁一般采用铁器取铁。瘤胃取铁器由三部分构成，即开口器、磁铁绳、送磁铁绳入咽部的金属杆。在取铁前先检查开口器上的系绳是否结实，磁铁石与系绳是否牢实。避免开口器掉后磁铁绳被牛咬断磁铁掉入瘤胃或磁铁与绳连接不牢也可掉入瘤胃，引起不必要的麻烦。瘤胃取铁先系好开口器，再将磁铁绳固定在金属杆的前端，将金属杆前端的磁铁石通过开口器送入牛的口腔深部（咽部），取出金属杆，及时灌入水，在牛吞咽水的时候，将磁铁石咽入瘤胃，后将系绳系在牛的鼻卷或笼头上。牵着牛运动 30～40 分钟，以便磁铁石在瘤胃里充分活动，接触各种铁类异物（取铁前牛禁食半天更好），将绳从鼻卷或笼头上取下，轻轻拉住，让牛自己将磁铁石通过反刍动作回上来，检查磁铁石上的铁类异物，取铁完毕。

10. 维持瘤胃健康

为了维持瘤胃健康，可在育肥前灌服维持瘤胃健康的制剂，目前常用的是灌服益生素类和中草药类。肉牛瘤胃，主要靠益生菌和纤毛虫等微生物消化干物质和粗纤维，灌服益生菌增加瘤胃微生物的菌群，帮助瘤胃消化。同时还有提高免疫功能、促进动物生长的作用。灌服一些增强瘤胃蠕动的中草药或注射兴奋瘤胃植物神经的疑似胆碱药，以提高瘤胃的蠕动功能，帮助消化，提高食欲。

11. 夏季肉牛防暑降温措施

炎热天气影响牛的采食量，使牛应激增加，感染疾病机会上升。肉牛育肥要做好防暑降温工作。肉牛育肥场采用拴系饲养方式，限制牛的活动，夏季高温时，应将牛拴系在树阴下或四面通风的棚子下，以防阳光的直接照射。拴系饲养还要注意随着阳光角度的改变而改变拴系的地点，以防止阳光对牛的直接照射。最好让牛在运动场自由运动。

夏季应及时供给牛清凉的饮水，并增加饮水的次数，最好能让牛自由饮用。当气温为 25～35℃时，每采食 1 千克饲料需水 4～10 千克。气温高于 35℃时，采食 1 千克饲料需水 8～15 千克。饮水一方面可以补充水分的排泄，另一方面可以防暑降温。牛一次饮用 20 千克 15℃左右的水，可使瘤胃温度从 39℃下降到 20℃左右，并保持 1～2 小时。在夏季供给充足、凉爽、洁净的饮水，对肉牛的防暑降温及生长有非常重要的意义。

一般情况下，分上午和下午两次饲喂。气温高时，牛的采食量约下降 10%，导致进食不足。可在晚上较凉爽时再饲喂一次，以保证牛的采食量不受影响。增加饲喂次数或连续饲喂，可减少牛的产热。另外，日粮要选择优质粗料如青绿饲料、青干草或青贮玉米等。麦秸、稻草质量较差，不易消化，不经加工处理直接饲喂，可使牛产热增多，增加热负荷，所以应减少日粮中低质粗料的比例，增加易消化饲料的比例。部分粗料可在凉爽的晚上饲喂。

夏季特别注意牛舍的卫生，要及时清理牛舍地面上的粪尿，对于水泥地面，可以用自来水冲洗，这样既可以保持卫生，亦可降低牛舍内的温度。

12. 冬季肉牛饲养与保温

在北方一些地区，冬季外界环境温度很低，如果牛舍保温效果不好，肉牛就要用很多营养物质产热，造成饲料利用率下降，日增重减少。从饲养管理的角度，要尽量减少风、雪对肉牛的影响，注意改善牛舍的保温效果。除了外界环境温度对肉牛的饲料利用率及增重有较大影响外，冬季饮水和饲料的温度对于肉牛也有影响。肉牛瘤胃内容物的温度与体温相近，一般为 $38\sim40℃$，但受饮水和饲料的温度影响较大。若饮水温度为 $25℃$，可导致肉牛瘤胃内容物温度下降 $5\sim10℃$，此后需要两个多小时才能使瘤胃温度恢复至正常。瘤胃从 $25℃$ 升高至 $38\sim41℃$ 需要大量热量，这些热量最终亦来源于肉牛消化吸收的营养物质，结果导致动物维持体温的营养物质需要增加，饲料的利用率下降。冬季自来水温度只有 $10℃$ 左右，肉牛若饮自来水，可使饲料利用率受到很大影响。假设一头肉牛饮水 20 千克，水温 $10℃$，则这些水升温至 $39℃$ 需要的热量相当于 1.6 千克玉米。也就是说，这些玉米起不到增重的作用，被用作饮水升温。因此，有条件的地方，冬季最好喂饮 $35℃$ 左右的温水。将饮水加热虽然消耗一定的燃料，但从提高饲料利用率和日增重、保持肉牛的健康来说仍是有利的。

第二节　肉牛快速育肥模式及新技术

不同年龄的牛，体组织的生长顺序和强度不同，如青年牛是骨肉一起长，架子牛主要是长肉和长膘，而老残牛则是以增膘为主，而且牛的年龄不同，消化系统的功能也有差别。因此在育肥过程中，牛的年龄不同，其所用育肥饲料及育肥期长短、育肥具体措施都有很大差异。一些养殖户不了解这个情况，在实际生产中不分牛的年龄和特点，一味求购体重大的个体牛，育肥方法千篇一律，造

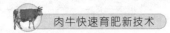

成牛出栏时膘情不一致，严重影响育肥效果和生产效益。

一、小白牛肉生产技术

1. 小白牛肉

小白牛肉也叫白牛肉，是指犊牛在生后只喂全乳、脱脂乳或代用乳，不喂植物性饲料，进行牛肉生产的一种方法。由于生产白牛肉时，犊牛不饲喂其他任何植物性饲料，甚至连垫草也不能让其采食，因此白牛肉不仅饲喂成本高，牛肉售价也高，其价格是一般牛肉价的 3～10 倍。小白牛肉，肉质细嫩，味道鲜美，风味独特，肉色白或稍带浅粉色，营养价值高，蛋白质含量比一般牛肉高 63%，脂肪低 95%，人体所需的氨基酸和维生素含量丰富，是一种理想的高档牛肉。

2. 适宜小白牛肉生产的品种

生产小白牛肉应尽量选择早期生长发育速度快的肉牛品种，要求初生重在 38～45 千克、健康无病、无缺损、生长发育快、消化吸收机能强、3 月龄前的平均日增重必须达到 0.7 千克以上。因为公犊牛生长快，可以提高牛肉生产率和经济效益，生产小白牛肉，目前多选择公犊牛。

3. 饲养管理

犊牛生后 1 周内，必须要吃足初乳；至少在出生 3 天后应与其母牛分开，实行人工哺乳，每日哺喂 3 次。生产小白牛肉每增重 1 千克牛肉约需消耗 10 千克奶，用代乳料或人工乳平均每产 1 千克小白牛肉约消耗 1.3 千克。小白牛肉最大的特点是肉质颜色发白、具有奶香口味。为了达到这样的结果，生产上主要是通过饲料营养和饲喂方法控制。营养上的措施目前主要是饲喂低铁低铜日粮，甚至造成犊牛在一个贫血状态下生产，实现肉质发白，饲料组成中只饲喂全乳或代乳品来供给其营养，不饲喂精饲料和粗饲料，通过全奶或者奶制品实现小白牛肉的奶香味。饲喂方法上，控制犊牛不接触泥土，所以牛栏多采用漏粪地板。

近年来采用代乳料加入人工乳喂养越来越普遍，但要求尽量模拟全牛乳的营养成分，特别是氨基酸的组成、热量的供给等都要求适应犊牛的消化生理特点。生产小白牛肉应以全乳或代乳品来供给其营养，代乳品必须以乳制品及其副产品作为原料进行生产。

小白牛肉生产过程，每日饲喂 2～3 次，自由饮水，冬季饮 20℃ 左右温水，夏季可饮凉水。犊牛发生软便时，不必减食，可以给予温开水，但给水量不能太多，以免造成"水腹"。若出现消化不良，可酌情减少喂奶量，并用药物治疗。如下痢不止、有顽固性症状时，则应进行绝食，并注射抗生素类药物和补液。小白牛肉生产过程的液体饲料喂量应根据犊牛的食欲和健康而定，一般第一个月每天可饲喂 6～7 千克，第二个月每天可饲喂 7～9 千克，第三个月每天可饲喂 9～10 千克。

4. 小白牛肉的出栏时间

小白牛肉的出栏时间，可根据市场行情而定，一般在 15～20 周，体重在 90～130 千克。体重过小，生产成本升高；体重过大，容易失去小白牛肉的特点。

二、小（红）牛肉生产技术

所谓小牛（犊牛）肉是指犊牛出生后一周岁之内，在特殊饲养条件下育肥后生产的牛肉。小牛肉富含水分，鲜嫩多汁，蛋白质含量高而脂肪含量低，风味独特，营养丰富，胴体表面均匀覆盖一层白色脂肪，是一种理想的高档牛肉。育肥出栏后的犊牛屠宰率可达到 58%～62%，肉质呈淡粉红色，所以也称为小红牛肉生产。在养牛业发达的国家，大部分奶公犊和淘汰母犊均作小牛肉去饲养。

1. 犊牛的要求

生产犊牛（小牛）肉应尽量选择早期生长发育速度快的品种，肉用牛的公犊和淘汰母犊是生产小牛肉的最适宜的犊牛。在国外，奶牛公犊也被广泛用于小牛肉生产。在我国目前条件下，还没有专门化肉牛品种，可选择荷斯坦淘汰犊牛组织生产。公犊生长快，生产小牛肉，可以提高牛肉生产效率和经济效益，以选择公犊为佳，但亦可利用淘汰的母犊生产小牛肉。用于小牛肉生产的犊牛初生重不低于 35 千克，一般为 40～42 千克为宜。要求提供犊牛的牛场无传染病，犊牛健康无病，且无任何遗传病与生理缺陷。体形外貌要求头方大，前管围粗壮，蹄大，宽嘴宽腰。

2. 饲养管理

为了保证犊牛的生长发育潜力充分发挥，代乳品和育肥精料的饲喂一定要数量充足、质量可靠。可采用代乳品喂养以节省用奶量。实践证明，采用全乳的犊牛比用代乳品的犊牛日增重高。在采用全乳还是代用乳饲喂时，国内可根据综合的经济效益确定。小规模生产中，使用全乳喂养可能效益更好。

犊牛出生后 3 天内可以采用随母哺乳，也可采用人工哺乳，一般出生 3 天后必须改由人工哺乳，1 月龄内按体重的 8%～9% 喂给牛奶或相当量的代乳料，精料从 7～10 日龄开始训练犊牛学习采食，以后逐渐增加，20～30 天时采食到 0.5～0.6 千克，青干草或青草任其自由采食。1 月龄后，犊牛日增重逐渐提高，营养的需求也逐渐由以奶为主向以草料为主过渡，为了提高增重效果并减少疾病发生，精料要高热能、易消化，并加入少量抑菌药物。为了使小牛肉肉色发红，可在全乳或代用乳中补加铁和铜，这还可以提高肉质和减少犊牛疾病的发生，如同时再添加些鱼粉或豆饼，则肉色更加发红。

饲喂代乳粉前，应先将代乳粉加少量凉开水，充分搅拌直至无团块时为止，然后加热开水调到 60℃ 使其充分溶解，喂前用凉开水调整温度到 38～39℃ 后饲喂犊牛，浓度以 1 份代乳粉加 6 份水的比例为宜。代乳品可以从市场购买也可以自己配制，配制代乳品时原料中乳制品应占 70% 以上。一般推荐原料用量为脱脂奶粉 60%～70%、动物油脂 15%～20%、乳清 15%～20%、植物原料 1%～10%、维生素和矿物质 1%～2%。为了提高生长速度和减少腹泻，目前生产中饲喂全乳时也加入 5%～10% 的猪油。

饲喂代乳品时要特别注意乳温，否则易产生各种疾病，特别是腹泻问题。一般 1～2 周饲喂代乳品控制乳温 38℃ 左右，以后每周降低 1～2℃，维持到 30～35℃ 不再降低。代乳品以每天 2～3 次为宜，饲喂量为开始每天 0.5 千克，以后逐渐增加，到 4 周时每天饲喂 1.5

千克左右。4 周以后代乳品逐渐减少，增加精料喂量（表 9-3）。

表 9-3　小牛肉生产过程生长速度及饲料喂量

周龄	体重/千克	增重 /（千克/天）	喂乳量 /（千克/天）	精料喂量 /（千克/天）	干草喂量 /（千克/天）
0～3	40～59	0.6～0.8	5～7	自由采食	自由采食
4～7	60～79	0.9～1.0	7～8	0.1	自由采食
8～16	80～99	0.9～1.1	8	0.4	自由采食
11～13	100～124	1.0～1.2	9	0.6	自由采食
14～16	125～149	1.1～1.3	9	0.9	自由采食
17～21	150～199	1.2～1.4	9	1.3	自由采食
22～27	200～250	1.1～1.3	8	2.0	自由采食
28～35	251～300	1.1～1.3		3.0	自由采食
合计			1500	350	

初生犊牛要及时哺喂初乳，提高机体免疫力，减少疾病发生，最初几天要在每千克代乳品中添加抗生素。保证犊牛的充足饮水，饲喂要做到定时定量，注意卫生，预防消化不良和下痢的发生。犊牛舍温度应保持在 15℃左右，每日清扫粪尿 1 次，并用清水冲洗地面，每周室内消毒 1 次，并保证牛舍通风良好。

3. 出栏时期的选择

出栏时期的选择应根据消费者对小牛肉口味喜好和市场而定，不同国家之间并不相同。小牛肉生产一般分为大胴体和小胴体两种。犊牛育肥至 6～8 月龄，体重达到 250～300 千克，屠宰率 58%～62%，胴体重 130～150 千克称小胴体。如果育肥至 8～12 月龄屠宰活重达到 350 千克以上，胴体重 200 千克以上，则称为大胴体。要生产小胴体，育肥至 6～8 月龄可以出栏；要生产大胴体，可继续育肥至 8～12 月龄出栏。

三、青年牛持续育肥技术

青年牛的持续育肥是将 6 月龄断奶的健康犊牛饲养到 1.5 岁左

右，使其体重达到 400～500 千克出售。青年牛持续育肥广泛用于美国、加拿大和英国等地。持续育肥由于在饲料利用率较高的生长阶段保持较高的增重，加上饲养期短，故总效率高。生产的牛肉鲜嫩，仅次于小牛肉，而成本较犊牛低，是一种很有推广价值的育肥方法。青年牛持续育肥饲养期一般分为适应期、增肉期和催肥期三个阶段。青年牛持续育肥方式有舍饲育肥、放牧加舍饲育肥和放牧育肥法。

1. 青年牛持续育肥阶段的划分

青年牛持续育肥饲养期一般分为适应期、增肉期和催肥期三个阶段。适应期一般为 1 个月，主要目的是让牛适应育肥的环境和饲料，起过渡作用。增肉期一般为 8～9 个月，时间较长，又可分为增肉前期和增肉后期。增肉前期牛的体重较小，饲料喂量少，增肉后期体重增加，饲料喂量增多。催肥期为 2～3 个月，目的是让牛尽快增膘。

2. 舍饲育肥技术

舍饲育肥的适应期，每天饲粮的组成以优质青草、氨化秸秆及少量麸皮为佳。麸皮喂量由少到多，不断增加，一般开始时 1 千克左右，当犊牛每天能稳定吃到 1.5～2.0 千克麸皮时，可逐渐将麸皮过渡为育肥饲料，适应期即告结束。在适应期，每头牛的饲料平均日喂量应达到青草 3～5 千克（或酒糟 3～5 千克），氨化秸秆 5～8 千克、麸皮 1～1.5 千克、食盐 30～50 克。如果喂不到这么多就会影响牛的增重。在适应期，若发现牛消化不良，可喂给干酵母，每头每天 20～30 片。若粪便干燥，可喂给多维素 2～2.5 克或植物油 250 毫升，并适当增加青饲料的喂量。

增肉期的饲养，一般增肉前期饲料的日喂量可控制为青草 8～10 千克，氨化秸秆 5～10 千克，麸皮、玉米粗粉、饼类各 0.5～1 千克，尿素 50～70 克，食盐 40～50 克；后期各类饲料日喂量为青草（或酒糟）10～15 千克，氨化秸秆 10～15 千克，麸皮 0.75～1 千克，玉米粗粉 2～3 千克，饼粕粉 1·1.25 千克，尿素 80～100 克，食盐 50～60 克。

催肥期的饲养，日粮中能量饲料要适当增加。日粮可为青草（或酒糟）15～20千克，氨化秸秆10～15千克，麸皮1～1.5千克，玉米粗粉3～3.5千克，饼粉1.3～1.5千克，过瘤胃脂肪300克，尿素80～100克，食盐70～80克。如发现牛食欲不好可添加瘤胃素200毫克/（日·头）。

3. 放牧加补饲持续育肥法

在牧草条件较好的牧区，犊牛断奶后，以放牧为主，根据草场情况，适当补充精料或干草，使其在18月龄体重达400～500千克。要实现这一目标，母牛哺乳阶段，犊牛平均日增重要达到0.9～1千克，冬季日增重保持0.4～0.6千克，第二季日增重在0.9千克。在枯草季节，对杂交牛每天每头补喂精料1～2千克。放牧时应做到分群，每群50头左右，分群轮牧。在我国，1头体重120～150千克牛需1.5～2公顷的牧场，放牧育肥时间从出生当年5～11月，放牧时要注意牛的休息和补盐。夏季防暑，狠抓秋膘。

4. 放牧—舍饲—放牧持续育肥法

此种育肥方法适应于9～11月出生的秋犊。犊牛出生后随母牛哺乳或人工哺乳，哺乳期日增重0.6千克，断奶时体重达到100千克。断奶后以粗饲料为主，进行冬季舍饲，自由采食青贮料或干草，日喂精料不超过2千克，平均日增重0.9千克。到6月龄体重达到180千克。然后在优良牧草地放牧（此时正值4～10月份），要求平均日增重保持0.8千克，到12月龄可达到300～350千克。转入舍饲，自由采食青贮料或青干草，日喂精料2～5千克，平均日增重0.9千克，到18月龄，体重达450千克左右。

四、架子牛快速育肥技术

架子牛是指体格已发育基本成熟、肌肉脂肪组织尚未充分发育的青年牛。其特点是骨骼和内脏基本发育成熟，肌肉组织和脂肪组织还有较大发展潜力。架子牛快速育肥是我国肉牛生产的重要方式。

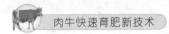

1. 架子牛快速育肥的条件

快速育肥的架子牛应选择优良的肉牛品种及其与本地黄牛的杂交后代。目前我国饲养的肉牛品种主要有夏洛来、西门塔尔、安格斯、海福特、利木赞、皮尔蒙特、草原红牛等。

架子牛应选择15～18月龄的架子牛。其年龄可根据出生记录进行确定，也可根据牙齿的脱换情况进行判断，可选择尚未脱换或第一对门齿正在更换的牛，其年龄一般在1.5岁左右。架子牛育肥选择没有去势的公牛最好，其次为去势的公牛，不宜选择母牛。

体重越大年龄越小说明牛早期的生长速度快，育肥潜力大。育肥结束要达到出栏时的体重要求，一般要选择1.5岁时体重达到350千克以上的架子牛。体重的测量方法可用地磅实测，也可用体尺估测。

架子牛应选择精神饱满、体质健壮、鼻镜湿润、反刍正常、双目圆大、明亮有神、双耳竖立、活动灵敏、被毛光亮、皮肤弹性好、行动自如的。在外貌方面，选择体格高大、前躯宽深、后躯宽长、嘴大口裂深、四肢粗壮、间距宽的牛；切忌头大肚大颈部细、体短肢长腹部小、身窄体浅屁股尖的架子牛。

2. 育肥前的预处理措施

育肥前根据架子牛的体重、年龄、性别将其相近的牛进行分群重组。分群后立即进行驱虫。根据牛的体重，计算出用药量，逐头进行驱除。驱虫方法有拌料、灌服、皮下注射等。驱虫药物可选用虫克星、左旋咪唑、抗蠕敏等。一周后再进行第二次驱虫。

育肥牛的圈舍在进牛前用20％生石灰或来苏儿消毒，门口设消毒池，以防病菌带入。牛体可用0.3％的过氧乙酸消毒液逐头进行一次喷体消毒，3天以内用0.25％的螨净乳化剂对牛进行一次普擦驱虫。

由于牛对饲料中的硬物缺乏识别能力，且采食咀嚼不全，故常会食入铁丝、铁钉等异物，胃肠蠕动时会损伤胃内壁，引起感染。架子牛育肥前必需取铁，再用广谱抗生素如土霉素、氯霉素、庆大霉素进行消炎。

在育肥前，要进行饲料的过渡饲养，以建立适应育肥饲料的肠道微生物区系，减少消化道疾病，保证育肥顺利进行，生产中称这个过程为换肚或换胃。其方法是牛入舍前两天只喂一些干草之类的粗料。前一周以干草为主，逐日加入一些麸皮，一周后开始加喂精料，10天左右过渡为配合精料。

3. 架子牛快速育肥的饲养

配合日粮时，第一要满足架子牛的营养需要，按饲养标准供给营养。在具体生产中，根据牛的个体情况、环境条件和具体运用效果适当调整。第二要保证饲料的品质和适口性，使架子牛既能尽量多采食饲料，又能保证良好的消化。第三要保证饲料组成多样化。在配合饲料时尽量选用多种原料，以达到养分互补，提高饲料利用率的效果。第四要注意充分利用当地资源丰富的饲料，以保证日粮供给长期稳定和成本价格低廉。第五为了满足架子牛的补偿生长需求，可适当提高营养标准，一般可提高标准10%～20%。

架子牛育肥过程，营养的供给要保证不断增长的态势，并在出栏前达到最高水平。营养供给持续增长可通过不断增加精料喂量，调整精粗比例来实现。一般在适应阶段以精料为主适当添加麸皮，育肥的第一个月精粗比例为50%，且喂精3～5千克；育肥的第二个月精粗比例为70%，日喂精料6千克左右；育肥第三个月精粗比例为80%～85%，日喂精7～8千克。

架子牛育肥期间可采用每天饲喂2～3次的方法。每次饲喂的时间间隔要均等，以保证牛只有充分的反刍时间。架子牛育肥期间每天应饮水三次，日喂两次时，在每次喂完后，各饮水1次，中午加饮1次。每天饲喂三次者，均在每次饲喂后让牛饮水。饮水要干净卫生，冬季以温水为好。架子牛育肥过程饲料饲喂顺序为先喂草，后喂料，最后饮水。饲草要铡短铡细，剔出杂物，洗净泡软或糖化后喂给，精料拌湿喂牛。

4. 架子牛快速育肥的管理

进场的架子牛要造册登记建立技术档案，对牛的进场日期、品种、年龄、体重、进价等编号，进行详细登记。在育肥过程要记录增重、用料、用药及各种重要技术数据。

进牛前对牛舍进行一次全面消毒，一般可用 20％石灰乳剂或 2％漂白粉澄清液喷洒。农村土房旧舍，可用石灰乳剂将墙地涂抹一遍，地面垫上新土，再用石灰乳剂消毒一次。进牛后对牛舍每天打扫一次，保证槽净舍净。同时经常观察牛的动态、精神、采食、饮水、反刍，发现问题及时处理。育肥前根据本地疫病流行情况注射一次疫苗。

架子牛的牛舍要求不严，半开放式、敞棚式均可，只要能保证冬季不低于 5℃，夏季不高于 30℃，通风良好就是适宜的牛舍。牛床一般长 160 厘米、宽 110 厘米，有条件的可用水泥抹平，坡度保持 1％～2％，以便于保持牛床清洁。

架子牛的运动场要设在背风向阳处，运动场内每牛建造一个牛桩，育肥期间将牛头用缰绳固定于距桩 35 厘米左右处，限制牛运动。

日光照射架子牛，可以提高牛的新陈代谢水平，促进生长。每天饲喂后，天气好时要让牛沐浴阳光。一般冬季 9 点以后、4 点以前，夏季上午 11 点以前、下午 5 点以后都要让架子牛晒太阳。

刷拭可以促进体表血液循环和保持体表清洁，有利于新陈代谢，促进增重。每天在牛晒太阳前，都要对牛从前到后，按毛丛着生方向刷拭一遍。每月底定时称重，以便根据增重情况，采取饲养措施或者出栏。

5. 架子牛育肥后的适时出栏

架子牛适时出栏的标准是当其补偿生长结束后立即出栏。架子牛快速育肥是利用架子牛的补偿生长原理即在其生长发育的某一阶段，由于饲养管理水平降低或疾病等原因引起生长速度下降，但不影响其组织正常发育，当饲养管理或牛的健康恢复正常后，其生长速度加快，体重仍能恢复到没有受影响时的标准进行肉牛生产。当牛的补偿结束以后继续饲养，其生长速度减慢，食欲降低，高精料的日粮还会造成牛消化紊乱，引起发病。因此补偿生长结束后要立即出栏。

牛的膘情是决定出栏与否的重要因素，架子牛经育肥后体形变得宽阔饱满，膘肥肉厚，整个躯干呈圆筒状，头颈四肢厚实，背腰肩宽阔丰满，尻部圆大厚实，股部肥厚（图 9-3）。用手触摸牛的鬐甲、背腰、臀部、尾根、肩胛、肩端、肋部、腹部等部位感到肌肉丰厚，皮下软绵；用手触摸耳根、前后肋和阴囊周围感到有大量脂肪沉积，说明膘情良好，可以出栏。

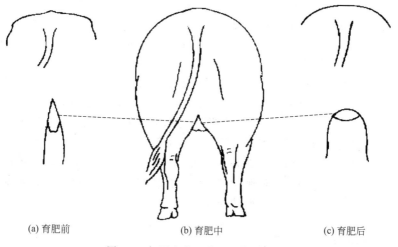

(a) 育肥前　　　　　　(b) 育肥中　　　　　　(c) 育肥后

图 9-3　架子牛育肥前后的体形变化

　　食欲是反映补偿生长完成与否的主要因素。架子牛通过胃肠调理以后，食欲很好，采食量不断增加。当补偿生长结束后，牛的采食量开始下降，食欲逐渐变差，消化机能降低。在架子牛育肥后期，若出现食欲降低，采食量减少，经过一些促进食欲的措施之后，牛的食欲仍不能恢复，说明补偿生长结束，要及时出栏。

　　经过 2～3 个月育肥后，架子牛达到 550 千克以上，增重达 150 千克以上，平均日增重达 1～1.5 千克时，继续饲养增重速度减慢，应适时出栏。

五、老残牛短期育肥技术

　　老残牛也称淘汰牛，主要指淘汰的成年母牛、肉用母牛和役用牛等，育肥的目的是为了提高这些牛的肉品质、屠宰率和牛肉的产量。由于这些牛大多已过了快速生长期，过度的长时间育肥可使其体内大量沉积脂肪，所以育肥期往往不能时间太长，一般为2个月左右。育肥的方法是舍饲并限制运动，供应优质的干草、青草、经处理的秸秆或糟渣类饲料，并喂给一定量的精料，特别注意饲喂容易消化的饲料。这样，经短期饲养，牛的增重加快，肌肉间脂肪沉积增加，使牛的屠宰率提高，牛肉的嫩度改善，品质提高。在有条件的牧场，淘汰牛的育肥也可采用放牧饲养的方法，如果牧草质量好，可不补充精料，这样可以节约牛的育肥成本。

目前的主要做法是，饲喂时将各种饲料混匀、闷软，少量多次饲喂，以促进消化和吸收。催肥日粮组成为玉米面1.5～2.5千克，豆粕0.5～1千克，氨化秸秆（或草粉）10～15千克，骨粉50克，食盐50克，促长剂50克。如果是青草期可采用放牧加补料的方法进行催肥。即白天在草场上放牧，晚上回来补一些精料。补料的量由少到多逐渐增加，每天补精料1～2千克。精料的组成以玉米粗粉为主。在老残牛的催肥过程中应保持环境安静，加强刷拭，减少运动，增加日光浴，最好选择在春秋两季进行。

六、高档肉牛生产技术

1. 高档牛肉和高档肉牛

高档牛肉是指制作国际高档食品的优质牛肉，要求肌肉纤维细嫩，肌肉间含有一定量脂肪，所做食品既不油腻，也不干燥，鲜嫩可口。牛肉品质优劣的分级标准包括多项指标，每个国家对高档牛肉的概念是不同的。一般把色泽和新鲜度好、脂肪含量适中、大理石花纹明显、嫩度好、食用价值高的牛肉称为"高档牛肉"。牛肉品质档次的划分主要依据牛肉本身的品质和消费者主观需求，因此国外有多种标准，如美国标准、日本标准、欧盟标准等。

高档肉牛是用于生产高档牛肉的肉牛，是通过选择适合高档牛肉的品种、采用一定的饲养方法，生产出色泽和新鲜度好、脂肪含量适宜、大理石状明显、嫩度好、食用价值高、可供分割生产高档牛肉的肉牛。

高档牛肉占牛胴体的比例最高可达12%，高档牛肉售价高，因此提高高档牛肉的出产率可大大提高养肉牛的生产效益。一般每头育肥牛生产的高档牛肉不到其产肉量的 5％，但产值却占整个牛产值的 47％；而饲养加工一头高档肉牛，则可比饲养普通肉牛增加收入 2000 元以上，可见饲养和生产高档优质牛经济效益十分可观。

2. 高档肉牛生产要点

（1）适宜的品种　适宜高档肉牛生产的品种，主要为引入的国外优良肉牛品种，如安格斯牛、利木赞牛、皮埃蒙特牛、夏洛来牛、西门塔尔牛、蓝白花牛等，以及这些品种与我国五大优良黄牛品种秦川牛、晋南牛、鲁西牛、南阳牛、延边牛等的高代杂种后代牛，这些品种或后代生产性能好、生长速度快、饲料报酬高、易于达到育肥标准。我国的五大良种黄牛及部分地方品种如复州牛、渤海黑牛、科尔沁牛也适于高档肉牛生产。

（2）性别选择　性别对于牛肉的品质影响较大，无论从风味还是从嫩度、多汁性等方面均有影响，性别对于肉牛的生产性能也有较大影响，综合各方面因素，通常用于生产高档优质牛肉的牛一般选用阉牛。因为阉牛的胴体等级高于公牛，而生长速度又比母牛快。因此，在生产高档牛肉时，应对育肥牛去势。去势时间应选择在 3～4 月龄以内进行较好。其优点是可以改善牛肉的品质，日本、韩国、英国等国家广泛应用去势牛进行高档肉牛生产。

（3）年龄选择　生产高档牛肉时，育肥年龄选择为 18～24 月龄为好，此时期不仅是牛的生长高峰期，而且是肉牛体内脂肪沉积的高峰期。如果育肥牛的年龄大于 36 月龄，生产高档牛肉的比例极低。如果利用纯种牛生产高档牛肉，出栏年龄不要超过 36 月龄，利用杂种牛，最好不要超过 30 月龄。因此，对于育肥架子牛，要求育肥前 12～14 月龄体重达到 300 千克，经 6～8 个月育肥期，活重能达到 500 千克以上，可用于高档肉牛生产。

（4）饲养管理技术　生产高档牛肉，要对饲料进行优化搭配，饲料应尽量多样化、全价化，按照育肥牛的营养标准配合日粮，正确使用各种饲料添加剂。育肥初期的适应期，应多给饲草，日喂 2～3 次，做到定时定量。对育肥牛的管理要精心，饲料、饮水要卫生、干净，无发霉变质。冬季饮水温度应不低于 20℃。圈舍要勤换垫草，勤清粪便，每出栏一批牛，都应对厩舍进行彻底清扫和消毒。

应根据生长阶段和生理特点，在断奶至 12～13 月龄的育成期，体重由 90～110 千克到 300 千克左右。这期间特别是牛的消化器官、内脏、骨骼发育快，到 12～13 月龄时基本上结束这些器官的发育。另外，肌肉在此期还正在发育，应供给高蛋白质低能量饲料。在 13～24 月龄期育肥期间，主要饲喂低蛋白质、高能量饲料，增加精饲料的饲喂量，促进肌肉内的脂肪沉积。这一时期应喂给大麦等形成硬脂肪的各种饲料，增加饲料的适口性，禁止饲喂青草、青贮饲料。

（5）适时出栏　为了提高牛肉的品质（大理石花纹的形成、肌肉嫩度、多汁性、风味等），应该适当延长育肥期，增加出栏重。出栏时间不宜过早，太早影响牛肉的风味，因为肉牛在未达到体成熟以前，许多指标都未达到理想值，而且产量也上不来，影响整体经济效益；但出栏时间也不宜过晚，因为太晚肉牛自身体脂肪沉积过多，不可食肉部分增多，而且饲料消耗量增大，也达不到理想的经济效益。中国黄牛体重达到 550～650 千克，月龄为 25～30 月龄时出栏较好。有研究表明体重在 450 千克屠宰率可达到 60.0%，眼肌面积达到 83.2 平方厘米，大理石花纹 1.4 级；体重在 600 千克的屠宰率可达到 62.3%，眼肌面积达到 92.9 平方厘米，大理石花纹为 2.9 级。

3. 高档肉牛和高档牛肉的质量评定

我国现行高档肉牛和高档牛肉尚无统一标准，高档牛肉可参照屠宰等级评定方法，等级较高的肉牛为高档肉牛，高档牛肉可根据相关肉质指标进行确定。

待屠宰牛等级，是与一定的胴体等级相对应的，是临宰前活牛等级评定的方法。这个方法包括两部分，一是质量等级，二是产量等级。在评定时不计品种因素。屠宰牛一般不是犊牛，也不是老年牛，在通常情况下，为 2～4 岁的牛。这是屠宰厂对收购的牛只进行产量及其品质预估的方法。在集市贸易中牛的经营者在长年累月的收购工作中积累有丰富的经验，能相当准确地估出屠宰后牛的胴体重。但不能准确估计产值，因为牛胴体的产值决定于屠宰率，以及背膘厚度、腔内脂肪量和眼肌面积等项指标。待宰牛较消瘦的，屠宰率低，随着达到满膘的程度，屠宰率逐步提高，这是普遍的规律。然而育肥到一定程度时，膘度继续增加，牛的皮下脂肪、腔内脂肪和肌肉间脂肪也继续提高。当牛过肥时，虽然屠宰率很高，在切割成商品牛肉时要切除过厚的皮下脂肪、腔内脂肪，且过肥的肉块为中低档售价，因此收购过肥的牛其回报率低于较低但适度育肥的等级。在现代肉牛业的生产中，只会从活牛估出胴体重是不够的，而必须区分质量等级和产量等级。在发达国家都有相应的评定方法，这里简要介绍美国的评定方法：屠宰牛质量等级，一般分为5级，分别为特级、精选级、良好级、普通级和加工用级（图9-4）。以上评定的结果，可以与美国牛胴体等级评定相对照，对牛的屠宰和牛肉加工具有重要的参考意义。

有自己育肥牛场的屠宰厂，在收购牛只做后期催肥时，对进场牛只可根据不同膘度制定日粮配方。对于半手工的屠宰厂或小型屠宰厂，评出质量等级和产量等级，对核算利润具有重要的指导意义。大型屠宰厂将此评分结果输入电脑管理系统，可用于预报供应市场的牛胴体等级与销售对象间的关系，如果育肥后期的产量和质量等级与屠宰后胴体上相应等级呈强相关的话，可事先得知上市牛胴体及分割肉的品位、等级、售价，以及被供应对象对不同肉品要求的相关程度等，是企业管理的重要技术指标之一。

我国高档牛肉的标志应包括以下几个方面：第一是大理石花纹等级，眼肌的大理石花纹应达到我国试行标准中的1级或2级；第二是牛肉嫩度，肌肉剪切力值为3.62千克以下的出现次数应在65％以上，这类牛肉咀嚼容易，不留残渣、不塞牙，完全解冻的肉块用手触摸时，手指易进入肉块深部；第三是多汁性，高档牛肉要求质地松软，汁多而味浓；第四是牛肉风味，要求具有我国牛肉的传统鲜美可口的风味；第五是高档牛肉块的重量，每块牛柳应在2千克以上，每条西冷重量应在5.0千克以上，每块眼肌的重量应在6.0千克以上；第六是胴体表面脂肪，胴体表面脂肪覆盖率80％以上，表面的脂肪颜色洁白；第七是适应我国消费习惯。

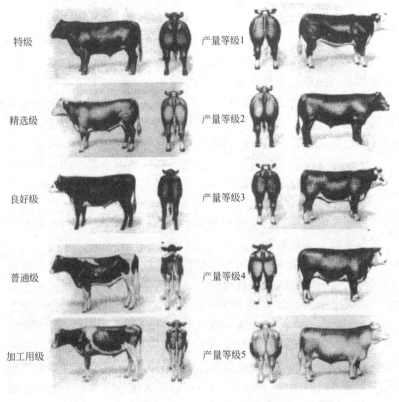

特级　　精选级　　良好级　　普通级　　加工用级

产量等级1　　产量等级2　　产量等级3　　产量等级4　　产量等级5

图 9-4　美国肉牛屠宰分级标准

第三节　影响肉牛产肉性能的因素

肉牛的产肉能力和肉品质量受多种因素的影响，其主要影响因素为品种、类型、年龄、性别、饲养水平及杂交等。

一、品种和类型的影响

牛的品种和类型是决定生长速度和育肥效果的重要因素，二者对牛的产肉性能起着主要作用。从品种和生产力类型来看，肉用品种的牛与乳用牛、乳肉兼用品种和役用牛相比，其肉的生产力高，这不仅表现在它能较快地结束生长期，能进行早期育肥，提前出栏，节约饲料，能获得较高的屠宰率和胴体出肉率，而且屠体所含的不可食部分（骨和结缔组织）较少，脂肪在体内沉积均匀，大理石纹状结构明显，肉味优美，品质好。不同品种间比较，肉用牛的净肉率高于黄牛，黄牛则高于乳用牛。

从体形来看，牛的肉用体形愈明显，其产肉能力也愈高，并且断奶后在同样条件下，当饲养到相同的胴体等级（体组织比例相同）时，大型晚熟品种（夏洛来）所需的饲养时间长，小型早熟品种（安格斯）饲养时期较短，出栏早。据报道，断奶后，在充分饲喂玉米青贮和玉米精料的条件下，饲养到一定胴体等级时（体脂肪达30%），夏洛来牛需200天（体重达522千克），海福特需155天（体重470千克），安格斯牛需140天（体重422千克），平均日增重分别为1.38千克、1.33千克和1.28千克，消耗饲料干物质总量，夏洛来牛为1563千克，海福特牛为1258千克，安格斯为1100千克。

二、年龄的影响

牛的年龄对牛的增长速度、肉的品质和饲料报酬有很大影响。幼龄牛的肌纤维较细嫩，水分含量高，脂肪含量少，肉色淡，经育肥可获得最佳品质的牛肉；老龄牛结缔组织增多，肌纤维变硬，脂肪沉积减少，肉质较粗又不易育肥。

从饲料报酬上看，一般是年龄越小，每千克增重消耗的饲料越少。因年龄较大的牛，增加体重主要依靠在体内贮积高热能的脂肪，而年龄较小的牛则主要依靠肌肉、骨骼和各器官的生长增加其体重。有人研究报道，秦川牛每千克增重所消耗的营养物质，以13月龄牛为最少（平均5.81千克），其次是18月龄牛（平均为9.28千克），再次为25月龄牛（15.20千克）。亦即年龄越大，增重越慢，每千克增重消耗的饲料越多。

从屠宰指标而言，也有研究报道在相同的饲养条件下，22.5月龄牛的屠宰率、净肉率、肉骨比最高，其次是18月龄牛，再次是13月龄牛；而眼肌面积则为18月龄牛最大，22.5月龄大于13月龄。

牛的增重速度的遗传力为 0.5～0.6，出生后，在良好饲养条件下，12 月龄以前的生长速度很快，以后明显变慢，近成熟时生长速度很慢。例如夏洛来牛的平均日增重，初生到 6 月龄达 1.18～1.15 千克。而在饲料利用率方面，增重快的牛比增重速度慢的牛高。据试验，用于维持需要的饲料日增重为 0.8 千克的犊牛为47%，而日增重 1.1 千克的犊牛只有 38%。我国地方品种牛成熟较晚，一般 1.5～2.0 岁增重快。因此，在肉牛生产上应掌握肉牛的生长发育特点，在生长发育快的阶段给以充分的饲养，以发挥其增重效益。一般达到体成熟时的一半时期屠宰比较经济，如牛的成年体重为 1200 千克，600 千克左右屠宰较为合算。国外对肉牛的屠宰牛龄大多为 1.5～2.0 岁，国内则为 1.5～2.5 岁。

三、性别与去势

牛的性别对肉的产量和肉质亦有影响。一般来说，母牛的肉质较好，肌纤维较细，肉味柔嫩多汁，容易育肥。过去习惯对公犊去势后再育肥，认为可以降低性兴奋，性情温顺、迟钝，容易育肥，但近期国内外的研究表明，胴体重、屠宰率和净肉率的高低顺序为公牛、去势牛和母牛，同时随着胴体重量的增加，其脂肪沉积能力则以母牛最快，去势牛次之，公牛最慢。育成公牛比阉牛的眼肌面积大，对饲料有较高的转化率和较快的增重速度，一般生长率高，每增重 1 千克所需饲料比阉牛平均少 12%。因而公牛的育肥逐渐得到重视。去势对肉牛产肉性能见表 9-4。

表 9-4　去势对肉牛产肉性能的影响

年龄/月龄	处理	屠宰率/%	净肉率/%	日增重/千克
18	公牛	56.78	48.68	0.70
	去势	60.12	51.75	0.59
22.5	公牛	64.84	53.17	0.64
	去势	60.50	51.92	0.49

对于采用公牛或阉牛育肥，还因饲养方式和饲喂习惯而异。美

国的肉牛胴体质量等级中的一个重要依据是脂肪沉积，故以饲养阉牛为主；欧洲共同体国家以规模饲养的专业为主，多为"一条龙"的饲养方式，且在肉食习惯上注意并喜食瘦肉，所以以饲养公牛为主；日本讲究吃肥牛肉，以养阉牛为主。我国各地提出的雪花牛肉实际是肥牛的一种，随着我国经济的发展，适应我国人民消费习惯的牛肉可能是低脂肪的牛肉，特别是我国特有的地方黄牛品种生产的牛肉。

一般认为牛去势后育肥和不去势育肥，屠宰效果、肉用性能存在差别。有研究报道，架子牛去势后育肥比不去势育肥，屠宰率高0.64个百分点，净肉率高1.83个百分点，骨重低0.79个百分点，肾脂肪重量高1.40个百分点，优质肉重量高1.43个百分点，前躯肉重量低3.96个百分点，脂肪（肉块间）重量高4.27个百分点。公牛的日增重比阉牛平均提高13.5%，饲料利用率提高11.7%。公牛胴体的瘦肉含量比阉牛高8%，而脂肪含量则比阉牛低38%，公牛的胴体重、净肉率和眼肌面积均大于阉牛。

牛去势后育肥时，体内脂肪的沉积量远远高于不去势育肥牛，不论是腰窝（肾周边）脂肪重量、肉块之间的脂肪重量，还是胃肠系膜脂肪的重量都增加。牛去势后育肥时，高档牛肉生产量与不去势育肥相差微小，但质量的差异非常显著。牛去势后育肥时，前躯体肉产量不如不去势育肥牛。18月龄以后去势的牛育肥时，屠宰效果和肉用性能表现介于适时去势育肥牛和不去势育肥牛之间。

四、饲养水平和营养状况的影响

饲养水平是提高牛产肉能力和改善肉质的重要因素。据对幼阉牛以不同饲养水平（丰富组和贫乏组）饲喂并在1.5岁屠宰的试验表明，贫乏饲养组宰前活重平均为224千克、屠宰率为48.5%，丰富饲养组宰前活重平均为414千克、屠宰率为58.3%，丰富饲养组幼阉牛的体重和屠宰率较贫乏饲养组提高了84.82%和20.21%。每千克肉的发热量，丰富饲养组为10.416千焦，贫乏组为7.459千焦，提高了39.6%。胴体中骨的含量，丰富饲养组为18.4%，贫乏饲养组为22.4%。

育肥期牛的营养状况对产肉量和肉质影响也很大。营养状况好、育肥良好（肥胖）的牛比营养差、育肥不良（瘠瘦）的成年牛产肉量高，产油脂多，肉的质量好。所以，牛在屠宰前必须进行育肥和肥度的评定。

五、杂交对提高肉牛生产能力的影响

牛的经济杂交又称为生产性杂交，主要应用于黄牛改肉牛、肉用牛的改良以及母牛的肉用生产，牛的经济杂交是提高牛肉生产率的主要手段。肉牛经济杂交的主要方式包括：肉牛品种间杂交、改良性杂交（肉用牛×本地牛）及肉用品种和乳用品种的杂交等。

1. 肉牛品种间杂交

肉牛的品种间杂交主要有两种品种间杂交和三种品种间杂交两种方式。其中，两种品种间杂交是两个品种肉牛杂交一次，一代杂种无论公母全部肉用；三种间杂交是先用两个品种肉牛杂交，产生的杂种一代公牛全部肉用，母牛再与第三个品种肉牛杂交，后代全部肉用。利用品种间杂交，可利用杂种优势以提高肉牛的增重速度、饲料转化效率和肉的品质，尤其是三品种间的杂交效果更佳。有研究证明通过品种间杂交可使杂种后代生长快，饲料效率提高，屠宰率和胴体出肉率增加，比原来纯种牛多产肉 $10\% \sim 15\%$，高的达 20%；美国的试验表明，两个品种的杂交后代，其产肉能力一般比纯种提高 $15\% \sim 20\%$。

2. 改良杂交

用肉用性能良好和适应性强的品种，对肉用性能较差的当地品种进行杂交，以改良肉用性能。我国曾用乳肉兼用短角、西门塔尔等及肉用品种夏洛来、利木赞、海福特等品种，对本地黄牛杂交改良，取得了良好效果，促进了我国肉牛业的发展。如有报道利用利木赞公牛改良蒙古牛，对利蒙杂种一代进行强度育肥，13 月龄体重达到 407.8 千克，在 82 天的育肥期平均增重 117 千克，平均日增重达 1.42 千克，屠宰率为 56.7%，净肉率为 47.3%；用蒙古牛与西门塔尔牛的杂交公牛，强度育肥 13 个月，结果平均日增重为

0.775 千克，每千克增重消耗饲料 7.14 千克，屠宰率 58.01％，净肉率 48.95％，与蒙古牛相比，屠宰率、净肉率分别提高了 9.46％和 9.75％。

3. 肉用和乳用品种间杂交

用肉用品种对乳用品种进行杂交，乳用母牛产奶而杂交后代产肉，有利于提高饲料转变为畜产品的利用效率。其原因首先在于肉牛产肉的饲料转化率不如母牛产奶高，母牛将饲料中能量（代谢能）和蛋白质转化为牛奶中能量、蛋白质的效率分别为 60％～70％和 30％，而肉牛将饲料能量、蛋白质转化为肉中能量、蛋白质的转化率分别为 40％～50％和 15％。其次，专门化生产肉牛的基础母牛仅用于产犊，直到年老不能繁殖时才屠宰肉用，肉品质差。乳用牛则不同，母牛产犊，每年的产奶除喂犊牛以外，还可提供数量可观的商品奶，增加经济效益。其三，乳牛肉脂肪较少，与肉用品种杂交可提高杂种后代的瘦肉率。其四，用乳用品种改良黄牛，可提高杂种后代的产乳量，有利于新品种的培育，肉用与乳用品种间的杂交，其杂种优势明显，增重快，饲料利用率高，胴体质量好。

肉用品种和乳用品种杂交，生产方法有两种：一是饲养奶肉兼用品种牛，母牛产奶，公犊饲养育肥后肉用，如兼用型荷斯坦母牛、兼用型西门塔尔牛都是较适用的品种；二是在母牛品种数量已有一定基础的情况下，基础母牛群为乳用牛，除每年选配 30％～40％最优良的母牛进行纯种繁育作为母牛群的更新外，其余的母牛都用肉用牛品种杂交，利用杂种优势，杂交犊牛全部用作肉用。

目前，为了保持土地的高利用效率和养牛业的高经济效益，发展乳肉或肉用型牛已成为一种趋势，尤其在欧洲一些国家更是发展较快，如英国利用荷斯坦公牛早期断乳后用大麦催肥生产优质牛肉称"大麦牛肉"；荷兰、丹麦几乎不饲养专门化的肉牛品种，特别重视发展奶肉兼用牛，每年约生产 220 万头犊牛，主要用于生产"小白牛肉"；法国的奶牛公犊基本上作肉用来生产"小牛肉"。

第十章

肉牛快速育肥中疾病防治新技术

第一节　疫病综合防控技术

一、日常保健新技术

1. 驱虫保健技术

驱虫是一项重要的预防疫病的有效措施。春季对犊牛群进行球虫的检查和驱除；每年春、秋各进行一次疥癣等体表寄生虫的检查和驱除；6～9 月份，焦虫病流行区要定期检查并做好灭蜱工作。10 月份对牛群进行一次肝片吸虫等的预防驱虫工作。肉牛快速育肥前都要认真进行驱虫。

2. 瘤胃健康管理技术

牛的瘤胃疾病是牛生产中重要的疾病，对快速育肥肉牛危害较大。瘤胃健康管理包括合理饲养和科学管理两个方面。合理饲养主要是注意日粮搭配、采用科学配方；同时避免精饲料饲喂过多，避免食入过量不易消化的粗饲料，避免饲喂变质的饲料或冰冻饲料，避免突然改变饲料，注意清除饲料中的异物，避免饲喂大量易发酵的饲料。

3. 肢蹄卫生保健技术

应重视蹄部保健，搞好牛场环境卫生，保持牛只蹄部清洁，定期修蹄，及时治疗肢蹄病牛。

二、综合防控体系建设新技术

1. 建立牛场综合防控体系

（1）建立相对稳定的人才体系　一切生产任务的体现都是在科学技术的指导下靠人去实现，要充分体现以人为本的观念，注重牛场人才的培养，保持防疫、技术、管理人员的相对稳定。

（2）建立全体员工共同协作体系　疾病控制和防疫工作，不单单是饲养员、技术员和兽医的事情，应该多方位人员密切配合。购牛运牛、饲料采购、饲料加工、饲料运输、产品销售、产品运输、后勤保障、接待等各个方面都要以防疫为主，共同协作，全力保障牛场安全生产。

（3）建立干净整洁的环境体系　干净整洁的环境体系是安全防疫的一个重要环节，在干净整洁的环境下，病原微生物、蚊蝇不易滋生，可以大大减少疫病发生风险。

（4）建立完整彻底的消毒制度　坚持常规消毒和紧急消毒相结合，对人员、车辆、圈舍、物品、环境、器械、病料、粪便等各个环节务求彻底消毒。

（5）建立高效运行的兽医实验室　实验室检测和监测是疫病防治的有效手段，准确的疫病诊断，才能对防疫提供有力的科学依据。实验室要具备免疫抗体水平的监测能力，正确指导免疫程序和制订免疫计划；根据细菌检验和药物敏感性实验，正确指导药物的合理有效使用；开展特定病原检测和监测，以便于疾病的净化。

（6）加强饲养管理　实行定时巡视、记录、汇报制度，及时掌握牛群身体状况、毛色、粪便、姿态、饮水、饮食等情况，有针对性地调整日粮水平，改善通风条件，使群体保持良好的生理状态，提高自身抗病力，减少患病危险。

（7）建立预防为主的防疫方针　对牛群进行疫苗的接种是保障牛场安全生产的基础。

（8）建立牛疫情应急处理机制　牛场要建立重大牛疫情应急处理机制，出现疫情后，要快速启动应急机制，及时扑灭疫情。

2. 牛场综合防控措施

（1）疫病筛检　运用快速简便的实验检查或其他手段，从表面健康的牛群中去发现那些未被识别的可疑牛只。筛检试验不是诊断试验，仅是一个初步检查，对筛检试验阳性和可疑阳性的牛只必须进行确诊检查，对确诊后的牛只进行治疗。

（2）对感染场控制措施　旨在清除病原，将病原体快速控制在感染场内，包括扑杀、隔离、消毒、追踪、追溯活动。

（3）对无疫场控制措施　旨在保护无疫群，并证实病原尚未侵入其中，包括对该群体引进牛的控制，对所有可能携带感染性病原的所有物体（包括机动车、媒介昆虫和饲料等）的控制。

（4）治疗措施　指应用各种药物（包括抗体等）治疗发病牛。

（5）化学预防　指应用各种药物制剂来防范疫病发生，通常用于不能通过免疫预防的疫病。

（6）免疫　指使用疫苗产生免疫保护的预防免疫和发病后的紧急免疫，分主动免疫和被动免疫。

三、传染病免疫检疫新技术

1. 免疫接种

免疫接种是通过给健康牛接种某种抗原物质，激发牛机体产生特异性抵抗力，使易感牛转化为不易感染的一种手段，分为平时性预防接种和发生疫情时的紧急预防接种。平时性预防接种是平时在经常发生某些传染病的地区或传染病潜在地区或受威胁的地区，有计划地给健康牛进行免疫接种。常讲的免疫接种，主要是指平时的预防接种。牛场应根据《中华人民共和国动物防疫法》及其配套法规的要求进行免疫接种。

2. 检疫

检疫是牛防疫监督机构的检疫人员按照国家标准、农业部行业标准和有关规定对牛及牛产品进行的是否感染特定疫病或是否有传染这些疫病危险的检查以及检查定性后的处理。

购牛时一定要从非疫区采购，经当地检疫部门检疫，签发检疫证明，且车辆及畜体消毒后才能入场；在隔离舍观察 15 天后，确认健康无疾病后再并群饲喂。

每年春、秋季各进行一次结核病、布氏杆菌病以及副结核病的检疫，检出阳性或有可疑反应的牛要及时按规定处置，检疫结束后，及时对牛舍内外及用具进行彻底消毒。

四、疫苗的紧急接种新技术

紧急接种是指在发生牛传染病时，为了迅速控制和扑灭牛传染病的流行，而对疫区或受威胁区尚未发病的牛进行的应急性免疫接种。紧急接种从理论上讲应使用免疫血清，或先注射血清，2 周后再接种疫（菌）苗，即所谓共同接种较为安全有效。但因免疫血清使用量大，价格高，免疫期短，且在大批牛急需接种时常常供不应求，因此在肉牛快速育肥场防疫中很少应用，只用于种畜场、良种场等。

在疫区和受威胁区使用某些疫（菌）苗也是可行而有效的。应用疫（菌）苗进行紧急接种时，必须先对牛群逐只地进行详细的临床检查，只能对无任何临床症状的牛进行紧急接种，对患病牛和处于潜伏期的牛，不能接种疫（菌）苗。在临床检查无症状而貌似健康的牛中，必然混有一部分潜伏期的牛，再接种疫（菌）苗后不仅得不到保护，反而促进其发病，造成一定的损失，这是一种正常的不可避免的现象。紧急预防接种，必须操作规范，严格遵守免疫接种注意事项，确保免疫安全和免疫质量。

五、用药新技术

1. 药物的使用技术

（1）口服法 适用于大剂量但刺激性不太强、适口性较好的药物的投服，是牛常用的给药方法之一。

（2）皮下注射法 对于易溶解无刺激性的药物或希望药物较快吸收，尽快产生药效时可用皮下注射法。皮下注射指将药液注入皮下结缔组织内，经毛细血管吸收进入血液循环。注射部位选择皮肤较薄而皮下组织较疏松的部位，如颈部或股内侧。

（3）肌内注射　肌肉组织内血管较丰富，药液吸收较快，一般刺激性较强、吸收较难的药液，如水剂、乳剂、混悬剂和油剂等多采用肌内注射。注射部位选择肌肉丰厚、无大血管和神经干的部位，如颈侧、耳后、臀部等。

（4）静脉注射　对刺激性较大的注射液，或必须使药液迅速见效时，多采取静脉注射法，注射部位多采用颈静脉。

（5）腹腔注射　由于腹腔容积较大可容纳较多的药液，腹膜上又具有丰富的毛细血管，吸收作用也很强。在临床上腹腔注射常代替静脉注射进行补液或用于腹腔疾病的局部给药。进行腹腔注射的药物必须无刺激性，药液渗透压与体液接近等渗或等渗，大量注射时药液应加温至接近体温。

（6）气管注射　用于气管和肺部疾病的治疗，是将药液经气管环直接注入气管内的一种特殊的给药方法。注射部位在颈上部正中线上，两个气管环之间。

2. 用药注意问题

（1）正确的诊断是用药的基础　随着养牛业的发展，优良品种的引进和改良，牛病也越来越多，临床用药种类也越来越多，用药是在正确诊断的基础上进行的，同时还要严格遵照配伍，否则就不能达到理想的用药效果。

（2）用药浓度和疗程　药物浓度和连续用药是防病治病的保证，诊疗用药一定要达到一定的药物浓度和疗程，才能足以杀灭病原体。

（3）药物来源要确实可靠　应在国家正规的兽药生产厂家或兽药经销点购买，以防假劣兽药。

（4）药物的协同和拮抗作用　两种或两种以上的药物，对病原体有协同和拮抗作用。有拮抗作用的药物不可同时使用，如同时使用可能降低效果或发生毒性反应，对牛群极为不利，对于有拮抗的药物在使用说明中都有提示，用药前一定要详细阅读说明书。

（5）增强牛的体质　药物是外因，体质是内因。如何增加牛群的抗病力，体质健康是关键，只有为牛提供优良营养和创造优越的环境条件，才能提高体质，才能获得药物的最佳疗效。

（6）正确选用抗生素　牛是反刍动物，一般情况下抗生素是不能口服的，以免杀死瘤胃中的有效菌群而造成前胃疾病。

（7）群体给药　预防牛群的传染病、寄生虫病、营养代谢性疾病的发生，常对牛群全面用药，根据疫病特征和药物特性采用不同的给药方法。

（8）重视药物的选择与应用　药物是治疗和预防牛病必不可少的物质条件，为了能合理用药，提高治疗效果，牛场兽医技术人员应重视药物的选择与应用技术。

六、牛场常用疫苗

1. 牛口蹄疫 O 型、A 型灭活疫苗

犊牛出生后 4～5 个月首免，肌注牛 A 型口蹄疫灭活疫苗（单价苗）1 毫升/头以及牛 O 型-亚洲 I 型口蹄疫双价灭活苗（多价苗）1 毫升/头；首免后 6 个月二免（方法、剂量同首免）。青年牛、后备牛、成母牛每年接种疫苗 2 次，每间隔 6 个月免疫一次，肌注牛 A 型口蹄疫灭活疫苗以及牛羊 O 型-亚洲 I 型口蹄疫双价灭活苗各 2 毫升/头。

2. 牛流行热灭活疫苗

适用于不同年龄、不同性别的牛，包括妊娠牛。颈部皮下注射 2 次，每次 4 毫升，间隔 21 日；6 月龄以下的犊牛，注射剂量减半。

3. 牛巴氏杆菌病油乳剂疫苗

牛犊 4～6 月龄初免，3～6 个月后再免疫 1 次，每头肌内注射 3 毫升。在注射疫苗后 21 天产生免疫力，免疫期为 9 个月。

4. 牛羊伪狂犬弱毒疫苗或灭活疫苗

颈部皮下注射，成年牛 10 毫升，犊牛 8 毫升，免疫期 1 年。

5. 牛传染性鼻气管炎弱毒疫苗

6 月龄以上牛免疫。按疫苗注射头份，用生理盐水稀释为每头

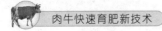

份 1 毫升，皮下或肌内注射，间隔 30～45 天二次注射免疫，免疫期可达 1 年以上。

6. Ⅱ号炭疽芽孢苗

近三年有炭疽发生的地区使用，颈侧部皮内注射 0.2 毫升或皮下注射 1 毫升，注射 14 日后产生免疫力，免疫期为 1 年。

7. 牛布氏杆菌 19 号菌苗

预防牛布氏杆菌，5～6 月龄母犊牛接种。

8. 牛病毒性腹泻疫苗

灭活苗任何时候都可以使用，妊娠母牛也可使用。第一次注射后 14 天应再注射一次。弱毒苗 1～6 月龄犊牛接种，空怀青年母牛在第一次配种前 40～60 天接种，妊娠母牛分娩后 30 天接种。

9. 牛副流感Ⅲ型疫苗

犊牛于 6～8 月龄时注射一次。

第二节　常见疫病防治新技术

一、牛口蹄疫

1. 病原及流行特点

由口蹄疫病毒引起的一种偶蹄动物共患的急性、热性、高度接触性传染病。病毒大量存在于水疱皮和水疱液中，病牛的粪尿、乳汁、精液、口涎、眼泪和呼出气体中也有病毒，病牛症状消失后 5 个月，其唾液中仍可能存在病毒。主要经呼吸道、消化道、损伤的皮肤黏膜传染，本病冬季多发，夏季较平稳。

2. 临床症状

潜伏期 2～4 天，病牛以口腔黏膜出现水疱为主要特征（图 10-1）。病初体温升高至 40～41℃，精神萎顿，闭口流涎；1～2 天后唇内面、齿龈、舌面和颊膜发生水疱，其后，水疱破溃，形成边缘不整的红色烂斑；趾间及蹄冠皮肤出现热、肿、痛等症状，继而发生水疱、烂斑；病牛跛行。

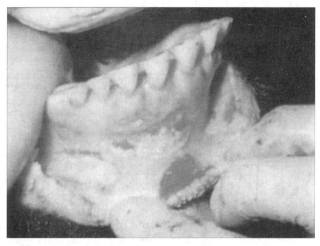

图 10-1　口蹄疫

3. 防治措施

已发生口蹄疫时，对病牛一律屠杀，不予治疗；疫区邻近地区尚未感染的牛群，应立即接种疫苗；对于安全地区的牛，重在预防，禁止从污染地区输入牲畜、畜产品。

二、牛病毒性腹泻

1. 病原及流行特点

也称黏膜病，由牛病毒性腹泻病毒引起的一种急性、热性传染病。传染源为患病牛及带病毒牛。病毒随分泌物、排泄物排出体外。急性病牛在发热期血液中含有大量的病毒，一般可持续 21 天，随中和抗体的增多，血液中的病毒逐渐消失，康复后，病牛可带毒 6 个月，健康牛可能成为无症状带毒者。主要传播途径是易感牛食入被污染的饲料、饮水经消化道感染；也可由于吸入病畜咳嗽、呼吸带病毒的飞沫经呼吸道感染；也可经胎盘感染。该病一年四季均可发生，以冬季和春季发病较多。

2. 临床症状

临床症状表现为病毒引起的急性疾病称为牛病毒性腹泻，引起的慢性持续性感染称为黏膜病（图 10-2）。自然感染潜伏期为 7～10 天，人工感染潜伏期为 4～6 天。由于感染病毒株的强弱不同、易感牛抵抗力存在差异，该病常表现为急性或慢性过程。

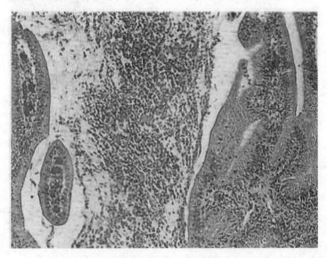

图 10-2　牛病毒性腹泻（黏膜病的小肠黏膜）

急性型牛腹泻病突出的特点是严重腹泻，症状表现以双峰热为特征。病初，病牛体温升高到 40.5～41℃，持续 4～7 天后恢复正常，经 3～5 天后，又会出现第 2 次体温升高。病牛表现的症状为精神沉郁，被毛粗乱无光泽，全身肌肉发抖，尤其是后躯发抖较严重，步态蹒跚，严重者卧地不起；食欲减少或废绝，反刍停止。

慢性型牛黏膜病常由急性型转来，也可是原发性。病牛体温变化不明显，主要症状是持续性腹泻或间歇性腹泻，伴有流鼻汁，鼻镜有干痂或糜烂，眼常有黏液分泌物等症状。

3. 防治措施

该病尚无特效治疗方法，应加强护理，对症治疗，采取综合性防控措施。防止引入带毒种牛；一旦发现，对病牛要隔离治疗或急宰；通过血清学监测检出阳性牛，继而再用分子生物学方法检测血清学阴性的带毒牛，淘汰持续感染的牛，逐步净化牛群；对受威胁的无病牛群进行紧急免疫接种。

三、牛结核病

1. 病原及流行特点

由分枝杆菌属牛分枝杆菌引起的一种慢性传染病。结核病牛是主要传染源，结核杆菌在机体中分布于各个器官的病灶内，因病牛能由粪便、乳汁、尿及气管分泌物排出病菌，污染周围环境而散布传染。主要经呼吸道和消化道传染，也可经胎盘传播或交配感染。本病一年四季都可发生。

2. 临床症状

潜伏期一般为10～15天，有时达数月以上。病菌侵入机体后，由于毒力、机体抵抗力和受害器官不同，症状亦不一样。本菌多侵害牛肺、乳房、肠和淋巴结等。肺结核病牛逐渐消瘦，病初有短促干咳，渐变为湿性咳嗽。乳房淋巴结硬肿，但无热痛。淋巴结核不是一个独立病型，各种结核病的附近淋巴结都可能发生病变。淋巴结肿大，无热痛。常见于下颌、咽颈及腹股沟等淋巴结。肠结核多见于犊牛，以便秘与下痢交替出现或顽固性下痢为特征。神经结核为中枢神经系统受侵害时，在脑和脑膜等可发生粟粒状或干酪样结核，常引起神经症状，如癫痫样发作、运动障碍等（图10-3）。

3. 防治措施

本病无菌苗可供免疫，主要采取综合性防控措施。加强引进牛只的检疫，防止引进带菌牛只；净化污染牛群，培育健康牛群；加强饲养管理和环境消毒，增强牛的抗病能力，消灭环境中存在的牛分枝杆菌等。

四、牛巴氏杆菌病

1. 病原及流行特点

由巴氏杆菌引起。病菌存在于健康畜禽的呼吸道，经淋巴液入

图 10-3　牛下颌淋巴结核

血液引起败血症，发生内源性传染。病畜由其排泄物、分泌物不断排出有毒力的病菌，污染饲料、饮水、用具和外界环境，主要经消化道感染，其次通过飞沫经呼吸道感染健康家畜，亦有经皮肤伤口或蚊蝇叮咬而感染的。该病常年可发生，在气温变化大、阴湿寒冷时更易发病。

2. 临床症状

潜伏期 2～5 天。根据临床表现，分为急性败血型、浮肿型、肺炎型。急性败血型主要以高热、肺炎或急性胃肠炎和内脏广泛出血为主要特征，呈败血症和出血性炎症，故称牛出血性败血病，简称牛出败。病牛初期体温可高达 41～42℃，精神沉郁、反应迟钝、肌肉震颤，呼吸、脉搏加快，眼结膜潮红，食欲废绝，反刍停止。

浮肿型除表现全身症状外，特征症状是颌下、喉部肿胀，有时水肿蔓延到垂肉、胸腹部、四肢等处；眼红肿、流泪，有急性结膜炎；呼吸困难，皮肤和黏膜发绀、呈紫色至青紫色，常因窒息或下痢虚脱而死。

肺炎型主要表现纤维素性胸膜肺炎症状。病牛体温升高，呼吸困难，痛苦干咳，有泡沫状鼻汁，后呈脓性。

3. 防治措施

预防牛巴氏杆菌引起的牛出血败主要是加强饲养管理，避免各种应激，增强抵抗力，定期接种疫苗。发病后对病牛立即隔离治疗，可选用敏感抗生素对病牛注射，每日 2～3 次消毒圈舍，未发病牛紧急注射牛出血败疫苗。

五、牛焦虫病

1. 病原及流行特点

牛焦虫病也叫牛梨形虫病、牛血孢子虫病，是一类经硬蜱传播，由梨形虫纲巴贝斯科或泰勒科原虫引起的血液原虫病的总称。病原体为多种无色素的血孢子虫，通常寄生于红细胞内。蜱的种类和分布是有明显的地区性和季节性的，所以焦虫病的存在和发生也有地区性和季节性，多发生于夏秋季节和蜱类活跃地区。由双芽焦虫导致发病的 1 岁小牛发病率较高，症状轻微，死亡率低；成年牛与其相反，死亡率较高（图 10-4）。

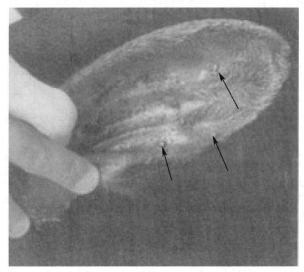

图 10-4　牛耳内侧寄生的焦虫

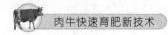

2. 临床症状

病程较短，发病后病情迅速恶化。病牛心跳加快，精神沉郁，体温增高，呼吸困难，反刍停止，有的病牛尿中带血。

3. 防治措施

焦虫病疫苗尚处于研制阶段，仍以药物治疗为主，有效成分都是有机农药，比较安全有效的是使用一些正规厂家生产、经过国家认证的产品。

预防方法：一是环境防制，草原地区采取牧场轮换和牧场隔离，清理禽畜圈舍，堵洞嵌缝以防蜱类滋生，捕杀啮齿动物。二是化学防制，蜱类栖息及越冬场所可喷洒倍硫磷、毒死蜱、顺式氯氰菊酯等，对牛群进行定期药浴杀蜱；在林区使用烟雾剂灭蜱；杀虫剂中加入蜱的性外激素与聚集激素可诱蜱而提高杀灭效果。三是生物防制，白僵菌、绿僵菌及烟曲霉菌等对蜱有致死作用，跳小蜂产卵于蜱体内，待发育为成虫致使蜱死亡。四是个人防护，进入有蜱地区要穿防护服，扎紧裤脚、袖口和领口，外露部位要涂擦驱避剂（避蚊胺、避蚊酮），或将衣服用驱避剂浸泡，离开时应相互检查，勿将蜱带出疫区。

六、消化道圆线虫病

1. 病原及流行特点

在牛的消化道内寄生的圆线虫较多，主要有捻转血矛线虫、指形长刺线虫、食道口线虫、仰口线虫、夏伯特线虫等，多呈混合感染，其中以捻转血矛线虫的致病力最强。捻转血矛线虫，虫体为毛发状，因吸血而呈淡红色，雌虫由于白色线状生殖器官环绕于红色、含血的肠道周围，形成红白相间的外观，如捻成似的，故名捻转血矛线虫，又因其在胃中寄生，故又称捻转胃虫。捻转胃虫虫卵随粪便排出后，在5~40℃环境中发育为感染性幼虫，借助于皮鞘的保护，感染性幼虫在外界抵抗力较强，牛粪、土壤是感染性幼虫在外界的藏身地，且感染性幼虫具有向光性和背地性，在适宜的温、湿度及光照条件下，幼虫可爬到饲草上，从而易于被放牧的牛采食。捻转血矛线虫病有"自愈现象",即初次感染所产生的抗体和幼虫再次侵入时的抗原成分结合发生免疫学反应,导致真胃黏膜水肿、局部 pH 升高,造成不利于虫体生活的环境将体内虫体排出而自愈。该自愈现象无特异性,捻转胃虫作用引起的自愈现象,也可导致真胃及小肠内其他线虫病的自愈,可能是由于消化道内线虫抗原性相近的缘故。

2. 临床症状

由于捻转胃虫的寄生可吸取宿主大量的血液,从而引起患牛的贫血、肝脏的坏死和变性以及机体衰弱。临床上可见病牛贫血,结膜苍白,下颌及腹下水肿,身体瘦弱,被毛粗乱,昏迷不起,便秘与腹泻交替,持续时间较长。

3. 防治措施

治疗可用盐酸左旋咪唑 8 毫克/千克体重口服或 4~5 毫克/千克体重肌注;酚噻嗪(硫化二苯胺)0.2~0.4 克/千克体重,用稀面糊配成 1%~10%悬乳液灌服或拌于料中给药,最高限量为每头牛 60 克;驱蛔灵 0.2 克/千克体重投服。

预防主要是有计划地定期驱虫,根据当地的流行季节,每年定期驱虫 2 次,一般在春、秋季进行,即放牧前、后各 1 次;对粪便进行无害化处理,堆积发酵,利用生物热杀灭虫卵及幼虫;合理安排放牧,注意饮水卫生,应避免在低洼地区放牧,避免清晨、傍晚及雨后放牧,以避开幼虫活动时间,减少感染机会,不让牛饮低洼地的积水及死水;加强饲养管理,合理补充精料,增强机体抵抗力。

七、牛皮蝇蛆病

1. 病原及流行特点

由纹皮蝇和牛皮蝇的幼虫寄生在牛的背部皮下组织内所引起的一种慢性寄生虫病(图 10-5)。纹皮蝇和牛皮蝇的成虫形态相似,长为 13~15 毫米,体表密生绒毛,呈黄绿色至深棕色。纹皮蝇出现的季节比牛皮蝇早,纹皮蝇一般在每年的 4~6 月之间出现,而牛皮蝇则通常在6～8月间出现。我国北方地区该病流行甚广，危害严重。牛只的感染多发生于夏季炎热、成蝇飞翔的季节里。

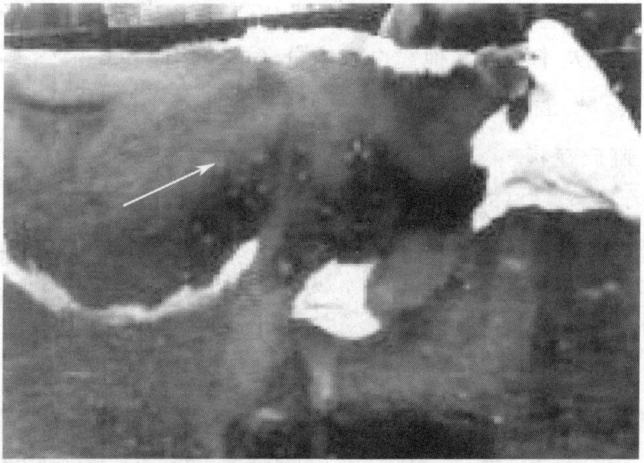

图 10-5　牛皮蝇蛆病（瘤状隆起）

2. **临床症状**

犊牛患病后，发育受阻；成年牛则毛皮质量降低，日渐消瘦。雌蝇在牛体产卵时，扰乱牛只，牛表现不安、喷鼻、蹴踢、狂奔。幼虫在皮下组织内移行时，能引起牛的瘙痒、疼痛不安，个别患牛有神经症状，严重者可致死。

3. **防治措施**

治疗可采用2%敌百虫水溶液300毫升涂抹牛背部，一次杀虫率可达90%～95%，每次2～3分钟，大部分幼虫可在24小时后软化致死，5～6天后瘤状隆起显著缩小。在牛背患部的小孔处亦可涂抹该药，涂之前先清除小孔附近的干涸脓痂，露出皮孔，使药液易接触到虫体，涂一次即可使大部分幼虫软化致死。皮蝇活动季节，在该病流行地区，每间隔20天，对牛体用药喷洒1次，共3～4次，即可达到全面防治的目的。

预防主要是经常对牛背进行检查，当发现皮下有成熟的疣肿时，可用针刺死幼虫并挤出，同时在患处涂抹碘酊；皮下注射

50％乐果酒精溶液，成牛5毫升，小牛及中等牛2～3毫升；内服皮蝇磷100毫克/千克体重。

八、前胃弛缓

1. 致病原因

原发性前胃弛缓又称单纯性消化不良，病因主要是饲养与管理不当；继发性前胃弛缓又称症状性消化不良，常继发于其他消化系统疾病、传染病、营养代谢病、侵袭性疾病等；在兽医临床上，治疗用药不当，如长期大量服用抗生素或磺胺类等抗菌药物，致使瘤胃内正常微生物区系受到破坏，而发生消化不良，也造成医源性前胃弛缓。

2. 主要症状

急性型病牛食欲减退或废绝，反刍减少、短促、无力，时而嗳气并带酸臭味，体温、呼吸、脉搏一般无明显异常。瘤胃蠕动音减弱，蠕动次数减少，有的患牛虽然蠕动次数不减少，但瘤胃蠕动音减弱或每次蠕动的持续时间缩短；瓣胃蠕动音微弱，触诊瘤胃，其内容物坚硬或呈粥状（图10-6）。病初粪便变化不大，随后粪便变为干硬、色暗，被覆黏液，如果伴发前胃炎或酸中毒时，病情急剧恶化，患牛表现呻吟、磨牙、食欲废绝、反刍停止并排棕褐色糊状恶臭粪便，患牛精神沉郁，结膜发绀，皮温不整，体温下降，脉率增快，呼吸困难，鼻镜干燥，眼窝凹陷（图10-7）。

慢性型通常由急性型前胃弛缓转变而来。患牛食欲不定，有时减退或废绝，常常虚嚼、磨牙、发生异嗜、舔砖、吃土或采食被粪尿污染的褥污物，反刍不规则，短促无力或停止。嗳气气减少，嗳出的气体带臭味。病情时而好转，时而恶化，日渐消瘦，被毛干枯、无光泽，皮肤干燥、弹性减退。瘤胃蠕动音减弱或消失，轻度膨胀。腹部听诊，肠蠕动音微弱。患牛有时便秘，粪便干硬呈暗褐色，附有黏液，有时腹泻，粪便呈糊状，腥臭，或者腹泻与便秘交替出现，老牛病重时，呈现贫血与衰竭，常有死亡。

3. 防治措施

① 除去病因是治疗本病的基础，如立即停止饲喂发霉变质

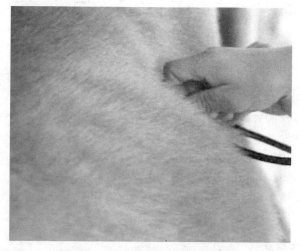

图 10-6　瘤胃迟缓病牛瘤胃触诊发硬

图 10-7　病牛鼻镜干燥

饲料。

②病初一般绝食1～2天（但给予充足的清洁饮水），再饲喂适量的易消化的青草或优质干草，轻症病例可在1～2天内自愈。

③为了促进胃肠内容物的运转与排除，可用硫酸钠（或硫酸镁）300～500克，鱼石脂20克，酒精100毫升，温水600～1000毫升，一次内服；或用液体石蜡1000～3000毫升，苦味酊20～30

毫升，一次内服清理胃肠。对于采食多量精饲料而症状又比较重的患牛，可采用洗胃的方法，排除瘤胃内容物，洗胃后应向瘤胃内接种纤毛虫。重症病例应先强心、补液，再洗胃。

④ 应用5％葡萄糖生理盐水注射液500～1000毫升，10％氯化钠注射液100～200毫升，5％氯化钙注射液200～300毫升，20％苯甲酸钠咖啡因注射10毫升，一次静脉注射，并肌内注射维生素 B_1 促反刍液。因过敏性因素或应激反应所致的前胃弛缓，在应用促反刍液的同时，肌内注射2％盐酸苯海拉明注射液10毫升。在洗胃后，可静脉注射10％氯化钠注射液150～300毫升，20％苯甲酸钠咖啡因注射液10毫升，每日1～2次。此外还可皮下注射新斯的明10～20毫克或毛果芸香碱30～100毫克，但对于病情重、心脏衰弱、老龄和妊娠母牛则禁止应用，以防虚脱和流产。

⑤ 当瘤胃内容物 pH 降低时，宜用氢氧化镁（或氢氧化铝）200～300g，碳酸氢钠50g，常水适量，一次内服；也可应用碳酸盐缓冲剂，碳酸钠50g、碳酸氢钠350～420g、氯化钠100g、氯化钾100～140g、常水10升一次内服，每日1次，可连用数日。当瘤胃内容物 pH 升高时，宜用稀醋酸30～100毫升或常醋300～1000毫升，加常水适量，一次内服。也可应用醋酸盐缓冲剂内服。必要时，给患牛投服从健康牛口中取得的反刍食团或灌服健康牛瘤胃液4～8升，进行接种。

⑥ 当患牛呈现轻度脱水和自体中毒时，应用25％葡萄糖注射液500～1000毫升，40％乌洛托品注射液20～50毫升，20％安钠咖注射液10～20毫升，一次静脉注射，并用胰岛素100～200国际单位，皮下注射防止脱水和自体中毒。还可用樟脑酒精注射液100～300毫升，静脉注射，并配合应用抗生素药物。

⑦ 预防措施是注意饲料的选择、保管、防止霉败变质；依据日粮标准饲喂，不可任意增加饲料用量或突然变更饲料；保持圈舍安静，避免奇异声音、光线和颜色等不利因刺激和干扰，注意圈舍卫生、通风、保暖，做好预防接种工作。

九、瘤胃臌气

1. 发病原因

由于采食大量容易发酵的饲料而引起。如饲喂大量多汁、幼嫩的青草和豆科植物（如苜蓿），以及易发酵的甘薯秧、甜菜等；饲喂含蛋白质高而又未经浸泡的饲料（如大豆、豆饼、豆粕等）；饲喂发霉变质或经雨淋潮湿的饲料；食入大量的豆腐渣、糖糟、青贮饲料；食入有毒物质（如毒芹）等都可引起瘤胃臌气。也常见于食道阻塞、瘤胃积食、前胃弛缓、创伤性网胃炎、胃壁及腹膜粘连、肠扭转等疾病。

2. 临床症状

又称气滞，是饲料在瘤胃内发酵，迅速产生并积聚大量气体不能以嗳气排出，致使瘤胃急剧增大，胃壁发生急性扩张，并呈现反刍和嗳气障碍的一种疾病（图10-8）。病牛表现不安，回头顾腹，张口呼吸，伸舌吭叫，食欲废绝，眼结膜发绀、充血，眼球突出，

图 10-8　瘤胃臌气

口色青紫，心跳亢进，腹围增大，左肷窝部隆起而高于髋关节，严重者全身出汗，治疗不及时很快会窒息死亡。继发于其他疾病的瘤胃臌气，发病缓慢，病牛食欲降低，左腹膨胀，通常臌气呈周期性，有时呈现不规则的间歇。

3. 防治措施

（1）排气减压　臌气严重的病牛要用套管针或 20 号大针头进行瘤胃缓慢放气。臌气不严重的用消气灵 10 毫升 3 瓶，液体石蜡油 500 毫升 1 瓶，加水 1000 毫升，灌服。

（2）制止发酵　为抑制瘤胃内容物发酵，可内服防腐止酵药，如将鱼石脂 20～30 克、福尔马林 10～15 毫升、1% 克辽林 20～30毫升，加水配为 1%～2% 溶液，内服。

（3）促进嗳气，恢复瘤胃功能　其方法是向舌部涂布食盐、黄酱，或将一根椿树根衔于口内，促使其呕吐或嗳气。静注 10% 氯化钠 500 毫升，内加 10% 安钠咖 20 毫升。

（4）预防措施　防止牛采食过量的多汁、幼嫩的青草和豆科植物以及易发酵的甘薯秧、甜菜等；不在雨后或带有霜和露水的草地上放牧；大豆、豆饼类饲料要用开水浸泡后再喂；做好饲料保管和加工调制工作，严禁饲喂发霉腐败饲料。

十、瘤胃酸中毒

1. 发病原因

突然过量采食富含碳水化合物的饲料如小麦、玉米、水稻、黑麦等，块根类饲料如甜菜、白薯、马铃薯等，水果类如葡萄、苹果、梨等，或者是淀粉、糖类、挥发性脂肪酸、乳酸等，以及酸度过高的青贮玉米或质量低劣的青贮饲料等。

2. 临床症状

又称急性碳水化合物过食、乳酸酸中毒、消化性酸中毒，是瘤胃内微生物产生大量乳酸，乳酸被吸收而引起的一种疾病。以发病突然、脱水、瘤胃液 pH 值降低、神经症状和自体中毒为特征。分娩前后和泌乳盛期的乳牛，死亡率很高（图 10-9）。

图 10-9　瘤胃酸中毒病牛严重脱水、无法站立

3. 防治措施

（1）清除瘤胃内有毒的内容物　多采用洗胃或缓泻法。重症病例应尽快施行瘤胃切开术，取出瘤胃内容物，接种健畜瘤胃液或瘤胃内容物；病情较轻的病例，也可灌服制酸药和缓冲剂，如氢氧化镁或碳酸盐缓冲合剂（干燥碳酸钠 50 克、碳酸氢钠 420 克、氯化钾 40 克、水 5000～10000 毫升），一次灌服。

（2）纠正酸中毒　可应用 5％碳酸氢钠液，静脉注射剂量须根据病牛血浆二氧化碳结合力加以确定。

（3）纠正脱水　可用生理盐水、复方氯化钠液、5％葡萄糖盐水等，每天 4000～10000 毫升，分 2～3 次静脉注射。

（4）恢复胃肠功能　促进胃肠运动，可给予整肠健胃药或拟胆碱制剂。

（5）预防措施　本病应严格控制精料喂量，做到日粮供应合理，构成相对稳定，精粗比例平衡，加喂精料时要逐渐增加，严禁突然增加精料喂量。

十一、腐蹄病

1. 发病原因

腐蹄病是指（趾）间隙皮肤和邻近软组织的急性和慢性坏死性

或化脓性炎症。病因是厩舍不洁，地床排水不良、潮湿，肢蹄长期处于污泥粪尿中，蹄叉角质长期受到浸泡；运动不足，护蹄不良，不按时清洁蹄底或挖蹄；修蹄不及时，蹄角质过长；蹄叉过削，蹄踵过高，均会使蹄叉开张，蹄部血液循环不良，坏死杆菌、绿脓杆菌、链球菌等从指（趾）间隙侵入，在厌氧环境中大量繁殖而引发该病（图10-10）。

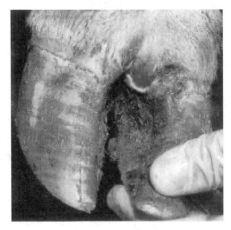

图 10-10　腐蹄病

2. 临床症状

呈急性病状的牛只，一肢或数肢突然出现跛行，卧地不起，体温升高，食欲减退；蹄冠红、肿、热、痛，蹄叉中沟和侧沟出现角质腐烂，排出恶臭、污秽不洁液体。当病程从急性转为慢性时，角质分解脱落，蹄深部组织感染，形成化脓灶，并形成窦道；真皮乳头露出，出现红色颗粒性肉芽，触之易出血。

3. 防治措施

削去分解或腐烂的角质，除去蹄底部附着的污物，用1％高锰酸钾溶液或3％氢氧化钠溶液清洗患部，再用酒精棉球擦干，注入少量5％～10％碘酊；清洗后向蹄叉中填塞松节油，或撒布高锰酸钾粉，或用浸透10％福尔马林溶液的纱布填塞；出现窦道者，应手术扩创，冲洗完污物和腐败物质后再用5％来苏儿液或3％硫酸铜溶液进行蹄浴，然后塞上有 0.1% 雷佛奴尔溶液的纱布条，将带条两端留在洞外，然后缠纱布绷带，外敷松节油；有赘生肉芽者，可用硝酸银棒或 10% 硫酸铜溶液腐蚀后，用生理盐水清洗，涂以10% 碘酊或填塞松节油纱布，然后缠以绷带；急性腐蹄病的牛可静脉或肌内注射各种抗生素如青霉素、链霉素等。

预防本病要经常保持畜舍干燥和清洁，及时清理粪便和剩草、剩料，避免牛在泥泞地方久留；加强护蹄，必要时可涂擦蹄油；定期修剪和清洗牛蹄；保证营养全价也可降低该病的发生率。

十二、指（趾）间皮肤增殖

1. 发病原因

指（趾）间皮肤增殖是指指（趾）间隙穹窿部皮肤和皮下组织的增殖性反应。该病又称为指（趾）间瘤、指（趾）间结节、指（趾）间赘生物、指（趾）间纤维瘤、慢性指（趾）间皮炎等。该病的确切原因尚未有定论，一般认为与遗传因素有关，变形蹄特别是开蹄，因蹄向外过度扩张，引起指（趾）间皮肤紧张和伸展，粪、尿、泥浆等异物经常刺激指（趾）间皮肤，易引发该病；有人认为，指（趾）骨的外生骨瘤与该病有关；还有人发现，缺锌可引起该病（图 10-11）。

2. 临床症状

该病多发生在后肢，单肢或双肢发病。根据病变大小、位置、感染程度和体重落到患指（趾）压力的不同，可表现不同程度的跛行；在指（趾）间隙前端皮肤，有时增殖形成"草莓"样突起；由于指（趾）间有增殖物，可造成指（趾）间隙扩大或出现变形蹄。

3. 防治措施

（1）保守疗法　炎症初期，清蹄后用防腐剂涂擦包扎，可缓解炎症和疼痛，但不能根治。

（2）手术切除　横卧保定，全身麻醉并配合神经传导麻醉，局部常规消毒后，沿增殖物周围将其彻底摘除，止血后，缝合或不缝合创口皮肤，最后，在两蹄尖处钻洞，用金属丝将两蹄固定于一起，并用绷带包扎，外装防水蹄套。

图 10-11　指（趾）间皮肤增殖

十三、有机磷农药中毒

1. 发病原因

有机磷农药是农业上常用的高效杀虫剂之一，也是引起牛中毒的最常见的农药。中毒原因是牛采食、误食或偷食了喷洒过有机磷农药的农作物、蔬菜、饲草等；误食拌过或浸过农药的种子；误饮被农药污染的水；误用配制农药的容器作饲槽或水桶来喂饮牛等。

2. 临床症状

主要是典型的神经症状，初期为兴奋不安、狂躁、肌肉颤抖、皮肤出汗、磨牙呻吟等；到了中后期，病牛出现精神高度沉郁、流涎吐沫、呼吸障碍、瞳孔缩小、脉搏速率加快、出现程度不同的腹泻，粪便中带有黏膜和血液。

3. 防治措施

（1）使用特效解毒药　用解磷定 15～30 毫克/千克体重，用生理盐水配成 2.5%～5% 的溶液，缓慢静注，以后每隔 2～3 小时注射1次，直到症状缓解；或用双解磷，其用量为解磷定的一半，同时肌注硫酸阿托品0.25毫克/千克体重，每隔1～2小时用药1次。

（2）碳酸氢钠液　尽快应用1%肥皂水或4%碳酸氢钠液（敌百虫中毒除外）洗涤体表；对误饮或误食有机磷杀虫剂而中毒的病牛，用2%～3%或生理盐水洗胃。

（3）对症疗法　如强心、利尿，补充电解质、营养制剂和肝脏解毒药物等。

（4）预防措施　加强有机磷农药的保管和使用，严防采食有机磷农药喷洒过的青草和作物，不滥用有机磷农药杀灭体表寄生虫，对有机磷农药及其杀虫剂的保管、使用，要指定专人负责、监督。

十四、硝酸盐和亚硝酸盐中毒

1. 发病原因

主要是因为采食富含硝酸盐的饲草与饲料引起。大量采食富含硝酸盐的饲料（如白菜、油菜、菠菜、芥菜、韭菜、甜菜、萝卜、南瓜藤、甘薯藤、燕麦杆、玉米秆、苜蓿等青绿植物）；或者富含硝酸盐的饲料，在饲喂前贮存、调制不当的饲料，采食后在瘤胃内被还原成剧毒的亚硝酸盐引起中毒。

2. 临床症状

牛通常在大量采食后5小时左右突然发病。病牛出现流涎、磨牙、腹痛呻吟、呕吐腹泻、努责尿频、结膜呈蓝紫色、呼吸高度困难、心跳加快、趾端和末梢（耳尖、四肢、鼻端）及全身发凉、体温低、站立不稳、行走摇摆、震颤麻痹，严重时休克昏迷最后抽搐死亡。

3. 防治措施

一旦中毒，立即用1%的美蓝（亚甲蓝）注射液，按照每千克体重0.1～0.2毫升的剂量静脉注射，同时配合5%的维生素C、25%葡萄糖注射液以及强心利尿类药。临床上有用蓝墨水稀释后灌服的方法，也能收到较好的效果。向瘤胃内投入抗生素和大量饮水，阻止细菌对硝酸盐的还原作用。

在收获季节应限制牛只过量采食青绿饲草，或者在饲料饮水中大量加入碳水化合物如葡萄糖、碳酸氢钠、淀粉、纤维素等，可以有效避免发生亚硝酸盐中毒。饲料要多样化，饲喂青绿饲料时按量供应，并要有充足的含糖饲料，供应一定量维生素 A、维生素 D 和碘盐，必要时可加抗生素添加剂。加强饲料保管，对未饲喂完的青绿饲草应摊开，不要堆放；已发热、变质的饲料要废弃；加强对化肥的保管，减少化肥对饲料、饮水的污染，防止误食。

第十一章

牛场经营管理新技术

第一节　生产管理新技术

一、建立机构和制度

牛场的经营管理是牛场管理的核心，是运用科学的管理方法，先进的技术手段，统一指挥生产，合理配置资源，节约劳动力，降低成本，增加效益，使其发挥最大潜能，生产出更多更好的产品，达到预期的经济效益和社会效益。

1. 根据经营范围和规模设立组织机构

机构的设置一是要精简，二是要责任明确，实行场长责任制。机构人员组成根据规模和需要而设定，一般指挥管理机构人员包括场长、副场长、主任或科长、副组长等；职能机构（生产结构）人员包括养牛生产人员、饲料生产人员、牛肉加工人员；购销部门包括产品销售人员、原材料采购人员等；技术部门包括畜牧师、兽医师、产品质量监督员等；后勤服务部门包括生产、生活方面的物质供应人员、保管、统计、财务、维修等。

2. 合理的规章制度

（1）牛场规章制度类型　牛场一般都建立以下几种规章制度：一是岗位责任制，使每个工作人员都明确其职责范围，有利于生产任务的完成。二是建立分级管理，分级核算的体制，充分发挥各组织特点和基层班组的主动性，有利于增产节约，降低生产成本。三是制定简明的生产技术操作规程，使各项工作有章可循，有利于互相监督。四是建立奖惩制度。

（2）牛场日常工作规章制度框架

① 职工守则。以安全生产为中心，努力学习，不断提高自己的政治、文化、科技和业务素质；团结同志，尊师爱徒，服从领导；遵纪守法，艰苦奋斗，增收节支，努力提高经济效益；具有集体主义观念，积极为牛场的发展和振兴献计献策。

② 劳动纪律。严格遵守牛场各项规章制度，坚守岗位，尽责尽职，积极完成本职工作；听从指挥，严格执行作息时间，做好出勤登记；认真执行生产技术操作规程，做好交接班手续；上班时间严禁喧哗打闹，不擅离职守；严禁在养殖区吸烟及明火作业，安全文明生产，爱护牛具，爱护财产。

③ 防疫消毒制度。坚持防重于治原则，制订完善的防疫计划；加强兽医监督，防止传染病由外地带入本场；制定严格的消毒制度；建立系统驱虫制度；制定科学的免疫程序。

④ 饲养管理制度。对生产的各个环节，提出基本要求，制定技术操作规程，要求职工共同遵守执行；实行人、牛固定职责制。饲养管理制度一般包括：犊牛饲养管理制度；育成牛、青年牛饲养管理制度；成年牛饲养管理制度；肉牛快速育肥制度；牛场防疫卫生制度；饲料供应、加工制度等。

⑤ 财务制度。严格遵守国家规定的财经制度，树立核算观念，建立核算制度，各生产单位，基层班组都要实行经济核算；建立物资、产品进出、验收、保管、领发等制度；年初年终报告全场财务预、决算，每季度汇报生产财务执行情况；做好各项统计工作。

⑥ 医疗保健制度。全场职工定期进行职业病检查，对患者进行及时治疗，并按规定给予保健费。

⑦ 学习制度。定期交流经验或派出学习，每周安排一定的时间学习专业技术和理论知识。对于重点职工还要安排学历学习，这不仅有利于学习者本人提高知识水平，还能起到典型示范作用，在企业内形成比学赶超的优良氛围。

（3）生产岗位责任制　牛场应明确各部门或个人的工作任务与

职责范围，完成任务应承担的责任和享受的权力，取得成绩和失误应给予奖励和惩罚，以提高经济效益为目的，实行责、权、利结合的经营管理制度。

①场长责任制。制订全年各项工作计划，负责全面管理，每月向全场职工提出工作总结和安排下一个月工作，并检查各项生产任务完成情况和各项制度执行情况。负责劳动组织，人员调动、培养和分工，并指导副场长的各项工作。

②生产、购销组长责任制。组长为不脱产的、第一线的组织者和指挥者，任务就是发挥全组人员团结、互助精神，提高劳动生产效率，完成各项购销计划。贯彻各项规章制度，检查落实情况。坚持以身作则，坚持各项会议决定落实到人。组织制订、落实各项购销计划，任务到人。组织、安排好全组人员工作，发生问题及时汇报，直接向场长负责，并注意安全生产。

③畜牧兽医技术人员责任制。配合及协助场长、副场长制定年、季、月生产计划和各类牛群班组生产任务。配合及协助场长、副场长改进工作，提出各阶段保证生产任务完成的技术措施和技术要求，检查各项技术管理执行情况，发现问题及时给予技术指导。负责牛群疫病防治、饲养管理及育种工作，不断提高牛群品质，增进牛群健康，总结牛群发病、检疫和不同个体牛只生产性能的提高和减产的原因，提出技术改进意见，并做好各项记录，以备查询等。负责制定饲料调配、定量和贮存技术，总结饲养经验，推广先进饲养技术，实行科学养牛，掌握各项生产计划资料记录。培养提高职工技术水平，向领导汇报工作意见，当好参谋。

④统计、会计、保管责任制。统计、会计、保管要严格遵守本职岗位有关方针、政策和各项规定。统计工作要经常分析牛群各项生产指标的变化、劳动效率。为提高生产，指导生产提供数据。会计工作应严格掌握财务计划，按月、季、年分别做出财务、经济分析，及时正确地做出预算和决算，全面地反映出经济效益。统计、会计、保管密切配合，以会计人员为主，开展班组成本核算。对违反统计、会计、保管有关制度的一切行为应予以抵制，严禁弄虚作假。

二、制订及执行生产计划

1. 计划的基本要求

（1）预见性　这是计划最明显的特点之一。计划不是对已经形成的事实和状况的描述，而是在行动之前对行动的任务、目标、方法、措施所做出的预见性确认。但这种预想不是盲目的、空想的，而是以上级部门的规定和指示为指导，以本单位的实际条件为基础，以过去的成绩和问题为依据，对今后的发展趋势进行科学预测之后作出的。可以说，预见是否准确，决定了计划的成败。

（2）针对性　计划一是根据党和国家的方针政策、上级部门的工作安排和指示精神而定；二是针对本单位的工作任务、主客观条件和相应能力而定。总之，从实际出发制订出来的计划，才是有意义、有价值的计划。

（3）可行性　可行性是和预见性、针对性紧密联系在一起的，预见准确、针对性强的计划，在现实中才真正可行。如果目标定得过高、措施无力，这个计划就是空中楼阁；反过来说，目标定得过低，措施方法都没有创见性，实现虽然很容易，并不能因而取得有价值的成就，那也算不上有可行性。

（4）约束性　计划一经通过、批准或认定，在其所指向的范围内就具有了约束作用，在这一范围内无论是集体还是个人都必须按计划的内容开展工作和活动，不得违背和拖延。

2. 计划的基本类型

按照不同的分类标准，计划可分为多种类型。按其所指向的工作、活动的领域来分，可分为工作计划、生产计划、销售计划、采购计划、分配计划、财务计划等。按适用范围的大小不同，可分为单位计划、班组计划等。按适用时间的长短不同，可分为长期计划、中期计划、短期计划三类，具体还可以分为十年计划、五年计划、年度计划、季度计划、月份计划等。

3. 肉牛养殖企业计划体系的内容

① 肉牛数量增殖指标。

② 肉牛生产质量指标。

③ 肉牛产品指标。

④ 产品销售指标。

⑤ 综合性指标。

4．牛群周转计划编制

编制牛群周转计划是编好其他各项计划的基础，它是以生产任务、远景规划和配种分娩初步计划作为主要根据而编制的。由于牛群在一年内有繁殖、购入、转组、淘汰、出售、死亡等情况，因此头数经常发生变化，编制计划的任务是使头数的增减变化与年终结存头数保持着牛群合理的组成结构，以便有计划地进行生产。例如合理安排饲料生产，合理使用劳动力、机械力和牛舍设备等，防止生产中出现混乱现象，杜绝一切浪费。牛场牛群周转计划见表11-1。

表11-1　牛群分类周转计划

	月份		1月	2月	3月	4月	5月	6月	7月	8月	9月	10月	11月	12月
犊牛	初期													
	增加	繁殖												
		购入												
	减少	转出												
		售出												
		淘汰												
	期末													
育成牛	初期													
	增加	繁殖												
		购入												
	减少	转出												
		售出												
		淘汰												
	期末													

续表

月份		1月	2月	3月	4月	5月	6月	7月	8月	9月	10月	11月	12月
育肥牛	初期												
	增加 繁殖												
	增加 购入												
	减少 转出												
	减少 售出												
	减少 淘汰												
	期末												
成母牛	初期												
	增加 繁殖												
	增加 购入												
	减少 转出												
	减少 售出												
	减少 淘汰												
	期末												
合计	期初												
	期末												

5. 饲料计划编制

为了使养牛生产在可靠的基础上发展，每个牛场都要制订饲料计划。编制饲料计划时，先要有牛群周转计划（标定时期、各类牛的饲养头数）、各类牛群饲料定额等资料，按照牛的生产计划定出每个月饲养牛的头日数×每头日消耗的草料数，再增加 $5\% \sim 10\%$ 的损耗量，求得每个月的草料需求量，各月累加获得年总需求量。即为全年该种饲料的总需要量。

各种饲料的年需要量得出后，根据本场饲料自给程度和来源，按各月份条件决定本场饲草料生产（种植）计划及外购计划，即可安排饲料种植计划和供应计划（表11-2）。

表 11-2　肉牛场饲料供给计划

项目＼月份			1月	2月	3月	4月	5月	6月	7月	8月	9月	10月	11月	12月
种类来源		种植面积/公顷												
		总计数量/千克												
青饲料	大田复种轮作生产	种植面积/公顷												
		总计产量/千克												
	专用饲料地生产	种植面积/公顷												
		总计产量/千克												
	草地放牧或刈割	种植面积/公顷												
		总计产量/千克												
	购入	数量/千克												
粗饲料	秸秆	种植面积/公顷												
		总计产量/千克												
	糟渣	数量/千克												
	秕壳	种植面积/公顷												
		总计产量/千克												
	购入	数量/千克												
精饲料	能量饲料	种植面积/公顷												
		总计产量/千克												
	蛋白质饲料	种植面积/公顷												
		总计产量/千克												
	添加剂	数量/千克												
	购入	数量/千克												
合计	青饲料	数量/千克												
	粗饲料	数量/千克												
	精饲料	数量/千克												

第二节　技术管理新技术

一、制定技术规范

1　饲草饲料种植规范

饲草种植规范包括选种技术规范、整地技术规范、播种技术规范、收割技术规范等。

2. 饲料加工规范

饲料加工规范包括精饲料的加工规范、干草的制备规范、青贮饲料的加工调制规范、秸秆类饲料加工调制规范、饲料的贮藏规范等。

3. 日粮的配制规范

包括营养标准、配方误差、配制技术规范等。

4. 饲养管理技术规范

包括犊牛哺乳期（0～60 日龄）饲养管理规范、犊牛断奶期（断奶～6 月龄）饲养管理规范、育成牛（7～15 月龄）饲养管理规范、青年牛饲养管理规范、肉牛成母牛饲养管理规范、肉牛育肥的饲养管理规范等。

5. 卫生与防疫规范

包括卫生防疫制度规范、卫生防疫设施规范、卫生防疫工作规范、人员卫生规范、场区卫生规范等。

6. 其他规范

如粪污处理技术规范、记录与档案管理规范等。

二、建立数据库

1. 原始记录

在牛场的一切生产活动中，每天的各种生产记录和定额完成情况等都要作生产报表和进行数据统计。要建立健全各项原始记录制度，要有专人登记填写各种原始记录表格，要求准确无误、完整。根据肉牛场的规模和具体情况，所作的原始记录主要是牛群情况，包括各龄牛的数量变动和生产情况、饲料消耗情况、育肥牛的肥育情况、经济活动等。对各种原始记录按日、月、年进行统计分析、存档。

2. 建立档案

牛群档案是在个体记录基础上建立的个体资料。育肥档案记载

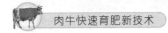

资料包括育肥体重、增重、饲料消耗量、出栏率等。

第三节　财务管理新技术

一、资金管理

1. 固定资产管理

（1）固定资产　牛场的固定资产是为生产提供条件的资产，如牛舍、饲料库、挤奶机、汽车、饲料机械等。固定资产的特点是价值较大，多是一次性投资的；使用时间较长，可长期反复地参加生产过程；固定资产在生产过程中有磨损，但它的实物形态没有明显改变。

（2）固定资金　固定资金是用在固定资产上的资金。固定资金的特点是循环周期长，由固定资产的使用年限所决定；价值补偿和实物更新是分别进行的，即价值补偿是随着固定资产的折旧逐渐完成，而实物更新是在固定资产不能使用或不宜使用的时候，用平时积累的折旧基金进行更新或重置；在改造和购置固定资产的时候，需要支付相当数量的货币资金，这种投资是一次性的，但投资的回收是通过折旧基金分期进行的；周转一次的时间较长，具有相对的固定性质。

（3）固定资金的管理要求　固定资金的管理要求：一是正确地核定固定资产需要的数量，对固定资产的需要量，要本着节约的原则核定，以减少对资金的过多占用，充分发挥固定资产的作用，防止资金积压；二是建立健全固定资产管理制度，管好用好固定资产，提高固定资产的利用率；三是正确地计算和提取固定资产折旧费，并管好、用好折旧基金，使固定资产的损耗及时得到补偿，保证固定资产能适时得到更新。

（4）折旧　固定资产因使用而转移到产品成本中去的那部分价值称为折旧费，又分固定资产基本折旧费（即通过每年提取折旧费，建立折旧基金，用于固定资产的更新改造）和固定资产修理折旧费两种。

2. 流动资金管理

（1）流动资金 流动资金是牛场在生产领域所需的资金，支付工资和支付其他费用资金，一次地或全部地把价值转移到产品成本中去，并随着产品的销售而收回，并重新用于支出，以保证再生产的继续进行。牛场的流动资金分生产领域中的定额流动资金即储备资金（原材料，低值易耗品）、生产资金（产品、幼畜）及流动领域中非定额流动资金（成品资金、货币资金即银行存款、现金结算资金即应收款、预付款）。

（2）流动资金的特点

① 通过销售又转为货币形态。生产领域的流动资金，如储备资金中的农资、兽药、饲料等和生产资金中的母畜、幼畜、育肥畜等，有显著的流动性和连续性。虽然，牛场的生产周期较长，资金周转速度较慢，但仍在由货币形态转为实物形态，通过销售又转为货币形态。固定资金在生产经营中并不经常改变其实物形态。

② 周转期快。流动资金一般只经过一个生产周期周转一次。固定资金要经过许多年才周转一次。

③ 价值转移为一次性。流动资金在生产中的消耗是一次性的，如饲料、兽药等费用一次全部转移到产品成本中去，并在产品销售后全部得到补偿。固定资金则是从提取折旧基金中分期得到补偿，到规定的使用期才能全部补偿更新。

（3）流动资金的管理要求

① 牛场的流动资金管理既要保证生产经营的需要，又要减少占用，并节约使用。

② 储备资金的管理。储备资金是流动资金中占用量较大的一项资金。管好、用好储备资金涉及物资的采购、运输、贮存、保管等。要加强物资采购的计划性，依据供应环节计算采购量，既要做到按时供应，保证生产需要；又要防止盲目采购，造成积压。

要加强仓库管理，建立健全管理制度。加强材料的计量、验收、入库、领取工作，做到日清、月结、季清点、年终全面盘点核实。

③ 生产资金的管理。生产资金是从投入生产到产品产出以前占用在生产过程中的资金。犊牛、育肥牛等作为生产资金，由于生产周期长，占用资金较多，需做好日常饲养管理的各项工作。要充分利用自然条件，养殖高产优良品种。育肥牛适时出栏销售，及时淘汰非生产牛。及时做好防病治病工作，提高产品率。

二、财务分析

1. 财务分析的意义

财务分析是财务管理的一个重要方法，它是以财务报表和其他资料为依据和起点，采用专门的方法，系统分析和评价牛场过去和现在的经营成果、财务状况及其变动，目的是了解过去、评价现在、预测未来。财务分析所提供的信息，不仅能说明牛场目前的财务状况，更重要的是能为牛场未来的财务决策和财务计划提供重要依据。

牛场财务分析主要反映牛场的盈利能力。盈利是指产品销售总收入减去销售总成本的纯收入，分为税金和利润，是反映牛场在一定时期内生产经营成果的重要指标。

2. 财务分析的收支内容

肉牛场的总收入包括犊牛销售收入、育肥牛销售收入和粪便收入。种牛场的总收入包括牛奶的销售收入、犊牛销售收入、粪便收入和淘汰母牛的销售收入。

牛场的总成本，包括固定成本如种牛折旧费、固定资产折旧费、固定资产修理费、共同生产费、牛场管理费和其他直接费等；可变成本如工资和福利费、饲料费、医药费、燃料和动力费、低值消耗品等。

3. 物资的计算方法

固定资产基本折旧费包括牛舍折旧费和专用饲养机械折旧费。

固定资产修理费是牛舍和专用饲养机械修理费。

共同生产费是分摊到牛群的间接生产费用。

牛场管理费是分摊到牛群的管理费用。

其他直接费是直接用于牛群饲养的其他费用。

工资和福利费是直接从事养牛生产人员的工资和福利。

饲料费是饲养牛群消耗的饲草、饲料。

医药费是防治牛群疫病消耗的药品和医疗费。

燃料和动力费是牛群饲养中消耗的燃料和动力费。

低值消耗品是饲养牛群使用的低值工具、器具和劳保品费用。

4. 经济效果评价

经济效果评价的基本理论是盈亏平衡分析原理。盈亏平衡分析的核心是寻找盈亏平衡点，即确定能使企业盈亏平衡的产量。在这个产量水平上，总收入等于总成本，如图 11-1。

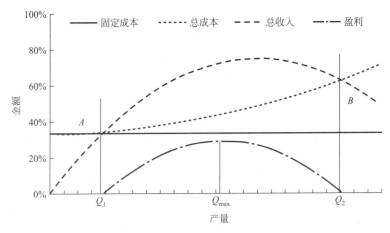

图 11-1　企业盈亏与产量关系图

图 11-1 中绘出了总收入曲线和总成本曲线，它们有两个交点 A 和 B。A 和 B 分别是下、上盈亏平衡点。A、B 及其对应的产量把企业的盈亏随产量变化的过程划分为三个阶段，即亏损区、盈利区和亏损区。Q_1、Q_2 和 Q_{max} 将盈利区分为两部分，即随产量增加，盈利上升区和随产量增加，盈利下降区。

盈亏平衡点就是企业销售收入与总成本相等的一点，即图 11-1 的 A 和 B 两个点。在此点上利润为零，既不盈利也不亏损。这一点可以是产量，也可以是其他收支平衡点。这一点是盈利与亏损的转折点，高于 A 点低于 B 点盈利，低于 A 点高于 B 点则亏损。企业掌握盈亏平衡点，对管理决策是十分重要的。企业在生产经营活动过程中，必须使产量处于两个盈亏平衡点之间的产量范围内，只有这样，才能取得盈利；产量过小或过大，都会导致亏损。所以企业既要注意防止"小企业病"，也要防止"大企业病"。肉牛规模化养殖企业，要经常对企业进行经济效果评价。

三、增加牛场盈利的财务措施

① 通过遗传育种学选择优良品种，进行科学有效的生产管理，使牛只发挥最大潜能，生产出更多产品。

② 工资和福利费是一项较大的支出。为了取得良好的经济效益，必须提高劳动日的产值，牛场必须按不同的劳动作业、每个人的劳动能力和技术熟练程度，规定适宜的劳动定额，按劳取酬，多劳多得，这是克服人浮于事、提高劳动生产率的重要手段，也是衡量劳动成果和报酬的依据。

③ 饲料成本占牛场生产成本的一大半，所以降低饲料成本是降低生产成本的关键，做好饲料供应计划，减少因存栏量不准确造成的饲料浪费。

④ 降低水、电、燃料费开支，在不影响生产的情况下，真正做到节约用水、用电。

⑤ 节省药品和疫苗的开支。

第四节　经营效果评价新技术

一、经营效果评价依据

肉牛快速育肥场经营的最终目的是生存和发展，而生存和发展的关键是盈利。就是说肉牛快速育肥场通过改善经营，加强管理不断获取收益，提高自身经济效益，只有这样才能在激烈的市场竞争中获得生存和发展，因此评价肉牛快速育肥场经营效果的依据主要是获利能力，另外还有生态效益、社会效益、发展能力等。肉牛快速育肥场经营效果评价指标体系的设置必须从实际出发，遵循科学、全面、简便、易行的原则。评价的结果能引导企业关注财务目标，重视经营业绩。

二、获利能力评价指标和方法

1. 经营所费与所得比率

经营所费是指肉牛育肥场在一定时期内进行生产经营所发生的耗费和支出。从理论上讲，可有多种指标表示。肉牛快速育肥场比较适宜作为经营所费与所得比率指标的是销售肉牛的活重总成本与期间费用总额，简称"成本费用总额"。

活重总成本是指销售肉牛从肉牛育肥场购入开始到销售时所耗费的全部生产费用之和，是按出售肉牛一定日期活重量计算的成本。其计算公式如下：

本期出售肉牛活重成本＝本期出售肉牛活重×该牛群本期活重单位成本

该牛群本期活重单位成本＝（该牛群初活重总成本＋本期购入、转入的总成本＋本期增重总成本）÷［期末存栏牛总活重＋本期离群总活重（不包括死亡牛的重量）］

本期增重总成本＝本期饲养费用（包括死亡牛费用）－厩肥收入及死牛残值收入

经营所得是指企业一定时期所取得的经营收益和现金收入，即"营业利润"。在会计上，营业利润是基本业务利润和其他业务利润扣除期间费用后的余额。计算公式如下：

成本费用利润率＝营业利润÷成本费用总额×100％

2. 资产占用与成果比率

设置这一指标，主要目的是反映资产的利用效果。成果可用税息前利润，即扣除所得税及利息前的净收益。以其作为分子，较为客观合理，它体现资产的全部收益，也较为完整，但不是肉牛育肥场可完全自由支配的收益的基数。

从资产使用方面可以选择全部资产额，用资产额作为分母；从资产的权益方面可以选择以投资者权益形成的资产，以投资者权益加上计息负债作为分母；从资产计价方面可以以资产账面净值、资产原始成本、资产重置成本、资产变现净值作为分母。

从理论上讲，应选择全部资产的重置成本作为资产占用额，但考虑到目前在肉牛育肥场的核算资料中无法获取其各项资产的重置成本，因此只能选择全部资产的净值作为资产占用额。

由于税息前净利润是时期指标，资产占用额是时点指标，两者口径不一致，因此要把净资产占用额调整为时期指标，用资产平均额即年初和年末余额的平均数来表示。

资产报酬率＝税前息前净利润 ÷ 资产平均余额×100%

3. 饲料利用效果

一般情况下，饲料费用占肉牛养殖饲养成本的 70%～80%，其利用效果和转化效率是影响肉牛育肥场经济效益的重要因素。目前一般使用"料肉比"指标衡量肉牛育肥场的饲料转化效率。但该指标有两点明显不足：第一，料肉比是饲料消耗的数量和肉牛增重量的比值，而肉牛饲喂过程中单位增重消耗的精粗饲料在数量上相差悬殊，由此两者消耗、总量的简单相加和肉牛增重量相比，不能科学地反映饲料的转化效率；第二，用该指标进行评价，有可能诱导肉牛育肥场盲目节约饲料，而忽视肉牛的肉质性能。鉴于此，用"饲料报酬指数"这一指标来反映肉牛育肥场饲料利用的综合效果。

饲料报酬指数＝（肉牛售价×增重量）÷ 饲料成本×100%

从表面上看，饲料报酬指数受肉牛增重收入和饲料成本的影响，实质上，它还反映养殖场肉牛品种的优劣、肉质性能、饲养技术和市场营销等方面的工作质量，使肉牛育肥场达到节能、增产与优质的统一。

三、经营效率评价指标和方法

1. 劳动投入与产出比率

劳动投入与产出有多种表达方式，其中税后利润和平均职工人数（年初和年末职工人数的平均数）两项指标，反映肉牛育肥场的生产效率和劳动力利用效果较好。

$$劳动净利润＝税后利润 \div 平均职工人数$$

2. 出栏率

肉牛育肥场经济效率可用"生产周转率"、"生产率"和"出栏率"指标，以出栏率指标表示更接近专业。一般表示为：

出栏率＝本年内肉牛出栏头数（不包括死亡数）÷ 年平均存栏头数×100％

该指标反映一定时期肉牛育肥场的生产成果为社会认可的程度，比较客观地反映了肉牛快速育肥场的生产水平和经营效率，而且没有与设计的指标体系中其他指标在表达意义上产生重复，因此是体现肉牛育肥场经营效率的较理想指标。

3. 规模效益指标

体现规模效益大小的综合性指标是肉牛单位增重成本，其含义是指肉牛增加单位重量的体重所耗费的生产费用之和。可用下式计算：

肉牛单位增重成本＝本期增重总成本 ÷ 本期增重量（包括死亡牛重量）

本期增重总成本＝本期饲养费用（包括死亡牛费用）－厩肥收入及死牛残值收入

本期增重量＝期末存栏重＋本期离群活重（包括死亡牛重量）－期初结转和期内购入、转入的活重

四、发展能力评价指标和方法

经济规模变动是表示发展能力的重要指标。经济规模变动，实践中有多种表达方式，理论界与实务界对此的界定尚不明确。具体有职工人数、全部资产总额、饲养肉牛头数、销售收入总额、实现利润等。肉牛育肥场经济规模变动以"销售收入总额"表示较为合适。其一，这是一种国际通行做法，美国等发达国家对企业规模的排序一般都以"销售收入"大小为标准；其二，销售收入表示社会

承认肉牛育肥场拥有市场的份额，包含了市场占有率这一指标的内涵，代表肉牛育肥场有效的经济规模；其三，销售收入是肉牛育肥场最终的总量成果，是社会承认肉牛育肥场价值的综合指标，是已经完全实现的生产价值，即反映肉牛的产量，又反映肉牛的肉质性能。

因此选择"销售收入"作为衡量肉牛育肥场经济规模变动的综合指标，符合肉牛育肥场经济规模衡量"总量性"、"最终性"、"有效性"、"客观性"等基本要求，而其他指标却不能完全具备这些特性。

销售增长率＝(本期销售收入－上期销售收入)÷上期销售收入×100％

该指标反映本期和上期相比，销售规模扩大了（大于0）还是缩小了（小于0）。

五、社会效益评价指标和方法

肉牛育肥场在进行生产经营活动时，不仅要考虑自身效益，而且要兼顾社会效益，即"贡献水平"。所谓"贡献水平"，是指一定规模的肉牛育肥场在一定时期内运用全部资产为国家和社会创造支付价值的能力，是从社会角度对肉牛育肥场的经营质量做出判断。具体可用社会贡献率指标来表示。

社会贡献率＝肉牛快速育肥场社会贡献总额÷资产平均余额×100％

其中肉牛育肥场社会贡献总额包括工资（含奖金、津贴等工资性支出）、劳保、退休统筹等其他社会福利支出、利息支出净额、应交增值税、应交产品销售税金及附加、应交所得税及其他税收、净利润等。

六、科技进步评价指标和方法

通常情况下，经济增长是在增加投入和提高投入产出比的科技进步的共同作用下产生的，即经济增长的总量可分成两部分：一部分来自投入的增量；另一部分来自科技进步的作用。

肉牛育肥场的科技进步贡献率就是指在肉牛育肥场的经济增长量中，科技进步作用所占的份额。可用肉牛育肥场的总产值表示其经济水平。

目前，理论界测算科技贡献率的方法很多，概括起来可分为两类：一是模型法，著名的有柯布-道格拉斯生产函数及其增长速度方程；二是指标法。两者相比较，模型法定量性强、简单实用，但影响因素简单模糊，不尽全面系统；指标法全面系统，但计算繁琐，因素相关性强，难于比较。根据肉牛育肥场的实际，采用增长速度模型法（索洛余值法）计算科技进步贡献率。

科技进步贡献率＝科技进步率 ÷ 总产值增长率×100％

科技进步率＝总产值增长率－资金产出弹性×资金增长率－劳动产出弹性×劳动增长率

此式表明产出增长速度的获得，是由资金投入、劳动投入和科技进步三者共同作用实现的，因而在产出的总增长中，扣除由于资金投入量的增加和劳动投入量的增加分别对产出所做的贡献外，剩下的"余值"便是科学进步对产出增长的贡献。

从上述科技进步贡献率的含义可以看出，贡献率反映的是科技进步对经济增长的贡献份额，是一个经济问题，而不是一个单纯的技术问题。科技进步贡献率反映的实质内容是通过科技进步提高了生产要素的生产效率（提高投入产出比）和降低了产品的生产成本。

七、生态效益评价指标和方法

1. 生态效益

生态效益的目的和理念是减少资源使用和对环境保护的同时，能把产品的附加价值或获利增加到最大。为了量化这样指标，世界企业持续发展委员会（WBCSD）提出了一个表示生态效益的简单计算公式：

生态效益＝产品与服务的价值 ÷ 环境维护

产品与服务的价值可以用产能、产量、总营业额、获利等表示，环境维护可以用总耗能、总耗原料量、总耗水量、温室效应气体排放总量等表示。

对于肉牛快速育肥生产企业，生态环境指数可以用饲料报酬进行表示：

生态效益＝营业利润 ÷ 获得营业利润期内消耗饲料总量×100％

该指标越大，表明单位耗能获益越大，因而生态效益越好。

2. 节粮效果

立足目前的财会、统计制度和肉牛生产的特点设计"节粮指数"指标，以定量衡量并综合反映现阶段我国肉牛育肥场节约饲料粮情况找出一条捷径。

节粮指数＝肉牛单位增重消耗粗饲料重量 ÷ 肉牛单位增重消耗饲料总量×100％

粗饲料主要指肉牛耗用的玉米秸秆、麦秸、青草，精饲料是指肉牛耗用的玉米、大豆、麸皮、豆饼、棉籽饼。该指标反映肉牛育肥场秸秆利用的效率和生物转化效率，体现了肉牛养殖业是"节粮型"畜牧业的特色，该指标值越大，说明秸秆利用率越高，节粮效果越好。

八、经营效果评价的核心指标

在肉牛育肥场经济效益评价指标体系中，资产报酬率是最具有代表性指标，其综合性最强，一般情况下，可以此指标作为评价肉牛育肥场经济效益的主要指标。因为其反映了肉牛育肥场最终产出——利润与初始投入——资金之间的投入产出关系。具体说，其优越之处体现在以下几个方面。第一，资产报酬率由 3 个方面构成：收入、成本和投资，能反映肉牛养殖场的综合盈利能力。提高资产报酬率即可通过增收节支，也可通过减少资本来实现。而且资产报酬率还可分解为两个指标，直至分解出会计报表的若干要素和若干分析指标，综合力极强。第二，资产报酬率具有横向可比性。它体现了资本的获利能力，剔除了因投资额不同而导致的净收益差异的不可比因素，有利于判断肉牛育肥场经济效益的优劣。第三，资产报酬率可作为肉牛育肥场选择投资机会的依据，有利于调整资本流量和存量，成为配置资源的参考依据。第四，以资产报酬率作为评价肉牛育肥场经济效益的尺度，有利于引导肉牛育肥场规范管理，避免短期行为。同时，资产报酬率还反映了肉牛育肥场运用资产并使资产增值的能力，资产运用的任何不当行为都将降低报酬率。所以，以此作为评价尺度，将促使肉牛育肥场用活闲置资金，合理确定饲养规模，加强对应收账款及固定资产的管理。第五，资产报酬率还将督促肉牛育肥场寻求更有利的投资机会，包括引进新技术、购买优良品种肉牛、开拓新市场等。但是资产报酬率也并非尽善尽美，单独使用这一指标对肉牛育肥场经济效益进行评价，有可能导致评价结果有失客观、公正。因此，在对肉牛育肥场经济效益进行综合评价时还应考虑其他指标。可根据各指标的重要性，采用科学合理的方法确定各指标的权重，加权求和，取得综合评价结果。

参考文献

[1] 赵广永. 反刍动物营养. 北京：中国农业大学出版社，2012.

[2] 张志新和王志富. 架子牛育肥技术. 北京：科学技术文献出版社，2010.

[3] 昝林森. 牛生产学. 北京：中国农业出版社，2007.

[4] 杨效民. 种草养牛技术手册. 北京：金盾出版社，2011.

[5] 吴秋珏，王建平，徐廷生，等. 豫西地区几种野生牧草营养成分的分析. 饲料与畜牧，2007，8：41-42.

[6] 魏建英，方占山. 肉牛高效饲养管理技术. 北京：中国农业出版社，2005.

[7] 王振来，钟艳玲，李晓东. 肉牛育肥技术指南. 北京：中国农业大学出版社，2004.

[8] 王建平，刘宁. 白地霉饲料的生产技术及利用方法. 黑龙江畜牧兽医，1997，(12)：18-19.

[9] 王建平. 紫花苜蓿栽培管理中的关键技术. 河南畜牧兽医，2003，24(09)：37-37.

[10] 王建平. 架子牛快速育肥的关键技术. 畜禽业，2001，(2)：43.

[11] 王建平. 不同年龄牛的育肥方法. 农村养殖技术，1999，12：4-5.

[12] 王建平，徐廷生，刘宁，等. 架子牛快速育肥技术要点. 黄牛杂志，2001，27(2)：60-62.

[13] 王建平，王加启，卜登攀，等. 脂肪的生理功能及作用机制. 中国畜牧兽医，2009，(02)：42-45.

[14] 王建平，梁儒刚，段军. 犊牛哺喂初乳技术. 河南畜牧兽医，2003，24(01)：21-22.

[15] 王建平，刘宁. 生态肉牛规模化养殖技术. 北京：化学工业出版社，2014.

[16] 王加启. 肉牛高效饲养技术. 北京：金盾出版社，1997.

[17] 玉根林. 养牛学. 北京：中国农业出版社，2006.

[18] 桑润滋，李英. 肉牛生产与产品加工. 北京：中国农业科学技术出版社，2000.

[19] 全国畜牧总站.肉牛标准化养殖技术图册.北京:中国农业科学技术出版社,2012.

[20] 邱怀.中国牛品种志.上海:上海科学技术出版社,1988.

[21] 秦志锐,蒋洪茂,向华.科学养牛指南.北京:金盾出版社,2011.

[22] Gregory N G 主编.动物福利与肉类水产.顾宪红和时建忠译.北京:中国农业出版社,2008.

[23] 莫放.养牛生产学.北京:中国农业大学出版社,2010.

[24] 梅俊.现代肉牛养殖综合技术.北京:化学工业出版社,2010.

[25] 刘兆阳,李元晓,王建平,等.康奈尔净糖类-蛋白质体系研究进展.饲料研究,2013,(3):23-24.

[26] 梁祖铎.饲料生产学.北京:中国农业出版社,2002.

[27] 康玉凡,王建平,甘洪涛,等.洛阳市饲料青贮质量的调查报告.洛阳农业高等专科学校学报,2000,20(1):24-26.

[28] 霍小凯,李喜艳,王加启,等.不同加工方式玉米的干物质和淀粉瘤胃降解率及过瘤胃淀粉含量的测定.中国奶牛,2009,(7):11-15.

[29] 黄应祥.肉牛无公害综合饲养技术.北京:中国农业大学出版社,2004.

[30] 冯仰廉.肉牛营养需要与饲养标准.中华人民共和国农业行业标准,NY/T 814—2004.

[31] 冯定远.配合饲料学.北京:中国农业出版社,2003.

[32] 刁其玉.科学自配牛饲料.北京:化学工业出版社,2010.

[33] 蔡辉益.中国生物饲料研究进展与发展趋势(2014).北京:中国农业科学技术出版社,2014.

[34] 陈幼春,吴克谦.实用养牛大全.北京:中国农业出版社,2007.

[35] 陈幼春.现代肉牛生产.北京:中国农业出版社,1999.

[36] 曹牛贤.肉牛饲料与饲养新技术.北京:中国农业科学技术出版社,2008.

[37] Underwood E J,Suttle N F. The mineral nutrition of livestock 3rd ed. UK:CABI Publishing,1999.

[38] Theodorou M K,France J. Feeding Systems and Feed Evaluation Models. New York:CABI Publishing,1999.

[39] Stephen D W. Introduction to Animal Science. Upper Saddle River. Prentice Hall,2000.

[40] Sejrsen K,Hvelplund T,Nielsen M O. Ruminant Physiology. Wageningen:

Wageningen Academic Publishers，2006.

［41］ Richard O K，Church D C. Livestock Feeds and Feeding. 5th ed. Pearson Education Inc，2002.

［42］ Nationa Research Council. Nutrient requirements of beef cattle. 7th ed. National Academy of Sciences，1996.

［43］ Harinder P S M，Christopher S M. Methods in Gut Microbial Ecology for Ruminants. Netherlands：Springer，2005.

［44］ Guo T J，Wang J Q，Bu D P，et al. Evaluation of the microbial population in ruminal fluid using real time PCR in steers treated with virginiamycin. Czech Journal of Animal Science-UZEI，2010，55（7）：276-285.

［45］ Ensminger M E. Animal Science. Danville：Interstate Publishers，1991.

［46］ D'Mello J P F. Farm Animal Metabolism and Nutrition. UK：CABI Publishing，2000.

［47］ Dan U，David R M，Nancy T. Forage Analyses Procedures. Omaha：National Forage Testing Association，1993.

［48］ Bedford M R，Partridge G G. Enzymes in Farm Animal Nutrition. UK：CABI Publishing，2003.

［49］ Aberle E D，Forrest J C，Gerrard D E，et al. Principles of Meat Science. 4th ed. Kendall/Hunt publishing Company，2001.

化学工业出版社同类优秀图书推荐

书号	书名	定价/元
23234	种草养牛实用技术	28
20555	生态肉牛规模化养殖技术	35
21960	牛病临床诊疗技术与典型医案	98
23506	养肉牛高手谈经验	30
23505	养奶牛高手谈经验	35
23114	牛场卫生、消毒和防疫手册	32
23197	林地生态养肉牛实用技术	29.8
22587	零起点学办肉牛养殖场	39
22165	牛的行为与精细饲养管理技术指南	30
21315	肉牛饲料配方手册	25
21941	肉牛生态高效养殖实用技术	29.8
21521	食用菌生产分步图解技术	49
20433	肉牛高效养殖关键技术及常见误区纠错	35
20073	牛羊常见病诊治彩色图谱	58
19633	投资养奶牛：你准备好了吗？	30
19632	投资养肉牛：你准备好了吗	30
19122	无公害牛奶安全生产技术	35
18926	如何提高奶牛场养殖效益	36
18339	无公害牛肉安全生产技术	25
18055	农作物秸秆养牛手册	25
15944	标准化规模肉牛养殖技术	38
15925	规模化牛场兽医手册	35
15713	如何提高肉牛场养殖效益	29.8
13966	肉牛安全高效生产技术	25
14103	优质牛奶安全生产技术	28
12781	牛羊病速诊快治技术	18

邮购地址：北京市东城区青年湖南街 13 号化学工业出版社 （100011）服务电话：010-64518888/8800（销售中心）

如要出版新著，请与编辑联系。联系电话：010-64519829，E-mail：qiyanp@126.com

如需更多图书信息，请登录 www.cip.com.cn